U0387034

长江上游生态与环境系列

金沙江上游水生生物多样性及保护

刘焕章　林鹏程　谭　平　陈永柏 等　著

科 学 出 版 社

北　京

内 容 简 介

金沙江上游自然地理条件复杂，生物多样性丰富，特有性高，是长江流域重要的生态屏障。全书共分 10 章，从水生生物多样性和水域生态环境的角度，系统阐述金沙江上游的河流环境、水生生物多样性、鱼类组成及主要鱼类生物学、鱼类群落结构及遗传多样性等内容。在此基础上，针对金沙江上游水域生态面临的威胁，提出相关的保护措施与建议。相关成果对金沙江上游水生生物的研究与保护具有重要的参考价值。

本书可供水产院校水生生物和渔业资源专业及其他本科院校生物学和动物学专业的师生，科研院所研究人员，其他从事高原鱼类生态学研究、生产和管理的有关人员参考。

审图号：GS 川（2024）178 号

图书在版编目（CIP）数据

金沙江上游水生生物多样性及保护 / 刘焕章等著. --北京 ：科学出版社, 2024. 9. -- (长江上游生态与环境系列). -- ISBN 978-7-03-079439-0

Ⅰ. Q178.51

中国国家版本馆 CIP 数据核字第 2024WA7528 号

责任编辑：郑述方　李小锐 / 责任校对：彭　映
责任印制：罗　科 / 封面设计：墨创文化

科学出版社出版
北京东黄城根北街 16 号
邮政编码：100717
http://www.sciencep.com
四川煤田地质制图印务有限责任公司印刷
科学出版社发行　各地新华书店经销
*
2024 年 9 月第 一 版　开本：787×1092　1/16
2024 年 9 月第一次印刷　印张：12 1/2
字数：299 000

定价：198.00 元

（如有印装质量问题，我社负责调换）

“长江上游生态与环境系列”编委会

总 顾 问 陈宜瑜

总 主 编 秦大河

执行主编 刘　庆　郭劲松　朱　波　蔡庆华

编　委（按姓氏拼音排序）

蔡庆华　常剑波　丁永建　高　博　郭劲松　黄应平

李　嘉　李克锋　李新荣　李跃清　刘　庆　刘德富

田　昆　王昌全　王定勇　王海燕　王世杰　魏朝富

吴　彦　吴艳宏　许全喜　杨复沫　杨万勤　曾　波

张全发　周培疆　朱　波

序

长江发源于青藏高原的唐古拉山脉，自西向东奔腾，流经青海、四川、西藏、云南、重庆、湖北、湖南、江西、安徽、江苏、上海等 11 个省（自治区、直辖市），在崇明岛附近注入东海，全长 6300 余千米。其中，宜昌以上为上游，宜昌至湖口为中游，湖口以下为下游。长江流域总面积达 180 万 km^2，2019 年长江经济带总人口约 6 亿，地区生产总值占全国的 42%以上。长江是我们的母亲河，镌刻着中华民族五千年历史的精神图腾，支撑着华夏文明的孕育、传承和发展，其地位和作用无可替代。

宜昌以上的长江上游地区是整个长江流域重要的生态屏障。三峡工程的建设及上游梯级水库开发的推进，对生态环境的影响日益显现。上游地区生态环境结构与功能的优劣及其所铸就的生态环境的整体状态，直接关系着整个长江流域尤其是中下游地区可持续发展的大局，尤为重要。

2014 年国务院正式发布了《关于依托黄金水道推动长江经济带发展的指导意见》，确定长江经济带为“生态文明建设的先行示范带”。2016 年 1 月 5 日，习近平总书记在重庆召开的推动长江经济带发展座谈会上指出，“当前和今后相当长一个时期，要把修复长江生态环境摆在压倒性位置，共抓大保护，不搞大开发”“要在生态环境容量上过紧日子的前提下，依托长江水道，统筹岸上水上，正确处理防洪、通航、发电的矛盾”。因此，科学反映长江上游地区真实的生态环境情况，客观评估 20 世纪 80 年代以来人类活跃的经济活动对这一区域生态环境产生的深远影响，并对其可能的不利影响采取防控、减缓、修复等对策和措施，都亟须可靠、系统、规范科学数据和科学知识的支撑。

长江上游独特而复杂的地理、气候、植被、水文等生态环境系统和丰富多样的社会经济形态特征，历来都是科研工作者的研究热点。近 20 年来，国家资助了一大批科技和保护项目，在广大科技工作者的努力下，长江上游生态环境问题的研究、保护和建设取得了显著进展，其中最重要的就是对生态环境的研究已经从传统的只关注生态环境自身的特征、过程、机理和变化，转变为对生态环境组成的各要素之间及各圈层之间的相互作用关系、自然生态系统与社会生态系统之间的相互作用关系，以及流域整体与区域局地单元之间的相互作用关系等方面的创新性研究。

为总结过去，指导未来，科学出版社依托本领域具有深厚学术影响力的 20 多位专家策划组织了“长江上游生态与环境系列”丛书，围绕生态、环境、特色三个方面，将水、土、气、冰冻圈和森林、草地、湿地、农田以及人文生态等与长江上游生态环境相关的国家重要科研项目的优秀成果组织起来，全面、系统地反映长江上游地区的生态环境现状及未来发展趋势，为长江经济带国家战略实施，以及生态文明时代社会与环境问题的治理提供可靠的智力支持。

丛书编委会成员阵容强大、学术水平高。相信在编委会的组织下，本系列将为长江上游生态环境的持续综合研究提供可靠、系统、规范的科学基础支持，并推动长江上游生态环境领域的研究向纵深发展，充分展示其学术价值、文化价值和社会服务价值。

中国科学院院士 秦大河

2020 年 10 月

前　言

生物多样性是生物及其环境形成的生态复合体及与此相关的各种生态过程的综合，是人类赖以生存和发展的基础。青藏高原作为目前地球上分布面积最大、纬度最低、海拔最高、形成时代最新的巨型地貌单元，孕育了欧亚大陆长江、黄河、澜沧江等众多河流，故有“中华水塔”和“亚洲江源”之称。独特的地理和气候条件，使得青藏高原孕育了独特的生态系统和生物区系，特有物种丰富，珍稀濒危物种多。以鱼类为例，青藏高原及邻近地区有鱼类152种，其中青藏高原特有鱼类75种。近几十年来，随着我国社会、经济的快速发展，人们的生产、生活水平急速提升，自然资源被不合理或过度地开发利用，导致一些地区生态环境急剧恶化，大量物种的生存受到威胁，资源量显著下降，濒危程度上升。在全球气候变化背景下，青藏高原也成为了全球气候变化和人类活动叠加影响的预警区和敏感区。

水生生物是水域生态系统的重要组成部分，其生物多样性和群落结构变化也指示了水域生态系统的健康程度。自20世纪50年代开始，中国科学院先后组织了多次综合考察，对青藏高原部分地区的水生生物开展了调查和研究，调查内容包括鱼类、原生动物、轮虫、浮游甲壳动物等多个生物类群，相关研究多集中在雅鲁藏布江流域及高原湖泊等青藏高原腹地。

金沙江位于青藏高原东南缘，是我国第一大河——长江的上游河段。金沙江流域面积47.32万km^2，约占长江全流域面积的26%，从河源至宜宾干流河长3479km，落差5100m，分别占长江干流全长和总落差的55%和95%。由于流量丰沛、落差大，金沙江成为中国十三大水电基地之首。目前金沙江中游和下游的梯级水电开发格局已基本形成。在我国“双碳”战略目标背景下，金沙江上游的水电梯级开发将成为未来一段时间内我国清洁能源体系建设的重点。大规模的水电开发不可避免地会对高原河流的生态环境及生物多样性带来一定影响。从目前的研究进展看，有关金沙江上游水生生物多样性及鱼类分布的研究多为20世纪90年代或以前的工作。在此背景下，系统了解金沙江上游的河流环境及水生生物多样性现状，分析环境变化下水生生物多样性演变是近年来金沙江上游水域生态学关注的热点和焦点之一。

受中国电建集团成都勘测设计研究院有限公司“金沙江上游波罗水电站水生生态调查与评价专题”（Y841121101）、中国长江三峡集团有限公司“长江生态格局与关键过程长期演变及效应研究”（201903144）等的大力资助，中国科学院水生生物研究所鱼类生态学与资源保护团队自2010年以来多次深入金沙江上游开展水生生态调查，采集了大量样本。在此基础上，团队从水生生物多样性和水域生态环境的角度，系统阐述了金沙江上游的河流环境、水生生物多样性、鱼类组成及主要鱼类生物学、鱼类群落结构及遗传多样性等内容；并针对金沙江上游水域面临的生态威胁，提出相关的保护措施与建议。

相关研究成果有助于理解鱼类对环境变化的生态适应性，为金沙江上游水电梯级开发背景下的鱼类资源保护与栖息地修复提供重要科学依据。

本书由刘焕章研究员负责设计和定稿，林鹏程、谭平和陈永柏组织撰写。全书共分为 10 章，具体分工如下：第 1 章由林鹏程、陈永柏、李富兵和毛进撰写；第 2 章由林鹏程、何涛和刘猛撰写；第 3 章由秦强、刘园和孙丹丹撰写；第 4 章由秦强、林鹏程和栾丽撰写；第 5 章由秦强、林鹏程和王莉撰写；第 6 章由秦强、林鹏程和孙丹丹撰写；第 7 章由林鹏程、高嘉昕和邓巧玲撰写，其中鱼类原生照片由邱宁和喻燚拍摄；第 8 章由林鹏程、胡江军撰写；第 9 章由杨萍、俞丹和万东撰写；第 10 章由林鹏程、谭平和邢伟撰写。本书野外调查、鱼类相关的室内实验工作还得到中国科学院水生生物研究所但胜国、苗志国、张富铁、巩政、邱宁、张富斌、王腾、李慧慧，四川农业大学严太明、何智，中国水产科学研究院长江水产研究所杨德国、朱挺兵等的协助；藻类、底栖无脊椎动物的样本鉴定得到向贤芬、崔永德的大力支持。四川省水产局李洪，甘孜藏族自治州农牧农村局渔政科周红，白玉县农牧农村和科技局冷安书，德格县农牧农村和科技局邓启兵等同志在野外调查工作中也给予了大量帮助，在此一并表示感谢。

由于水平有限，不足之处在所难免，敬请广大读者和同行批评指正。

目　录

第 1 章　金沙江上游流域概况

1.1　自然地理概况

1.1.1　地理位置

金沙江是我国第一大河——长江的上游河段，也是长江水系的重要组成部分。金沙江发源于青藏高原唐古拉山脉主峰各拉丹东峰西南侧。主源沱沱河汇集了冰川融水，出唐古拉山后折向东流，右岸支流汇入当曲后称通天河。通天河由北向南流至青海玉树附近与巴塘河交汇后称金沙江。金沙江流经青、藏、川、滇四省（区）至四川省宜宾市纳岷江后始称长江。金沙江流域北面以巴颜喀拉山与黄河上游分界，东面以大雪山与大渡河为邻，南面以乌蒙山与珠江接壤，西面以宁静山与澜沧江分水，流域呈西北向东南倾斜的狭长形（孙鸿烈，2008）。金沙江古有黑水、丽水、泸水、绳水、马湖江之称，后因在宋代盛产沙金而得名“金沙江”，并一直沿用至今。

金沙江流域面积 47.32 万 km^2，约占长江全流域面积的 26%，从河源至宜宾干流河长 3479km，落差达 5100m，分别占到长江干流全长和总落差的 55%和 95%。从各拉丹东峰西南侧河源至当曲河口为沱沱河，全长 358km，平均比降为 1.29‰；从当曲河口至青海玉树巴塘河口为通天河，全长 813km，平均比降为 1.70‰；从巴塘河口至宜宾岷江河口为金沙江干流，全长 2308km。其中，青海省玉树巴塘河口（直门达）至云南省石鼓镇称为金沙江上游，云南省石鼓镇至四川省攀枝花雅砻江汇口称为金沙江中游，四川省攀枝花雅砻江汇口至宜宾岷江汇口称为金沙江下游（彭亚，2004）。金沙江奔涌于高原峡谷之间，流程长、落差大的河道特征使得其在水能资源上具有得天独厚的优势，金沙江水能蕴藏量达 1.124 亿 kW，占长江流域总蕴藏量的 42.3%，占全国水能总蕴藏量的 16.7%，其水能资源的丰富程度堪称世界之最（彭亚，2004）。

金沙江上游为西藏和四川的界河，其从青海省玉树巴塘河口为东南流向，至真达进入四川省石渠县境内，后又经邓柯乡、岗托镇纳赠曲后折向西南，至白玉县城纳欧曲后又折向西北，随后又复南流，经藏曲河口、热曲河口再径直向南流至巴塘境内，再从德钦县东北方向进入云南省境内，至云南省玉龙纳西族自治县石鼓镇为止（中国科学院《中国自然地理》编辑委员会，1981）。

1.1.2　地形地貌

金沙江流域位于青藏高原、云贵高原和四川盆地的西部边缘，地势呈西北高东南低走向，按流域地形地势特征大致可分为青藏高原区、横断山纵谷区和云贵高原区，全流域平均高程约 3720m（图 1-1）。金沙江上游位于青藏高原东南部，河段长 974km，落差约 1715m，平均河床比降为 1.76‰。金沙江上游从青海省玉树巴塘河口至邓柯乡干流江段呈高原峡谷型地貌，河道两岸高山海拔在 4500～5500m，河谷地区海拔也在 3000～3500m，相对高差达到 500～1000m，植被以高山草甸和灌木丛为主；从邓柯乡至云南石鼓镇干流江段以山岭陡峻、河谷深切著称，该江段大部分河道的坡度在 35°～45°，部分河段为悬崖峭壁，坡度可达 60°～70°，深谷河段的相对高差可达 1500～2000m，因此，该江段是金沙江上游水电规划的主要江段（李吉均，1996）。

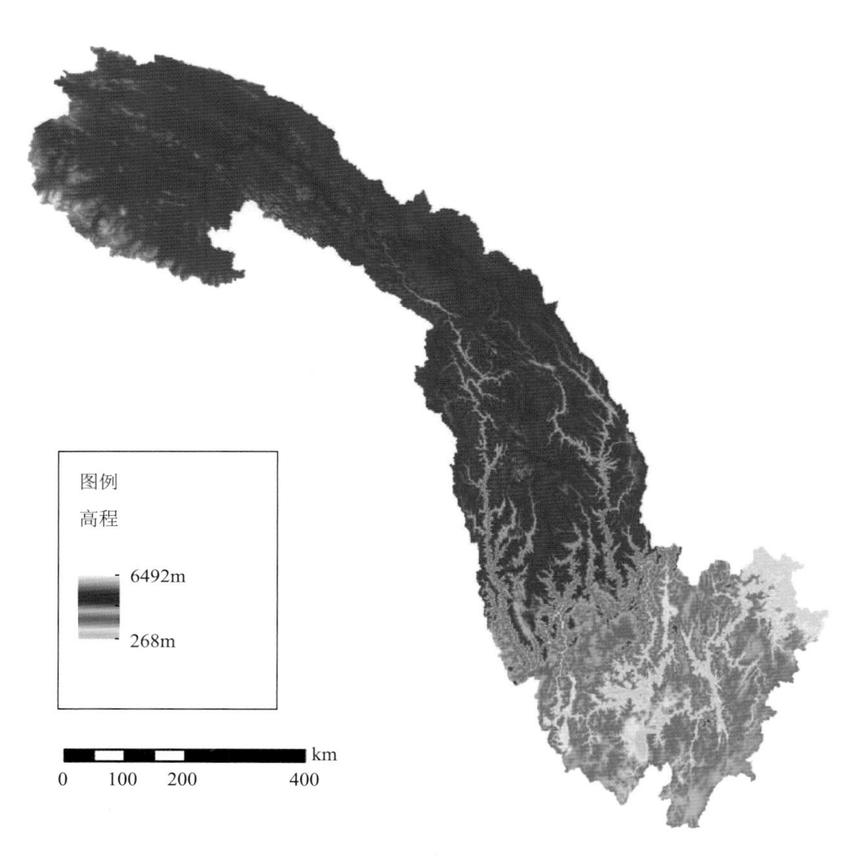

图 1-1　金沙江流域示意图

金沙江上游区域处于昌都地区与川西地槽之间，复式褶皱和斜冲断层发育，呈现出多阶巨型阶地发育的河谷面貌，反映了青藏高原多阶段隆升的过程。金沙江上游河谷形态在剖面上表现为多重“V”形叠置特征，河谷上部谷坡普遍较缓，山巅之间累积了大量新近纪、第四纪泥质和钙泥质胶结堆积物，雪线以下多有草灌植被或针叶林覆盖，表现出成熟谷形地貌；河谷近底部下蚀深切，绝大多数地段岸坡陡峻，犹如刀削，为成熟较差的谷形地貌（武利娟，2007）。该区域出露地层主要为石炭二叠系及三叠系板岩、片岩、砂岩及石英岩，也有零星花岗岩侵入体。同时，金沙江上游地质条件复杂且处于地震活动区，受山体剥落、崩塌、滑坡、泥石流等地质灾害的影响较大（胡睿，2012）。

1.1.3　水文特征

金沙江流域径流的水源补充主要来自降雨，辅以冰雪融水。由于地形复杂，金沙江流域内降水分布十分不均匀，由上游向下游总体呈递增趋势（张方伟等，2011）。每年5月以后径流补给主要依赖降雨，其中7～9月的雨季为降雨最为集中的季节，10月以后，降雨逐渐减少，此时径流的补给多依赖于冰雪融水。金沙江干流洪水一般发生在6月下旬至10月中旬，洪水主要由暴雨及冰雪融水形成，汛期水量占全年水量的74%～81%；而金沙江的枯水期为每年11月至次年5月，枯季径流量约占年径流总量的25%。金沙江也是长江泥沙的主要来源之一，流域内输沙量与洪水形成息息相关，输沙量主要集中在6～10月的汛期，约占全年输沙量的96%（邓贤贵和黄川友，1997）。

金沙江上游属于青藏高原横断山区，地势较高，降水的主要形式为雨雪，该区域年平均降水量在600mm以下，属于河谷少雨区，特别是巴塘河口至奔子栏段的年平均降水量更是在500mm以下。石鼓以上多年平均年径流量为424亿m^3，石鼓站多年平均流量1343m^3/s，金沙江上游径流约只占金沙江流域径流的27%。金沙江的输沙量贡献主要来源于中下游区域，上游区域对输沙量的贡献较小。金沙江上游的巴塘河口以上江段，河流泥沙主要来自高山风化物、坍塌和泥石流等，多年平均年输沙量仅为1310万t；巴塘河口至石鼓江段河流泥沙主要来源于山体陡坡冲刷以及坍塌，2012～2021年石鼓站年输沙量达3450万t（邓贤贵和黄川友，1997；水利部长江水利委员会，2022）。

1.1.4　气候特征

金沙江流域中上游地区属于典型的高原气候区，下游地区则以季风气候为主。流域内气温区域性差别较大，垂直差异十分显著，总体变化趋势为由南向北气温递减，气温高值区与低值区分别位于流域的下游华坪一带和上游流五道梁地区，南北年均气温差可达27.8℃（施晨晓和韩琳，2014）。金沙江上游所在的青藏高原区年平均气温在–6～8℃，而横断山区年平均气温在8～20℃。金沙江上游地区受地形高差及纬度影响显著，气候寒冷干燥，气温呈现出北低南高的变化趋势，表现为：北部地区多年平均气温为–4.9～7℃，南部地区多年平均气温为12～15℃；海拔3800～4200m以上地区以亚寒带气候特征为主，海拔2500m以下河谷则表现为亚热带气候特征。

金沙江流域气候时空变化较大，导致降水量的地区分布很不均匀。由于流域的下游地区受亚热带季风性湿润气候的影响，金沙江流域的降水发生主要发生在下游地区；中游地区地处云贵高原北部，“干热河谷”现象明显，气候垂直差异显著，降水较少；金沙江上游地区由于地势较高且远离水汽区，气候干燥，是流域降水最少的区域（胡睿，2012）。金沙江上游降水北多南少，多年平均年降水量为387.0～657.6mm，多年平均年降水天数为100.3～169.8d，其中，岗拖以北地区降水量在240～550mm，岗拖以南至石鼓段降水量则在350～750mm。金沙江上游雨季为每年5～10月，雨季降水量占全年的90%以上；每年8～9月开始降雪，10～11月河流结冰封冻至次年5月解冻，降雪为该区域的主要降水形式，绝大部分地区日降水量在 50mm 以下。该区域多年平均年蒸发量为 1155.4～1715.5mm，多年平均相对湿度在 53%～67%。

1.2　水系组成

金沙江上游洛须至叶巴滩干流河段长度约 325km，区间分布有降曲、董曲、热曲、藏曲、欧曲、赠曲、丁曲、白曲、色曲等主要支流（表 1-1 和图 1-2）。

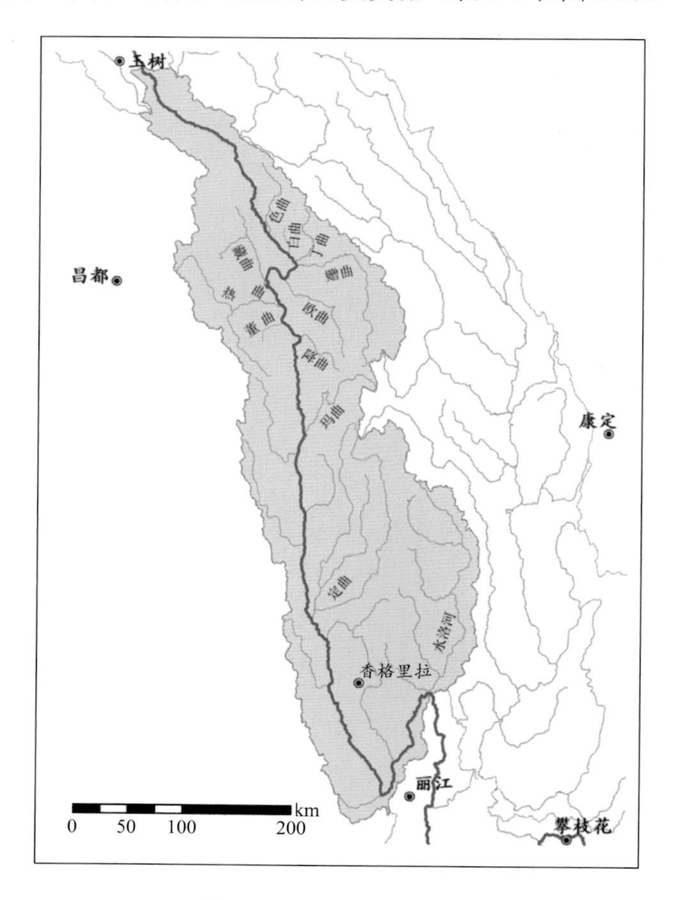

图 1-2　金沙江上游水系图

表 1-1　金沙江上游主要支流基本特征

序号	岸别	支流名称	流域面积/km²	多年平均流量/(m³/s)	河道总长/km	天然落差/m
1	左	色曲	1647	16.2	90	1415
2	左	白曲	519	6.09	60	1621
3	左	丁曲	1283	14.4	74	1625
4	左	赠曲	5490	73.8	200.5	1823

续表

序号	岸别	支流名称	流域面积/km^2	多年平均流量/(m^3/s)	河道总长/km	天然落差/m
5	左	欧曲	2902	39.1	129	1592
6	右	藏曲	4600	53.3	120.5	1623
7	右	热曲	5450	63	144.7	1668
8	右	董曲	644	7.8	47	1889
9	左	降曲	1129	15	66	1733
10	左	玛曲	3180	52.1	147	2170
11	左	定曲	12080	187	230	2750

1. 色曲

色曲位于甘孜藏族自治州境内，是金沙江左岸一级支流，发源于德格县安中拉山北岭，左纳八里隆沟，过德格县城西，南偏东流过龚垭镇，左纳折曲，最后在岗托注入金沙江。色曲全长90km，天然落差1415m，流域面积1647km^2，多年平均流量16.2m^3/s，水能蕴藏量7.4万kW。色曲穿流于高山峡谷之间，流速相对较快，部分河段河滩较平缓，河岸植被以草地和低矮灌丛为主。

2. 白曲

白曲位于甘孜藏族自治州境内，为金沙江左岸一级支流，河道总长60km，天然落差1621m，流域面积519km^2，多年平均流量6.09m^3/s。白曲大部分河段位于高山峡谷中，流速快，河道窄，水浪翻滚，底质多为砾石，岸坡植被以灌木为主。白曲近河口处存在一处较大跌水，落差超过5m，形成了天然阻隔。

3. 丁曲

丁曲位于甘孜藏族自治州境内，为金沙江左岸一级支流。丁曲河道总长74km，河口高程2965m，天然落差1625m，流域面积1283km^2，多年平均流量14.4m^3/s。丁曲河道两侧山峰林立，坡陡且急，河面窄，流速快，多曲折，为典型的峡谷型河流。河道底质主要为砾石，岸坡植被主要为乔木和灌木。

4. 赠曲

赠曲位于甘孜藏族自治州境内，发源于巴塘—白玉交界处的麻贡嘎冰川东北缘，河流由南向北流经纳塔、阿察（昌台）、麻邛、辽西，在赠科附近转向西流，流经赠科、热加、河坡，于河坡以西格学村注入金沙江。赠曲干流河道长200.5km，天然落差1823m，流域面积5490km^2，河道平均比降9.09‰，河口多年平均流量73.8m^3/s。

赠曲流域内地势由东北向西南倾斜，额热隆汇口上游呈近南北向高原宽缓岭谷，阶地发育，两岸山体雄厚，右岸山势相对较陡，坡度在30°～50°，从河谷至山顶高差较大，山顶面海拔多在4500～5000m，河谷深切，多呈“U”形展布，谷底宽度为100～200m，河流交汇地带谷底宽阔；额热隆汇口至赠科乡呈近南北向条形岭谷，赠科乡下游呈近东西向条形岭谷，两岸山体雄厚，山势陡峻，坡度在 50°～70°，从谷底至山顶高差较大，山顶面海拔多在 4500～5000m，河谷深切，多呈“V”形展布，谷底宽度 80～100m，河流交汇地带谷底宽阔。

5. 欧曲

欧曲位于甘孜藏族自治州德格县境内，为金沙江左岸一级支流，河道总长 129km，天然落差 1592m，流域面积 2902km^2，多年平均流量 39.1m^3/s。欧曲河面较宽，流速较缓，而且河道较曲折，底质多为细砂、岩石，岸坡植被多为灌木。

6. 藏曲

藏曲为金沙江上游右岸一级支流，位于昌都市江达县同普乡和波罗乡，河流长 120.5km，多年平均流量 53.3m^3/s。字曲和独曲为藏曲的左右两源，两条河各长约 70km，在同普乡汇合后并入藏曲。藏曲从同普乡往波罗乡地貌和河流的变化情况为：0～7km 为宽谷河床，多鹅卵石滩；7～12km 流经位于江达县同普乡与波罗乡交界处的波罗吉荣大峡谷，该峡谷两岸雄峰夹峙，最宽处约 100m，最窄处仅 20～30m；12～47km 河段为宽谷河床与小峡谷交错的地势；47～52km 处为深陷的“V”形河谷；最后在波罗乡汇入金沙江。藏曲河道由于山势的影响呈“S”或“N”形交替，滩潭相间。藏曲河道底质以岩石和鹅卵石为主，缓滩处淤积有少量泥沙，水生植被稀少，着生藻类和底栖生物较丰富。

7. 热曲

热曲位于昌都市江达县和贡觉县境内，为金沙江上游右岸一级支流，发源于昌都市妥坝乡的昂青播丹拉。热曲河道全长 144.7km，天然落差 1668m，平均比降为 11.53‰，流域面积 5450km^2，多年平均流量 63m^3/s，最大洪峰流量约 478m^3/s，最枯流量约 5.1m^3/s，多年平均输沙量 8.3 万 t。热曲流域内河流两侧支流较多，呈树枝状分布，上游落差较大，水位变化急剧，大量泥沙、石块侵入河道，沿岸冲积物随处可见，下游区域两岸山势陡峭，交通不便。河道底质以岩石和鹅卵石为主，缓滩处淤积有少量泥沙。

8. 董曲

董曲位于昌都市贡觉县境内的东部山区，为金沙江右岸一级支流，发源于阿益的甲东乃，由南向北流经夏日，在达曲村（则多乡）转向东流，在克日乡注入金沙江。董曲两岸多为高山，地势险峻，流域呈扇形，流域面积 644km^2。河道长度约 47km，天然落差 1889m，比降 40.2‰。董曲河床比降大，水流湍急，河床主要由岩石和少量泥沙构成。

9. 降曲

降曲位于甘孜藏族自治州境内，为金沙江左岸一级支流，河道总长约 66km，天然落差 1733m，流域面积 1129km^2，多年平均流量 15m^3/s。降曲河水清澈，流速较缓，途中水湾、浅水区域较多，底质多为细砂、砾石，岸坡植被多为灌木、草地，乔木也经常可见。

10. 玛曲

玛曲源出四川理塘县西北、海子山北拉桑堆喀哈逮山扎金呷博冰川，北流转西北入巴塘县境，在茶雪下从左岸汇入金沙江。玛曲河长 147km，流域面积 3180km^2，多年平均流量约 52.1m^3/s，天然落差约 2170m。

11. 定曲

定曲（又称松麦河）是金沙江上段左岸一级支流，发源于四川省理塘县沙鲁里山主峰格聂山西麓，干流自北向南流经四川省的理塘、巴塘、乡城、得荣等 4 县，在得荣县古学镇汇入金沙江，干流长约 230km，落差 2750m，平均坡降 10.96‰，流域面积 12080km^2，年径流量 38.51 亿 m^3。主要支流有硕曲河和玛依河，其中硕曲河流域面积 6735km^2，发源于理塘县克日则洼，流经四川的乡城县、得荣县和云南省迪庆藏族自治州的香格里拉市；玛依河发源于乡城县北部杂因果，自北向南纵贯乡城县中部，于得荣县奔都乡注入定曲河，流域面积 2124km^2。

1.3 生态环境

1.3.1 植被

金沙江流域植被的纬度地带性显著，从半荒漠的干旱河谷演变到森林、高山灌丛、高山草甸和高原荒漠。总体上呈现南高北低的特点，低值主要集中在半干旱区，植被类型为低覆盖草地和灌丛；高值主要分布在高寒草甸生态区南部、常绿阔叶林生态区以及农林复合生态区。植被类型多为中高覆盖度的灌草、林地和耕地。

林地类型有云杉、冷杉、云南樟、落叶松、高山松、桦树等；草地类型主要有高山草甸和高山草原两大类。草甸植物以莎草科嵩草属（*Kobresia Willd*）占优势，如西藏嵩草（*Kobresia tibetica*）和北方嵩草（*Kobresia bellardii*）等；草原植物以禾本科（Gramineae）和菊科（Asteraceae）为主，如紫花针茅（*Stipa purpurea*）、座花针茅（*Stipa subsessiliflora*）等（李云琴等，2016；任德智等，2016）。

1.3.2 土地利用

根据甘孜藏族自治州第三次全国国土调查数据显示，截至 2019 年 12 月 31 日，全州土地调查面积 1497 万 hm^2（14.97 万 km^2）。其中，种植相关用地 956.8km^2，阔叶林、针叶林、混交林等林地 73609.3km^2，草地 55871.7km^2，水体 1842.3km^2，湿地 6083.7km^2，城镇建设用地 365.1km^2。（图 1-3）。

根据 2018 年度土地变更调查数据，昌都市总面积 109816.98km^2，其中耕地 724.24km^2，园地 1.31km^2，林地 40779.84km^2，草地 57691.59km^2，城镇村及工矿用地 131.02km^2，交通运输用地 71.12km^2，水域及水利设施用地 2573.18km^2，其他土地 7844.68km^2。草地是昌都

市的优势地类，其面积占总面积的 50%，主要分布于昌都市的中部与东部地区；林地主要分布在昌都市南部；耕地几乎都分布在丁青县的东南部；昌都市建筑用地主要分布在卡若区；水域主要分布于昌都市西南部和南部（图 1-3）。

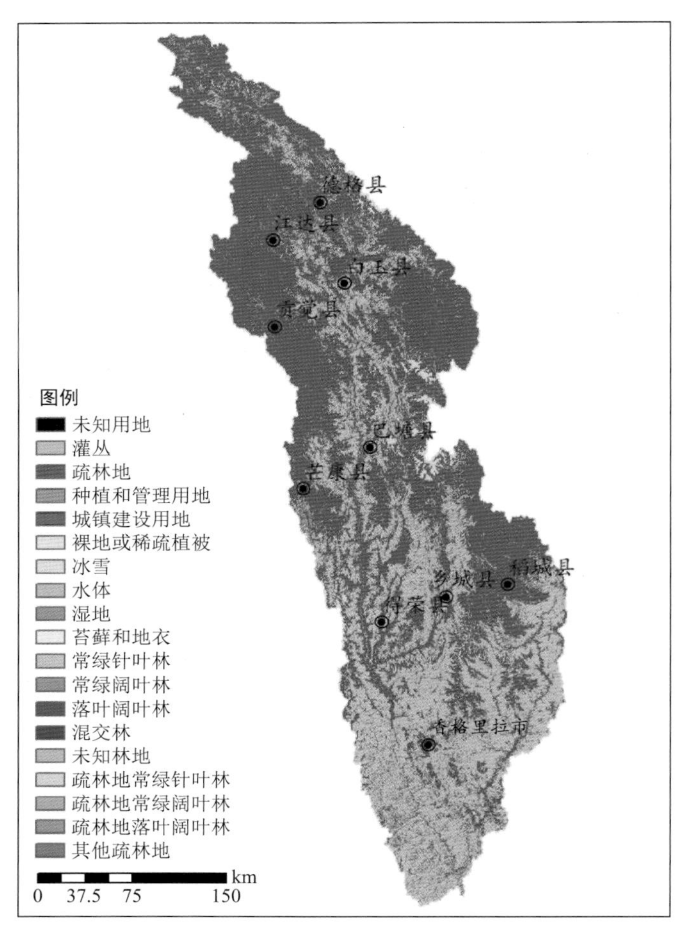

图 1-3　金沙江上游主要的土地覆盖类型

1.3.3　保护区建设

经统计，金沙江流域共有自然保护区 36 个，国家级水产种质资源保护区 6 个。自然保护区中，三江源国家级自然保护区、洛须白唇鹿自然保护区、察青松多白唇鹿自然保护区、卡松渡自然保护区、新路海保护区、阿木拉自然保护区、措普沟自然保护区等位于金沙江上游流域（图 1-4）。

2000 年 8 月我国在青海省正式成立了三江源国家级自然保护区，长江源是其中重要组成部分。2016 年 3 月 5 日，中共中央办公厅、国务院办公厅正式印发《三江源国家公园体制试点方案》，明确三江源国家公园的总体布局为“一园三区”，即三江源国家公园和长江源（可可西里）、黄河源、澜沧江源园区，总面积 12.31 万 km^2。地处三江源腹地的长江源

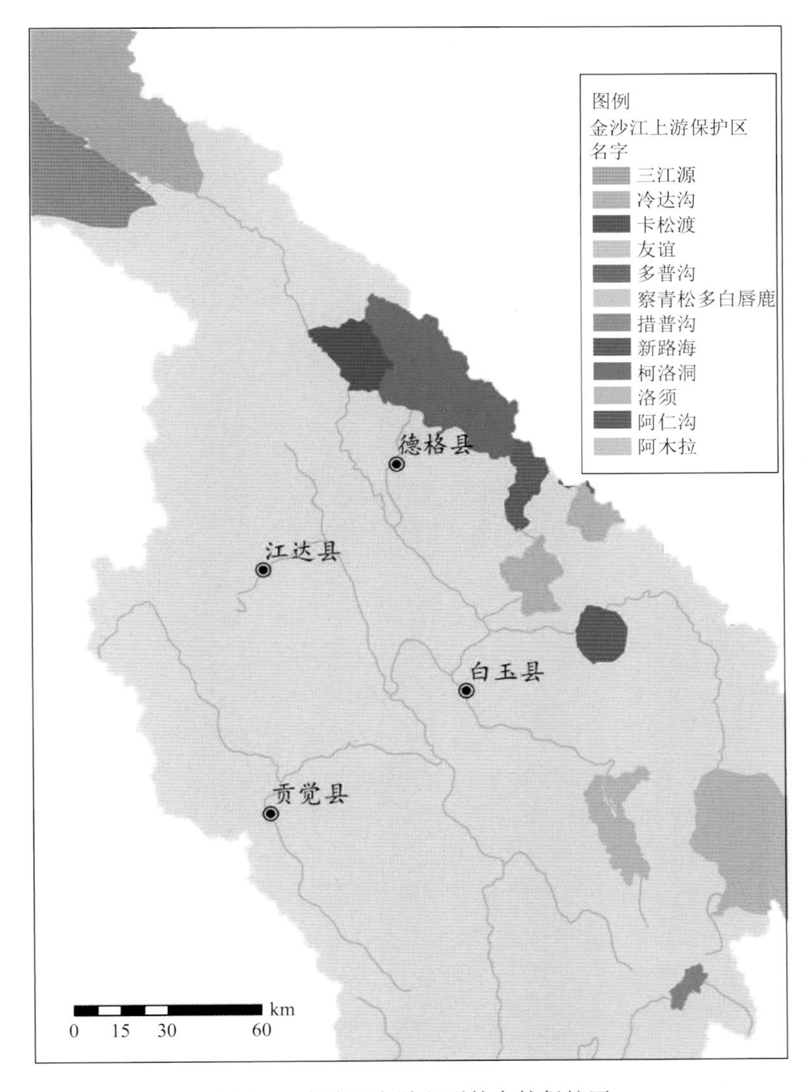

图 1-4　金沙江上游主要的自然保护区

园区位于昆仑山脉与唐古拉山脉之间，东以曲麻莱县的索加-曲麻河自然保护分区为东界，南以可可西里保护区和索加-曲麻河保护分区为南界，西以可可西里保护区为西界，北以昆仑山脉为北界，园区面积 9.03 万 km^2，占整个三江源国家公园总面积的 73.35%。

察青松多白唇鹿自然保护区位于四川省甘孜藏族自治州白玉县麻绒乡，于 1995 年建立，总面积 1436.83km^2，是以保护白唇鹿、金钱豹、金雕等珍稀野生动物及其自然生态系统为主的森林和野生动物类型国家级自然保护区。

洛须白唇鹿省级自然保护区于 1995 年建立，1997 年升级为省级自然保护区，总面积为 155350hm^2。其中，核心区面积 71671hm^2，缓冲区面积 14533hm^2，实验区面积 69146hm^2。主要保护对象为白唇鹿、马麝和雪豹等珍稀野生动物及其栖息地。

新路海省级自然保护区位于四川省德格县雀儿山东麓。该保护区于 1995 年建立，

1998 年晋升为省级自然保护区，主要保护对象为湿地野生动物、湿地生态环境。

措普沟自然保护区地处甘孜藏族自治州巴塘县境内，始建于 2001 年，2003 年晋升为州级自然保护区。保护区核心区面积为 25464.8hm^2，缓冲区面积为 5095.9hm^2，实验区面积为 10912.1hm^2。该保护区以森林生态系统为主要保护对象。

卡松渡自然保护区包括汪布顶、俄南和俄支三乡。东与柯洛洞乡相连，南与西藏昌都市江达县汪布顶乡接壤，西与西藏昌都市江达县隔江相望，北靠德格县俄南乡，面积 323km^2，距德格县城 63km，主要保护对象为金雕、白唇鹿、猞猁等野生动物。

阿木拉自然保护区位于甘孜藏族自治州德格县辖境内的岳巴乡阿木拉村，面积 35915.41hm^2，最高海拔 5819m，最低海拔 3600m，属青藏高原大陆气候，以国家一级保护动物白唇鹿为主要保护对象。

多普沟州级自然保护区位于四川省甘孜藏族自治州德格县，于 1999 年建立，2000 年升级为州级自然保护区。保护区总面积 22102hm^2，其中，核心区面积 16000hm^2，缓冲区面积 7423hm^2，实验区面积 5325hm^2。主要保护对象是森林、灌丛、草地等组成的高山生态系统。

冷达沟县级自然保护区位于四川省甘孜藏族自治州甘孜县，于 2003 年 7 月建立。保护区总面积为 73490hm^2，是以白唇鹿等珍稀野生动物及其生境为主要保护对象的野生动物类型自然保护区。

阿仁沟密枝圆柏县级自然保护区位于四川省甘孜藏族自治州白玉县，于 2000 年建立。保护区面积 212hm^2，是目前全国发现的海拔最高、覆盖面积最广的密枝圆柏林区。

友谊野生动物自然保护区为县级保护区，于 2000 年建立。保护区总面积为 71452hm^2，主要保护对象为白唇鹿等珍稀野生动植物及其生境。

6 个国家级水产种质资源保护区分别为沱沱河特有鱼类国家级水产种质资源保护区、楚玛尔河特有鱼类国家级水产种质资源保护区、玉树州烟瘴挂峡特有鱼类国家级水产种质资源保护区、滇池国家级水产种质资源保护区、白水江特有鱼类国家级水产种质资源保护区、程海湖特有鱼类国家级水产种质资源保护区。其中，楚玛尔河国家级水产种质资源保护区位于三江源国家公园长江源园区核心保育区。

从保护情况来看，金沙江 214 种鱼类中包含国家 I 级保护鱼类 3 种，II 级保护鱼类 2 种，中国濒危动物红皮书所列鱼类 15 种，省级保护鱼类 25 种。但从水域生态系统保护的角度看，金沙江上游无针对性的湿地或水生生物自然保护区，区域内存在保护空缺地带（图 1-4）。

1.4 水生生物研究历史

金沙江上游流域位于青藏高原东南部，由典型的高原水生生物区系组成，是研究水生生物适应性进化与青藏高原特殊地理环境之间关系的重要区域。在中华人民共和国成立以前，由于研究条件相对落后，有关青藏高原及邻近地区水生生物的研究资料十分缺乏。中华人民共和国成立以后，相关研究工作主要依托一系列的综合科学考察展开。例如，中国科学院 20 世纪五六十年代先后组织四次西藏综合科学考察，1973 年开展的中国科学院青藏高原综合科学考察等。1959～1961 年，曹文宣和伍献文（1962）在对四川西部甘孜、阿坝地区的鱼类生物学及渔业问题进行调查时发现，尽管高原水体水生生物多样性总体表现为藻类以硅藻为主，浮游动物以原生动物和轮虫为主，底栖动物以水生昆虫为主，水生维管束植物多见于静水或沼泽等特点，但水生生物的种类和数量因水体环境差异会有不同。近年来，有关金沙江上游水生生物多样性的研究报道较少。

1.4.1　藻类

1961～1976 年，中国科学院青藏高原综合科学考察队在西藏及周边地区共采集鉴定藻类 1026 种，其中蓝藻 308 种、裸藻 199 种、绿藻 468 种、红藻 1 种、甲藻 11 种、金藻 13 种、黄藻 18 种、轮藻 8 种（中国科学院青藏高原综合科学考察队，1992）。其中，涉及金沙江上游的考察活动主要集中在 1976 年，相关科研人员在昌都地区的江达县、贡觉县共采集藻类标本 8 号（TB76070、TB76071、TB76073、TB76074、TB76075、TB76076、TB76077 和 TB76078），鉴定出硅藻若干以及单一水绵（*Spirogyra singularis*）、近亲水绵（*Spirogyra affinia*）、巨型螺旋藻（*Spirulina major*）、中型囊裸藻（*Trachelomonas intermedia*）、居氏粘球藻（*Gloeocapsa kutzingiana*）、铅色聚球藻（*Synechococcus slividus*）、粗壮席藻（*Phormidium valderianum*）等种类（表 1-2）。其中，前 4 种采集于小水沟或小水池生境，后 3 种采集于江达县的 2 处温泉（李尧英，1985；朱蕙忠和陈嘉佑，2000）。

表 1-2　1976 年在金沙江上游采集到的部分硅藻

科	属	中文名	拉丁名
脆杆藻科	扇形藻属	环状扇形藻	*Meridion circulare*
	脆杆藻属	连结脆杆藻近盐生变种	*Fragilaria construens*（Ehr.）Grun. var. *subsalina* Hust.
舟形藻科	布纹藻属	库津布纹藻	*Gyrosigma kuetzingii*（Grun.）
	美壁藻属	杆状美壁藻（原变种）	*Caloneis bacillum*（Grun.）Cl. var. *bacillum*
	长篦藻属	科兹洛夫长篦藻两头变种	*Neidium kozlowii* Mer. var. *amphicephala* Mer.
		伸长长篦藻（原变种）	*Neidium productum*（Wm. Smith）Cl. var. *productum*
	辐节藻属	双头辐节藻（原变种）	*Stauroneis anceps* Ehr. var. *anceps*
	舟形藻属	系带舟形藻（原变种）	*Navicula cincta*（Ehr.）Ralfs var. *cincta*
		隐头舟形藻（原变种）	*Navicula cryptocephala* Kuetz. var. *cryptocephala*
		急尖舟形藻模糊变种	*Navicula auspidata* Kuetz. var. *ambigua*（Ehr.）Cl.
		似钝舟形藻	*Navicula muticopsis* Van Heurck
		凸出舟形藻（原变种）	*Navicula protracta*（Grun.）Cl.var. *protracta*
		瞳孔舟形藻椭圆变种	*Navicula pupula* Kuetz.var. *elliptica* Hust.
		威特罗克舟形藻球头棒形变型	*Navicula wittrockii*（Lagerst.）Tempere et Pergallo f. fusticulus（Ostrup）Cl.-Eul.
	羽纹藻属	波缘羽纹藻	*Pinnularia undulata* Greg.
	双眉藻属	咖啡形双眉藻北方变种	*Amphora coffaeiformis*（Ag.）Kuetz. var. *borealis*（Kuetz.）Cl.

续表

科	属	中文名	拉丁名
桥弯藻科	桥弯藻属	相等桥弯藻	*Cymbella aequalis*
		箱形桥弯藻（原变种）	*Cymbella cistula*（Hempr.）Kirchner var. *cistula*
		舟形桥弯藻	*Cymbella naviculiformis* Auersw
		略钝桥弯藻	*Cymbella obtusiuscula* Kuetz.
		微细桥弯藻	*Cymbella parva*（Wm. Smith）Cl.
		弯曲桥弯藻	*Cymbella sinuata* Greg.
异极藻科	异极藻属	尖细异极藻（原变种）	*Gomphonema acuminatum* Ehr. var. *acuminatum*
		纤细异极藻（原变种）	*Gomphonema gracile* Ehr. var. *gracile*
		标帜异极藻	*Gomphonema insigne* Greg.
		卡兹那科夫异极藻	*Gomphonema kaznakowi* Mer.
		橄榄绿异极藻（原变种）	*Gomphonema olivaceum*（Lyngbye）Desm. var. *olivaceum*
		小形异极藻细小变种	*Gomphonema parvulum*（Kuehz.）Kuetz. var. *micropus*（Kuetz.）Cl.
两形壳缝目科	两形壳缝目属	两形壳缝藻（原变种）	*Amphiraphia xizangensis* Chen et Zhu var. *xizangensis*
曲壳藻科	卵形藻属	缩小卵形藻	*Cocconeis diminuta* Pantocsek
		盘状卵形藻	*Cocconeis disculus*（Schum.）Cl.
		扁圆卵形藻（原变种）	*Cocconeis placentula*（Ehr.）Hust. var. *placentula*
		扁圆卵形藻条痕变种	*Cocconeis placentula*（Ehr.）Hust. var. *lineata*（Ehr.）CL.
	真卵形藻属	弯曲真卵形藻	*Eucocconeis flexella*（Kuetz.）Hust.
	曲壳藻属	披针形曲壳藻（原变种）	*Achnanthes lanceolata* Breb. var. *lanceolata*
		线形曲壳藻（原变种）	*Achnanthes linearis*（Wm.Smith）Grun. var. *linearis*
		极细微曲壳藻隐头变种	*Achnanthes minutissima* Kuetz. var. *cryptocephala* Grun.
窗纹藻科	棒杆藻属	驼峰棒杆藻范休克变种	*Rhopalodia gibberula*（Ehr.）O. Müller var. *vanheurckii* O. Muller
		平行棒杆藻	*Rhopalodia parallela*（Grun.）O. Muller
菱形藻科	菱板藻属	两尖菱形藻头端变型	*Hantzschia amphioxys*（Ehr.）Grun. f. capitata O. Müller
	菱形藻属	细齿菱形藻	*Nitzschia denticula* Grun.
		小片菱形藻（原变种）	*Nitzschia frustulum*（Kuetz.）Grun. var. *frustulum*
		细长菱形藻	*Nitzschia gracilis* Hantzsch
双菱藻科	双菱藻属	螺旋双菱藻	*Surirella spiralis* Kuetz.
		软双菱藻	*Surirella tenera* Greg.

近年来，有关金沙江流域藻类的研究主要集中在中下游江段，而对于上游江段藻类的研究仅见少量报道。例如，余海英（2008）对金沙江下游进行调查，共采集鉴定出藻类 6 门，70 属，201 种，其中硅藻门藻类最多有 113 种，绿藻门 60 种，蓝藻门 16 种，

黄藻门 6 种，裸藻门 4 种，金藻门 2 种。2015 年，王艳璐等（2019）在四川省甘孜藏族自治州进行硅藻多样性调查时发现单壳缝目硅藻中国新记录 8 种 1 变种（隶属于 4 属）。高琦等（2019）在金沙江石鼓至宜宾江段共采集鉴定藻类 6 门 30 属 52 种，其中包括硅藻 16 属 34 种，绿藻 6 属 9 种，甲藻 3 种，蓝藻和隐藻各 2 种，金藻和裸藻各 1 种。魏志兵等（2020）在金沙江干流上中下游江段共采集鉴定出藻类 100 种，其中硅藻最多，有 56 种，绿藻 22 种，蓝藻 11 种，裸藻、隐藻各 4 种，金藻、甲藻、黄藻各 1 种。陈燕琴等（2013）在金沙江上游玉树段共采集鉴定出藻类 62 种，其中硅藻 42 种，绿藻门 11 种，蓝藻门 9 种。

1.4.2　浮游动物

早在 1961 年，曹文宣、余志堂、陈嘉佑等对金沙江上游海子山碧波湖的水生生物进行了采样，分析显示 30L 水中有原生动物 2700 个，轮虫 9000 个。后续有关金沙江上游浮游动物多样性的系统研究主要见于 1983 年出版的《西藏水生无脊椎动物》一书，该书共记录了西藏地区浮游动物原生动物 458 种（纤毛虫类 288 种、肉足虫类 170 种）、轮虫 208 种（中国科学院青藏高原综合科学考察队，1983）。其中，考察人员在金沙江上游的江达县、贡觉县共采集浮游动物标本 12 号，鉴定出浮游动物 35 种（表 1-3）。

表 1-3　1976 年在金沙江上游采集到的浮游动物

类群	目	科	中文名	拉丁名
原生动物	变形目	变形科	泥生变形虫	*Amoeba limicola*
	表壳目	表壳科	盘状表壳虫	*Arcella discoides*
			圆滑表壳虫	*Arcella rotundata*
			多孔表壳虫	*Arcella polypora*
		砂壳科	尖顶砂壳虫	*Difflugia acuminata*
			褐砂壳虫	*Difflugia avellana*
			球形砂壳虫	*Difflugia globulosa*
			乳头砂壳虫	*Difflugia mammillaris*
			长圆砂壳虫	*Difflugia oblonga*
			针棘匣壳虫	*Centropyxis aculeata*
			旋匣壳虫	*Centropyxis aerophile*
			收音旋匣壳虫	*Centropyxis aerophila*
	有壳丝足目	鳞壳科	结节鳞壳虫	*Euglypha tuberculata*
			斜口三足虫	*Trinema enchelys*
			线条三足虫	*Trinema lineare*
	太阳虫目	太阳科	放射太阳虫	*Actinophrys sol*
	刺沟目	圆口科	高山长颈虫	*Dileptus alpinus*
	肾形目	篮环科	袋篮环虫	*Cyrtolophosis bursaria*

续表

类群	目	科	中文名	拉丁名
原生动物	篮口目	篮口科	微小篮口虫	*Nassula pusilla*
			膨胀篮口虫	*Nassula tumida*
	管口目	斜管科	食藻斜管虫	*Chilodonella aIgivora*
			僧帽斜管虫	*Chilodonella cucullulus*
			河流斜管虫	*Chilodonella fluviatilis*
			唇斜管虫	*Chilodonella labiata*
			钩刺斜管虫	*Chilodonella uncineta*
			小轮毛虫	*Trochilia minuta*
	膜口目	四膜科	梨形四膜虫	*Tetrahymena pyriformis*
		草履科	尾草履虫	*Paramecium caudatum*
轮虫	单巢目	臂尾轮科	大肚须足轮虫	*Euchlanis dilatata*
			无角狭甲轮虫	*Colurella colurus*
		腔轮科	月形腔轮虫	*Lecane luna*
		椎轮科	小巨头轮虫	*Cephalodella exigua*
			沟痕同尾轮虫	*Diurella sulcata*
		鼠轮科	细异尾轮虫	*Trichocerca gracilis*
甲壳动物	双甲目	盘肠溞科	镰角锐额溞	*Alonella excisa*

注：浮游动物名录根据《西藏水生无脊椎动物》（中国科学院青藏高原综合科学考察队，1983）整理而成。

此后，部分学者也对西藏地区的浮游动物开展了调查研究工作，但是关于金沙江上游浮游动物的研究还比较缺乏。2005 年，中国电建集团成都勘察设计研究院有限公司的调查资料显示（未发表），金沙江上游原生动物常见种为半圆表壳虫、旋匣壳虫、片口匣壳虫、馍状圆壳虫和表壳圆壳虫，轮虫常见种为旋轮虫，浮游甲壳动物十分稀少。吴湘香等（2023）于 2018～2019 年对长江干流约 5000km 的浮游动物进行了调查采样，在金沙江鉴定出浮游动物 59 种。

1.4.3　底栖无脊椎动物

1959～1961 年，曹文宣和伍献文（1962）在对四川西部甘孜阿坝地区进行调查时，就高原水域不同环境下的底栖动物多样性作了定性描述："在高原上的沼泽和浅水湖泊，底栖动物种类较单一，但数量很大，最常见的有水蜘蛛、端足虾、萝卜螺、划蝽科水虫和松藻虫等；宽谷河流水域的底栖动物常见的有端足虾、萝卜螺、水蜘蛛以及属于石蝇科、扁蜉、摇蚊科和沼石蛾科的水生昆虫幼虫；山溪支流的底栖动物有水蜘蛛、扁蜉、四节蜉、沼石蛾、纹石蛾、多距石蛾、石蝇、短尾襀、蚋、摇蚊和端足虾等。"

和雅静等（2019）通过汇总 20 世纪 70 年代以来正式发表的底栖动物论文以及自有调查数据，整理出了长江流域底栖动物资料，其中金沙江水系底栖动物有 395 种，包括寡毛纲（Oligochaeta）39 种，蛭纲（Hirudinea）11 种，前鳃亚纲（Prosobranchia）67 种，肺螺亚纲（Pulmonata）33 种，双壳纲（Bivalvia）15 种，甲壳纲（Crustacea）12 种，蜉蝣目（Ephemeroptera）29 种，襀翅目（Plecoptera）12 种，毛翅目（Trichoptera）33 种，蜻蜓目（Odonata）11 种，鞘翅目（Coleoptera）20 种，半翅目（Hemiptera）12 种，广翅目（Megaloptera）4 种，双翅目（Diptera）97 种。总体上，金沙江流域底栖无脊椎动物的研究主要集中在中下游地区，如孙超白等（1985）对金沙江攀枝花市江段进行调查共发现底栖无脊椎动物 39 种，包括涡虫纲 1 种，环节动物 3 种，软体动物 3 种，甲壳类 2 种、昆虫纲 28 种、水螨和线虫各 1 种。

1.4.4　水生植物

中华人民共和国成立后，我国植物学家对青藏高原及邻近地区的水生植物进行了综合调查和研究，先后出版了《西藏植物志》（吴征镒，1983）、《青海植物志》（刘尚武，1996）、《西藏植被》（中国科学院植物研究所，中国科学院长春地理研究所，1988）、《青藏高原维管植物及其生态地理分布》（吴玉虎，2008）等植物志书籍及研究论文，如王东（2003）在 1999～2002 年青藏高原的水生植物的野外调查共记录了水生植物 133 种、2 亚种和 3 变种，隶属于 63 属 29 科。

目前，金沙江上游流域关于水生植物多样性的研究未见系统报道。曹文宣和伍献文（1962）指出，高原地区的水生植物多聚集于沼泽或浅水湖泊，最多的为眼子菜、狸藻、水毛茛、狐尾藻、苔草、旱苗蓼和水蓼等，而在山溪支流或峡谷急流中少见。马世鹏（2015）对三江源地区湿地植物的调查显示，三江源有湿地植物共计 33 科 94 属 219 种。毛茛科、十字花科、龙胆科等是三江源湿地植物常见的大科。薹草属、马先蒿属、毛茛属，龙胆属植物在三江源湿地中最为常见。根据周亚东等（2020）的研究，西藏地区 74 个县共调查到水生植物共计 29 科 75 属 137 种，其中金沙江流域的江达县、贡觉县及芒康县水生植物物种数不超过 25 种。

1.4.5　鱼类

与其他水生生物类群相比，金沙江流域鱼类多样性的研究资料相对较多。Chang 于 1944 年在 *Notes on the fishes of western Szechuan and eastern Sikiang* 一文中对 1938～1943 年他在四川西部采集的鱼类标本进行了整理研究，报道了部分涉及金沙江流域的种类。

1962 年，曹文宣和邓中粦（1962）对四川西部及邻近地区的裂腹鱼类进行了分类整理，共记述裂腹鱼类 16 种和 1 个亚种，分别隶属于 6 个属，其中嘉陵裸裂尻鱼为新种。该文较为系统和详细地描述上述地区的裂腹鱼类，并订正了早期裂腹鱼研究中存在的同物异名或同名异物问题，为后来我国裂腹鱼类的研究奠定了很好的基础。在此基础上，通过进一步的调查采样，曹文宣和伍献文在《四川西部甘孜阿坝地区鱼类生物学及渔业问题》中共记录区域内鱼类 37 种，分属于黄河水系、嘉陵江水系、岷江上游、大渡河上游、雅砻江水系和金沙江上游，其中金沙江上游岗托至竹巴龙干流分布有鱼类 7 种，即四川裂腹鱼

（*Schizothorax kozlovi*）、长丝裂腹鱼（*Schizothorax dolichonema*）、短须裂腹鱼（*Schizothorax wangchiachii*）、裸腹重唇鱼（*Diptychus kaznakovi*）、软刺裸裂尻鱼（*Schizopygopsis malacanthus*）和 2 种高原鳅，并对主要经济鱼类的生物学特征（年龄与生长、食性、性腺发育）和渔业资源利用等问题进行了探讨。

刘成汉（1964）依据实地调查并结合以往相关工作，在《四川鱼类区系的研究》中整理出四川省鱼类 166 种，其中涉及金沙江流域的鱼类有 72 种。随后，褚新洛等（1989）在整合《中国鲤科鱼类志》的基础上，结合实地调查和整理鉴定，在《云南鱼类志》中记录了金沙江流域鱼类 86 种，隶属于 6 目 11 科 57 属。

武云飞和陈瑗（1979）于 1966～1973 年，对青海曲麻莱县和玉树市通天河及其支流的水生生物资源进行了调查，记录了该区域的鱼类有长丝裂腹鱼、硬刺齐口裂腹鱼（*Schizothorax prenanti scleracanthus*）、裸腹重唇鱼、软刺裸裂尻鱼、单列齿鱼（*Herzensteinia microcephalus*）、高原条鳅（*Nemachilus stoliczkae*）、圆腹条鳅（*Nemachilus rotundiventris*）、细尾条鳅（*Nemachilus stenurus*）、石爬鲱（*Coraglanis kishinouyei*）、鲱（*Euchiloglanis myzostoma*）等 10 种。

1983～1984 年，吴江和吴明森较为系统地调查了整个金沙江（宜宾至直门达）的鱼类资源状况，采得标本 8000 余号，共获鱼类 158 种，并指出白玉县以上江段中长丝裂腹鱼和短须裂腹鱼是常见的渔获对象（吴江和吴明森，1990）。

1990 年，武云飞和吴翠珍（1990）根据 1978 年、1980 年和 1986 年先后 3 次在滇西金沙江石鼓至四川渡口金沙河段干支流的考察成果，整理出该区域鱼类 44 种，隶属于 11 科 35 属，包括 10 个新纪录种和 1 个新亚种，并讨论了虎跳峡对上、下游鱼类分布的作用。

1994 年出版的《四川鱼类志》记述了四川省（包括重庆市）鱼类共 241 种（包括亚种），隶属于 9 目 20 科 107 属，并对四川鱼类区系特征、分布概况、区系形成与演变、动物（淡水鱼类）地理学等进行了较深入的探讨。书中涉及金沙江流域的鱼类共计 158 种（包括亚种），隶属于 7 目 17 科 88 属（丁瑞华，1994）。

陈宜瑜等编写的《中国动物志》中记录了金沙江流域鱼类共计 172 种，隶属于 23 科 87 属（中国科学院中国动物志编辑委员会，1998）。

近年来，胡睿（2012）对金沙江上游进行野外实地调查并结合文献资料，报道了金沙江上游流域共分布有鱼类 30 种，其中本地鱼类 27 种，隶属于 2 目 3 科 9 属。2019 年，张春光等（2019）编著的《金沙江流域鱼类》较为系统地论述了金沙江流域的鱼类物种多样性及其研究历史、鱼类多样性与区系、鱼类分布格局等内容，共记录了鱼类 198 种，其中土著鱼类共计 178 种，隶属于 7 目 17 科 79 属。

主要参考文献

曹文宣，邓中粦，1962. 四川西部及其邻近地区的裂腹鱼类[J]. 水生生物学集刊，2：27-53.

曹文宣，伍献文，1962. 四川西部甘孜阿坝地区鱼类生物学及渔业问题[J]. 水生生物学集刊，2：79-122.

陈燕琴，申志新，刘玉婷，等，2013. 长江上游曲麻莱至玉树段春秋季浮游植物群落结构及多样性评价[J]. 长江流域资源与环境，22（10）：1325-1332.

陈宜瑜，1998. 横断山区鱼类[M]. 北京：科学出版社.

褚新洛，陈银瑞，等，1989. 云南鱼类志（上册）[M]. 北京：科学出版社.
邓贤贵，黄川友，1997. 金沙江泥沙输移特性及人类活动影响分析[J]. 泥沙研究，4：37-41.
丁瑞华，1994. 四川鱼类志[M]. 成都：四川科学技术出版社.
高琦，倪晋仁，赵先富，等，2019. 金沙江典型河段浮游藻类群落结构及影响因素研究[J]. 北京大学学报（自然科学版），55（3）：571-579.
和雅静，王洪铸，舒凤月，等，2019. 长江流域底栖动物资源的宏观格局[J]. 水生生物学报，43（S1）：9-17.
胡睿，2012. 金沙江上游鱼类资源现状与保护[D]. 武汉：中国科学院水生生物研究所.
李吉均，1996. 横断山冰川[M]. 北京：科学出版社.
李尧英，1985. 西藏高原及横断山区的温泉蓝藻[J]. 水生生物学报，9（3）：264-279.
李云琴，杜凡，汪健，等，2016. 金沙江上游干旱河谷植被[J]. 生物多样性，24（4）：489-494.
刘成汉，1964. 四川鱼类区系的研究[J]. 四川大学学报（自然科学版），1（2）：95-138.
刘尚武，1996. 青海植物志[M]. 西宁：青海人民出版社.
马世鹏，2015. 青海种子植物资源及三江源湿地植物研究[D]. 西宁：青海大学.
彭亚，2004. 金沙江水电基地及前期工作概况（一）[J]. 中国三峡建设，4：37-38.
任德智，葛立雯，王瑞红，等，2016. 西藏昌都地区森林植被碳储量及空间分布格局[J]. 生态学杂志，35（4）：903-908.
施晨晓，韩琳，2014. 金沙江流域年与季气候特征统计分析[J]. 成都信息工程学院学报，29（4）：424-433.
水利部长江水利委员会，2022. 长江泥沙公报（2021）[M]. 武汉：长江出版社.
孙超白，张抱膝，童远瑞，等，1985. 应用大型底栖无脊椎动物评价金沙江（渡口市段）枯水期的水质[J]. 南京大学学报（自然科学版），21（3）：525-536，572.
孙鸿烈，2008.长江上游地区生态与环境问题[M]. 北京：中国环境科学出版社.
王东，2003. 青藏高原水生植物地理研究[D]. 武汉：武汉大学.
王艳璐，于潘，曹玥，等，2019. 四川甘孜曲丝藻科硅藻中国新记录[J]. 植物科学学报，37（1）：10-17.
魏志兵，何勇凤，龚进玲，等，2020. 金沙江干流浮游植物群落结构特征及其时空变化[J]. 长江流域资源与环境，29（6）：1356-1365.
吴江，吴明森，1990. 金沙江的鱼类区系[J]. 四川动物，9（3）：23-26.
吴湘香，王银平，张燕，等，2023. 长江干流浮游动物群落结构及时空分布格局[J]. 水产学报，47（2）：181-190.
吴玉虎，2008. 青藏高原维管植物及其生态地理分布[M]. 北京：科学出版社.
吴征镒，1983. 西藏植物志[M]. 北京：科学出版社.
武利娟，2007. 金沙江上游区域地质灾害遥感解译与 GIS 分析[D]. 北京：中国地质大学（北京）.
武云飞，陈瑗. 1979. 青海省果洛和玉树地区的鱼类[J]. 动物分类学报，4（3）：287-296.
武云飞，吴翠珍，1990. 滇西金沙江河段鱼类区系的初步分析[J]. 高原生物学集刊，9：63-75.
余海英，2008. 长江上游珍稀、特有鱼类国家级自然保护区浮游植物和浮游动物种类分布和数量研究[D]. 重庆：西南大学.
张春光，杨君兴，赵亚辉，等，2019. 金沙江流域鱼类[M]. 北京：科学出版社.
张方伟，李春龙，訾丽，2011. 金沙江流域降水特征分析[J]. 人民长江，42（6）：94-97.
中国科学院《中国自然地理》编辑委员会，1981. 中国自然地理——地表水[M]. 北京：科学出版社.
中国科学院青藏高原综合科学考察队，1983. 西藏水生无脊椎动物[M]. 北京：科学出版社.
中国科学院青藏高原综合科学考察队，1992. 西藏藻类[M]. 北京：科学出版社.
中国科学院植物研究所，中国科学院长春地理研究所，1988. 西藏植被[M]. 北京：科学出版社.
中国科学院中国动物志编辑委员会，1998. 中国动物志[M]. 北京：科学出版社.
周亚东，董洪进，严雪，等，2020. 西藏地区水生植物多样性及其空间格局初探[J]. 环境生态学，2（11）：7-12.
朱蕙忠，陈嘉佑. 2000. 中国西藏硅藻[M]. 北京：科学出版社.
Chang H W，1944. Notes on the fishes of western Szechuan and eastern Sikiang[J]. Sinensia，15（1-6）：27-60.

第2章　金沙江上游水环境特征及生境类型

水环境是鱼类和其他水生生物生存的载体，了解其现状特征既是认识河流生态系统的基础，也是河流生态学研究必不可少的内容。本章从河流环境的角度，根据实地调查资料，描述金沙江上游干支流的水环境现状，并基于生境的相似性，从宏观尺度分析干支流的生境类型及特征表现，以期为高原河流的生态保护与管理提供参考。

2.1　水环境特征

中国科学院水生生物研究所鱼类生态学与资源保护团队分别于 2017 年 5～6 月和 2021 年 5～6 月，对金沙江上游干流洛须、卡松渡、汪布顶、岗拖、白垭、赠曲汇口、欧曲汇口、波罗、叶巴滩等河段及其主要支流白曲、丁曲、赠曲和藏曲进行实地调查，现场测量了水温、溶解氧、pH、电导率等理化指标，测量仪器为便携式水质分析仪（美国维赛，YSI ProPlus）。

2.1.1　水温

调查期间，金沙江上游干支流的水温范围为 8.3～16.5℃，均值为 12.7℃；干流各河段的水温范围为 9.5～16.3℃，均值为 12.7℃；各支流的水温范围为 8.3～16.5℃，均值为 12.5℃（表 2-1、图 2-1 和图 2-2）。调查数据显示，干流水温沿程有增加的趋势，支流水温的变幅大于干流，且大型支流赠曲、藏曲的水温高于小型支流白曲、丁曲。

表 2-1　金沙江上游干支流水温范围和平均值　（单位：℃）

河段		2017 年		2021 年	
		范围	均值	范围	均值
干流	洛须	9.5～12.6	11.5	—	—
	卡松渡	10.8～12.4	11.6	11.3～12.1	11.7
	汪布顶	10.1～13.4	12.4	12.2～12.6	12.4
	岗拖	12.5～13.7	13.0	12.2～12.9	12.6
	白垭	—	12.8	—	12.5
	赠曲汇口	—	12.0	—	12.6
	欧曲汇口	11.8～11.9	11.9	11.5～13.6	12.6
	波罗	13.4～13.9	13.6	—	15.8
	叶巴滩	13.0～13.9	13.5	15.5～16.3	15.9

续表

河段		2017 年		2021 年	
		范围	均值	范围	均值
支流	白曲	12.0～14.0	13.2	9.7～12.8	11.7
	丁曲	8.3～12.2	10.6	10.5～11.7	11.2
	赠曲	11.2～13.0	12.0	9.0～14.7	12.8
	藏曲	11.2～14.0	13.3	14.7～16.5	15.4

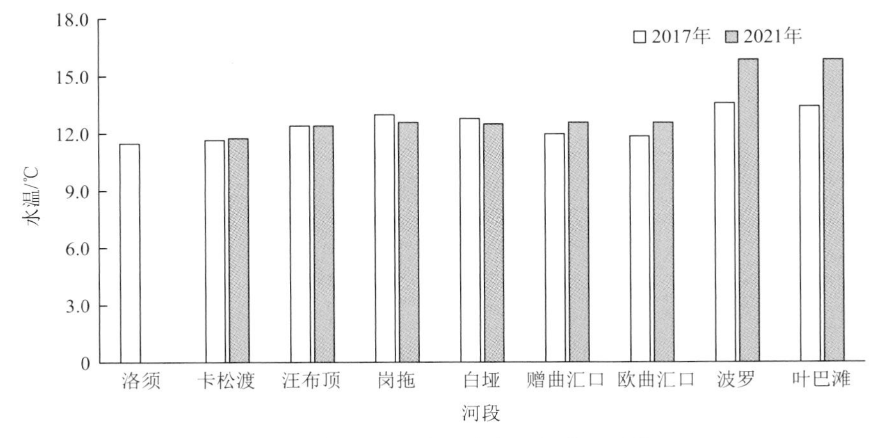

图 2-1　金沙江上游干流各江段水温变化

（柱状图中的数据为均值，下同）

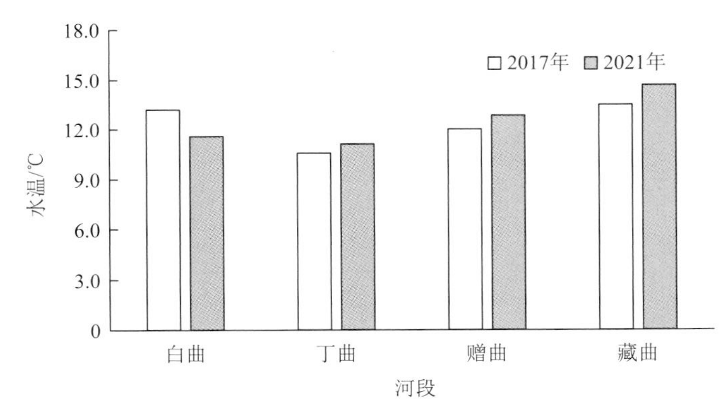

图 2-2　金沙江上游主要支流的水温变化

2.1.2　溶解氧

调查期间，金沙江上游干支流溶解氧含量范围为 5.67～9.87mg/L，均值为 7.44mg/L；干流各河段的溶解氧含量范围为 6.73～9.28mg/L，均值为 7.45mg/L；各支流的溶解氧含量范围为 5.67～9.87mg/L，均值为 7.44mg/L（表 2-2，图 2-3 和图 2-4）。调查数据显示，金沙江上游自然河段的溶解氧含量相对较高，干支流水体溶解氧含量的差别不大，可能与区域内多为高山峡谷环境，落差较大，流速较快，与空气的掺混较为充分有关；赠曲瓦其拉库区的溶解氧含量最低（5.67mg/L），与其静水缓流的水环境有关。

表 2-2 金沙江上游干支流溶解氧和平均值 （单位：mg/L）

河段		2017 年		2021 年	
		范围	均值	范围	均值
干流	洛须	6.82～7.54	7.12	—	—
	卡松渡	7.01～7.48	7.32	7.00～9.28	8.25
	汪布顶	7.32～7.72	7.42	7.28～7.67	7.42
	岗拖	6.77～7.21	7.02	7.07～7.32	7.20
	白垭	—	7.24	—	7.78
	赠曲汇口	—	6.98	—	7.46
	欧曲汇口	7.50～7.88	7.69	6.73～7.25	6.92
	波罗	7.16～7.35	7.26	—	7.83
	叶巴滩	7.80～8.41	8.11	7.76～7.83	7.80
支流	白曲	7.18～7.66	7.45	7.05～7.91	7.48
	丁曲	7.14～8.14	7.42	7.18～9.87	8.15
	赠曲	5.67～7.82	7.21	7.10～8.86	7.86
	藏曲	6.92～7.66	7.28	6.90～7.64	7.36

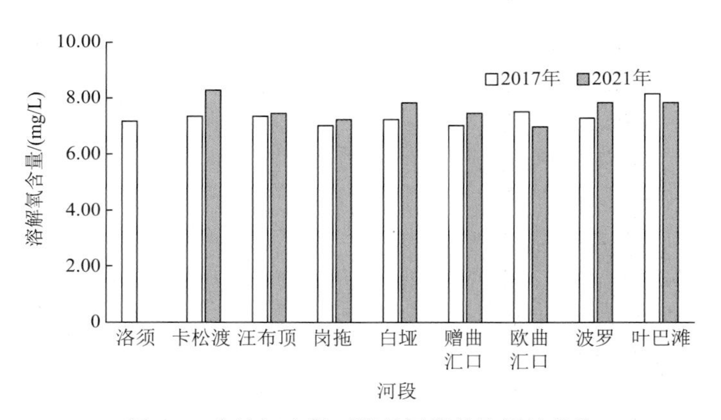

图 2-3 金沙江上游干流各河段的溶解氧变化

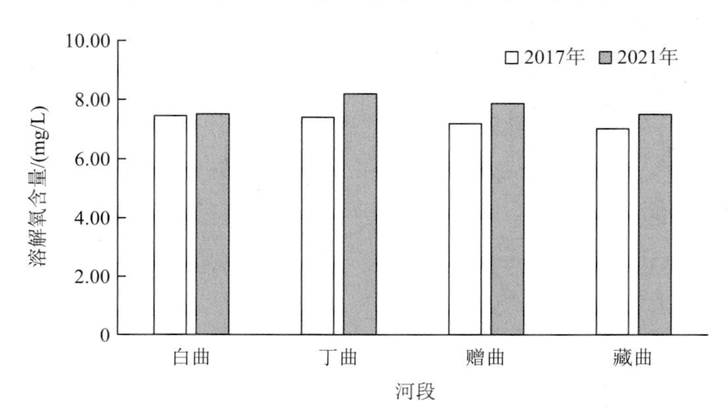

图 2-4 金沙江上游主要支流河段的溶解氧变化

2.1.3 pH

调查期间，金沙江上游干支流 pH 范围为 7.01～9.02，均值为 7.87；干流各河段的 pH 范围为 7.01～8.92，均值为 8.03；各支流的 pH 范围为 7.01～9.02，均值为 7.81（表 2-3，图 2-5 和图 2-6）。调查数据显示，金沙江上游水体略偏碱性，且存在一定的空间差异，主要表现在干流赠曲汇口以上河段的 pH 略高于赠曲汇口以下河段，这与赠曲、藏曲等大型支流的汇入有关。时间上 2021 年各河段的 pH 高于 2017 年。

表 2-3　金沙江上游干支流 pH

河段		2017 年		2021 年	
		范围	均值	范围	均值
干流	洛须	7.34～7.49	7.41	—	—
	卡松渡	7.40～7.85	7.66	8.82～8.92	8.86
	汪布顶	7.37～7.68	7.46	8.85～8.89	8.86
	岗拖	7.36～7.94	7.66	8.87～8.91	8.89
	白垭	—	7.50	—	8.77
	赠曲汇口	—	6.86	—	8.66
	欧曲汇口	7.01～7.23	7.12	8.62～8.75	8.67
	波罗	7.37～7.56	7.47	—	8.51
	叶巴滩	7.24～7.39	7.32	8.68～8.73	8.71
支流	白曲	7.01～7.43	7.11	8.66～9.02	8.89
	丁曲	7.02～7.36	7.17	8.65～8.83	8.74
	赠曲	7.03～7.43	7.29	8.31～8.80	8.56
	藏曲	7.24～7.53	7.32	8.36～8.89	8.64

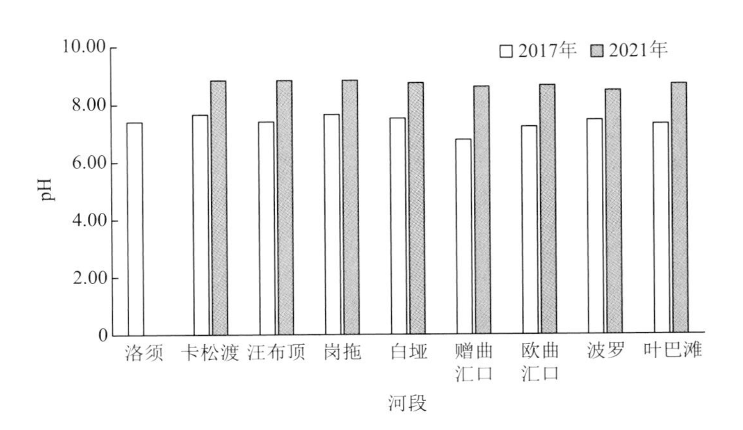

图 2-5　金沙江上游干流各河段的 pH 变化

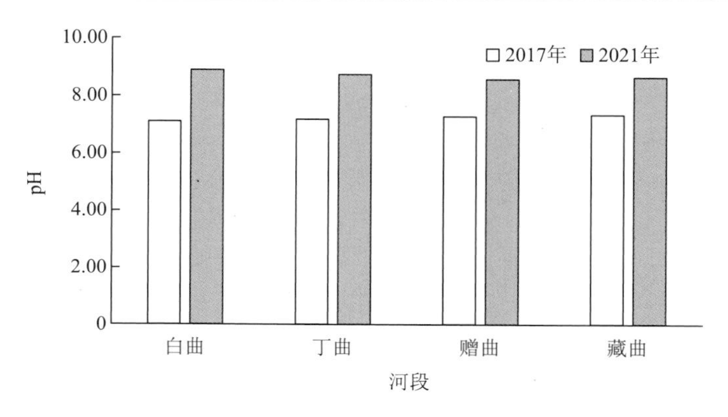

图 2-6 金沙江上游主要支流河段的 pH 变化

2.1.4 电导率

调查期间，金沙江上游干支流电导率范围为 136～1425μS/cm，均值为 437μS/cm；干流各河段的电导率范围为 330～1425μS/cm，均值为 1027μS/cm；各支流的电导率范围为 136～314.5μS/cm，均值为 211μS/cm（表 2-4，图 2-7 和图 2-8）。调查数据显示，干流中，白垭河段的电导率高于其他河段；支流中，藏曲和白曲的电导率高于丁曲和赠曲，且支流的电导率总体上明显低于干流。

表 2-4 金沙江上游干支流电导率 （单位：μS/cm）

河段		2017 年		2021 年	
		范围	均值	范围	均值
干流	洛须	358～893	599	—	—
	卡松渡	547～1057	869	992～1114	1070
	汪布顶	968～1250	1239	999～1124	1078
	岗拖	1220～1284	1252	1110～1302	1178
	白垭	—	1425	—	1423
	赠曲汇口	—	1087	—	1413
	欧曲汇口	980～1094	1037	1125～1308	1195
	波罗	330～706	518	—	1206
	叶巴滩	474～564	519	736～781	759
支流	白曲	249～277	265	278.1～314.5	303
	丁曲	136～196	156	183.5～245.4	215
	赠曲	139～173	151	162～213.3	181
	藏曲	193～213	201	202.5～232.9	208

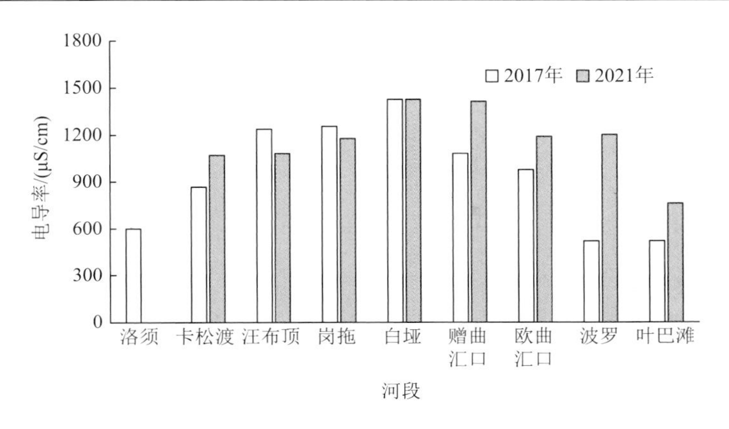

图 2-7　金沙江上游干流各河段的电导率变化

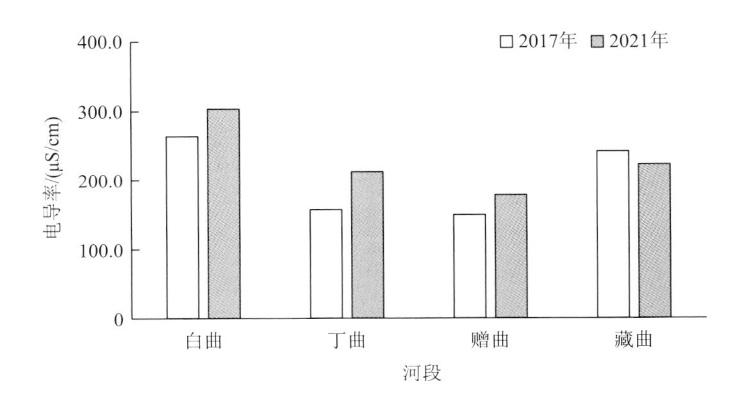

图 2-8　金沙江上游主要支流河段的电导率变化

2.2　河流生境类型

河流生境决定河流生态系统的状态，河流生境类型可以反映水生生物的分布、生态系统格局等生态特征（Rosgen，1994）。基于物理特征的生境类型变化时间长，相对稳定，可以为河流环境长期管理目标的制订提供科学依据（Maxwell et al.，1995；Higgins et al.，2005；孔维静等，2013）。

结合文献综述和河流自身特征，选择河宽、比降、海拔、弯曲度和河流级别 5 项指标作为生境分类指标，对金沙江上游的河流生境进行分类，以期为基于生境的水生态保护及水生态修复措施等管理策略的制订提供依据。其中，弯曲度和比降反映子流域内河流的物理形态，河流级别反映子流域内的河流水系结构和规模（表 2-5）。各指标在 ArcGIS 软件下利用水文分析工具（ArcHydro tools）进行提取和计算。根据生境分类指标的相似性，利用等级聚类方法对干支流的 5 个指标进行聚类分析，聚类方法选择 Ward 聚类法。

表 2-5　河流生境分类指标、生态学意义及其计算方法

生境分类指标	生态学意义	计算方法	使用数据
河宽	与河流流量、栖息地多样性等相关	卫片提取、直接测量	实测及卫片
海拔	与河流流速、营养物质纵向运输等相关	ArcGIS 提取、直接测量	实测及 90m 分辨率数字高程模型（digital elevation model，DEM）
比降	与河流流速、基质组成、河道单元形态以及河道内栖息地类型（如塘、滩）相关	$P = (Eu-Ed)/Lr$ 式中，P 为坡降；Eu 和 Ed 分别为河流在流域入水口和出水口处的海拔，m；Lr 为入水口到出水口的河流长度，m	流域水系图
弯曲度	与生境多样性、沉积物运输、河流形状等相关	$S = Lr/LV$ 式中，S 为弯曲度；LV 为山谷的长度，m；Lr 为入水口到出水口的河流长度，m	90m 分辨率 DEM
河流级别	与河道形态、栖息地类型和比例、栖息地稳定性以及河流流量相关	由 Strahler 法表征，定义河流顶端的河流等级为 1，两条支流交汇后的等级为 2，两条 2 级河流交汇后的河流为 3 级，依此类推	流域水系图

2.2.1　生境类型及空间分布

等级聚类结果显示，调查河段干、支流的生境共分为五类，分别为：（Ⅰ）高山陡峭峡谷生境、（Ⅱ）上游顺直宽谷生境、（Ⅲ）高山峡谷蜿蜒生境、（Ⅳ）高山缓坡蜿蜒生境和（Ⅴ）支流源头陡峭生境（图 2-9）。

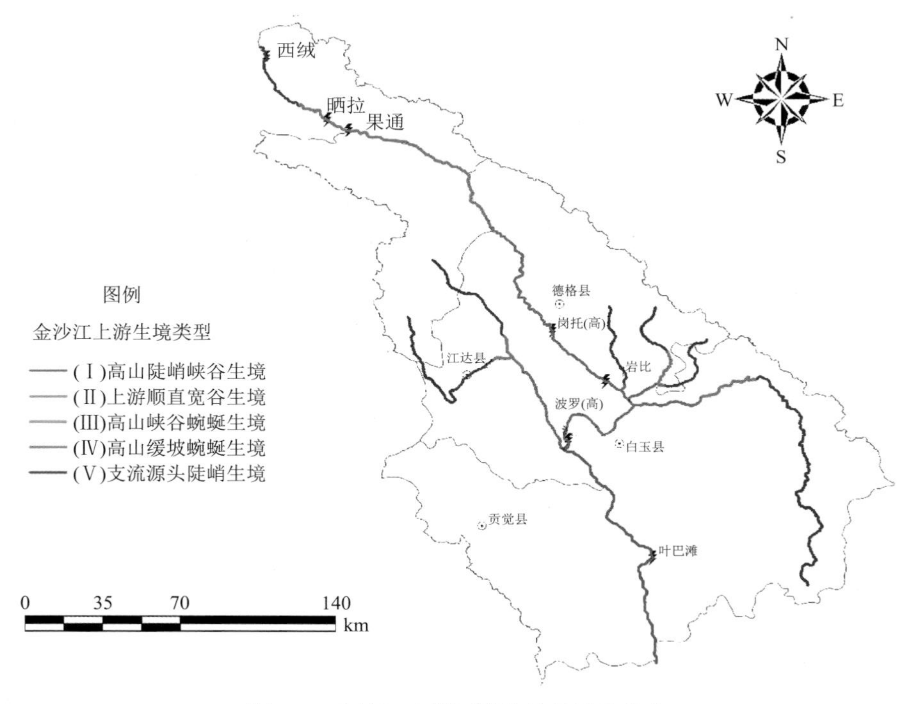

图 2-9　金沙江上游河流生境类型及分布

其中，干流生境主要包括Ⅱ、Ⅲ、Ⅳ三种生境，各类型河段的分布河长依次为70602m、186359m和132245m。支流生境主要包括Ⅰ、Ⅱ、Ⅲ、Ⅴ四种生境，各类型河段的分布河长依次为111792m、63054m、74552m和183747m（表2-6）。Ⅰ、Ⅱ、Ⅲ型生境在藏曲、赠曲、丁曲和白曲四条支流中均有分布，累计河长分别为96210.2m、73231.4m、59537.5m和20418.5m。

表2-6 金沙江上游河流生境类型及统计结果

生境类型	海拔/m	比降/‰	弯曲度	河宽/m	干流长/m	支流长/m	总河长/m
（Ⅰ）高山陡峭峡谷生境	3574	16.458	1.319	43	0	111792	111792
（Ⅱ）上游顺直宽谷生境	3283	8.513	1.294	74	70602	63054	133656
（Ⅲ）高山峡谷蜿蜒生境	3058	5.729	1.305	70	186359	74552	260911
（Ⅳ）高山缓坡蜿蜒生境	2841	4.365	1.367	69	132245	0	132245
（Ⅴ）支流源头陡峭生境	3902	10.390	1.373	31	0	183747	183747

2.2.2 干流主要河段的生境类型及特征

根据生境分类结果和实地调查，金沙江干流主要河段的生境类型及特征表现如下（表2-7）。

表2-7 金沙江上游干流主要河段生境类型及特征

河段		洛须	岗托	白垭	赠曲汇口	欧曲汇口	波罗	叶巴滩	叶巴滩下游
生境类型		Ⅱ	Ⅲ	Ⅲ	Ⅲ	Ⅲ	Ⅳ	Ⅳ	Ⅳ
平均海拔/m		3306.50	3023.67	2952.67	2953.00	2923.00	3033.00	2720	2679.00
平均流速/(m/s)		0.64	0.65	0.60	0.31	0.47	0.51	0.81	0.72
平均透明度/cm		<10	10	10	10	10	21.5	69	15
平均河宽/m		153.33	149.00	124.17	100.67	103.67	85.00	62.00	86
底质类型	基岩/%	2	8	5	7	3	22.7	10	8
	大圆石/巨岩/%	9	13	5	15	10	37.3	5	17
	小圆石/石块/%	18	32	30	10	20	25	35	40
	卵石/砾石/%	55	45	55	60	58	7.3	30	33
	沙/碎石/%	13	2	5	5	9	7.7	20	2
	淤泥/%	3	0	0	3	0	0	2	0

1. 洛须河段

洛须河段位于金沙江上游干流的上段，生境类型属于（Ⅱ）上游顺直宽谷生境。

该河段平均海拔为3306.5m，河道相对较宽，平均河宽为153.33m，平均流速为0.64m/s。调查期间正值雨季初期，水体泥沙含沙量较大，透明度低于10cm。河段两岸多灌木、草地，河岸带地势相对平缓。底质类型以卵石/砾石为主（图2-10）。调查显示，该河段栖息的鱼类主要有短须裂腹鱼、黄石爬鮡、裸腹叶须鱼、软刺裸裂尻鱼、长丝裂腹鱼等（表2-3）。

图2-10　金沙江上游洛须河段生境特征

2. 岗托河段

岗托河段属于（III）高山峡谷蜿蜒生境，平均海拔为3023.67m，平均河宽为149.00m，平均流速为0.65m/s，平均透明度为10cm。河道峡谷深切，河岸带地势陡峭，消落带无植被分布，底质类型以卵石和圆石为主（图2-11）。调查显示，该河段鱼类多样性丰富，栖息的鱼类主要有短须裂腹鱼、黄石爬鮡、青石爬鮡、裸腹叶须鱼、软刺裸裂尻鱼、四川裂腹鱼、长丝裂腹鱼和高原鳅等。

图2-11　金沙江上游岗托河段生境特征

3. 白垭河段

白垭河段位于岗托下游，属于（III）高山峡谷蜿蜒生境，平均海拔为 2952.67m，平均河宽为 124.17m，平均流速为 0.60m/s，平均透明度为 10cm。该河段峡谷深切，河岸带地势陡峭，消落带无植被分布。底质类型以卵石和圆石为主（图 2-12）。调查显示，该河段栖息的鱼类主要有软刺裸裂尻鱼、黄石爬鮡等。

图 2-12　金沙江上游岗托河段生境特征

4. 赠曲汇口河段

金沙江干流赠曲汇口附近河段属于（III）高山峡谷蜿蜒生境，平均海拔为 2953.00m，平均河宽为 100.67m，平均流速为 0.31m/s，平均透明度为 10cm。河道两岸峡谷深切，地势陡峭，消落带无植被分布。底质类型以卵石和砾石为主（图 2-13）。调查显示，该河段鱼类多样性丰富，栖息的鱼类主要有短须裂腹鱼、裸腹叶须鱼、软刺裸裂尻鱼、四川裂腹鱼、长丝裂腹鱼和多种高原鳅等。

图 2-13　金沙江上游赠曲汇口河段生境特征

5. 欧曲汇口河段

金沙江干流欧曲汇口附近河段属于（III）高山峡谷蜿蜒生境，平均海拔为2923.00m，平均河宽为103.67m，河道平均流速为0.47m/s，平均透明度为10cm。河道峡谷深切，纵向呈“S”形，消落带无植被分布。底质类型以卵石和砾石为主（图2-14）。调查显示，该河段栖息的鱼类主要有黄石爬鮡、裸腹叶须鱼、软刺裸裂尻鱼、四川裂腹鱼和长丝裂腹鱼等。

图2-14　金沙江上游欧曲汇口河段生境特征

6. 波罗河段

金沙江上游干流波罗河段地处江达县波罗乡，该河段属于（IV）高山缓坡蜿蜒生境，平均海拔为3033.00m，平均河宽为85.00m，河道平均流速为0.51m/s，平均透明度为21.5cm。该河段峡谷深切，消落带无植被分布。底质类型以巨岩和石块为主（图2-15）。调查显示，该河段栖息的鱼类主要有短须裂腹鱼、裸腹叶须鱼、四川裂腹鱼和长丝裂腹鱼等。

图2-15　金沙江上游波罗河段生境特征

7. 叶巴滩河段

叶巴滩河段属于（Ⅳ）高山缓坡蜿蜒生境，平均海拔为 2720.00m，平均河宽为 62.00m，河道平均流速为 0.81m/s，平均透明度为 69cm。河道峡谷深切，消落带无植被分布。底质类型以石块和砾石为主（图 2-16）。调查显示，该河段栖息的鱼类主要有软刺裸裂尻鱼、长丝裂腹鱼等。

图 2-16　金沙江上游叶巴滩河段生境特征

8. 叶巴滩下游河段

叶巴滩下游河段属于（Ⅳ）高山缓坡蜿蜒生境，平均海拔为 2679.00m，平均河宽为 86.00m，河道平均流速为 0.72m/s，平均透明度为 15cm。河道峡谷深切，消落带无植被分布。底质类型以石块和砾石为主，大圆石或岩石也占有一定比例。调查显示，该河段栖息的鱼类主要有短须裂腹鱼、裸腹叶须鱼、四川裂腹鱼、长丝裂腹鱼等。

2.2.3 支流生境类型及特征表现

藏曲、赠曲、丁曲、白曲是金沙江上游洛须至叶巴滩区间的主要支流，各支流的生境类型及特征表现如下所述。

1. 藏曲

藏曲生境主要包括：（Ⅰ）高山陡峭峡谷生境、（Ⅱ）上游顺直宽谷生境、（Ⅲ）高山峡谷蜿蜒生境和（Ⅴ）支流源头陡峭生境 4 类（表 2-8）。

表 2-8　藏曲河流生境类型及主要特征

	Ⅰ	Ⅱ	Ⅲ	Ⅴ
平均海拔/m	3531.9	3262.8	3041.5	3830.3
平均流速/(m/s)	0.8	0.8	0.8	0.7

续表

		I	II	III	V
平均水温/℃		9.9	10	12.1	12.2
平均透明度/cm		23.1	18.2	8.1	23.2
溶解氧含量平均值/(mg/L)		8.7	9.0	8.5	7.7
pH 平均值		8.5	8.6	8.4	8.6
电导率均值/(μS/cm)		194	203.3	184.8	236.3
平均河宽/m		42.5	41.7	51.5	44.1
底质类型	基岩/%	8.1	7.6	3.3	1.0
	大圆石/巨岩/%	13.0	24.4	38.2	2.9
	小圆石/石块/%	23.3	28.8	30.3	13.6
	卵石/砾石/%	10.7	21.9	13.9	28.5
	沙/碎石/%	37.0	14.1	9.4	40.8
	淤泥/%	7.8	3.3	4.9	13.3

藏曲流域的（Ⅰ）高山陡峭峡谷生境主要位于字曲和独曲中游，平均海拔为3531.9m，平均河宽为42.5m，平均水温为9.9℃，平均透明度为23.1cm，溶解氧含量平均值为8.7mg/L，pH平均值为8.5，电导率较低，均值为194μS/cm。底质类型以沙和碎石为主（图2-17）。

图2-17　藏曲（Ⅰ）高山陡峭峡谷生境

（Ⅱ）上游顺直宽谷生境位于藏曲中游，平均海拔为3262.8m，平均河宽为41.7m，平均水温为10℃，平均透明度为18.2cm，溶解氧含量平均值为9.0mg/L，pH平均值为8.6，电导率较低，均值为203.3μS/cm。底质类型以大圆石/巨岩、小圆石/石块和卵石/砾石为主（图2-18）。

图 2-18　藏曲（Ⅱ）顺直宽谷生境

（Ⅲ）高山峡谷蜿蜒生境位于藏曲下游，平均海拔为 3041.5m，平均河宽为 51.5m，平均水温为 12.1℃，平均透明度为 8.1cm，溶解氧含量平均值为 8.5mg/L，pH 平均值为 8.4，电导率较低，均值为 184.8μS/cm。底质类型以大圆石/巨岩、小圆石/石块和卵石/砾石为主（图 2-19）。

图 2-19　藏曲（Ⅲ）高山峡谷蜿蜒生境

（Ⅴ）支流源头陡峭生境位于字曲和独曲河源段，平均海拔为 3830.3m，平均河宽为 44.1m，平均水温为 12.2℃，平均透明度为 23.2cm，溶解氧含量平均值为 7.7mg/L，pH 平均值为 8.6，电导率较低，均值为 236.3μS/cm。底质类型以卵石/砾石、沙/碎石为主（图 2-20）。

2. 赠曲

赠曲河流生境主要包括：（Ⅰ）高山陡峭峡谷生境、（Ⅱ）上游顺直宽谷生境、（Ⅲ）高山峡谷蜿蜒生境和（Ⅴ）支流源头陡峭生境 4 类，河段长度分别为 28638m、20296m、24297m 和 73071m（表 2-9）。

图 2-20　藏曲（V）支流源头陡峭生境

表 2-9　赠曲河流生境类型及主要特征

		I	II	III	V
平均海拔/m		3690.0	3259.0	3039.8	3748.8
平均流速/(m/s)		0.8	0.6	0.4	0.4
平均水温/℃		12	11.2	14	11.5
平均透明度/cm		13	60	85.8	38.8
溶解氧含量平均值/(mg/L)		7.0	7.6	7.0	6.8
pH 平均值		7.4	7.4	7.5	7.4
电导率均值/(μS/cm)		32.0	29.0	34.4	31.5
平均河宽/m		62.5	48.5	86.5	76.5
底质类型	基岩/%	0	0	0	0
	大圆石/巨岩/%	0	0	5	0
	小圆石/石块/%	0	0	0	0
	卵石/砾石/%	80	70	95	55
	沙/碎石/%	0	30	0	45
	淤泥/%	20	0	0	0

（Ⅰ）高山陡峭峡谷生境主要位于瓦其拉坝下至赠柯乡河段，平均海拔为 3690.0m，平均水温为 12℃，平均透明度为 13cm，溶解氧含量平均值为 7.0mg/L，pH 平均值为 7.4，电导率较低，均值为 32.0μS/cm，平均河宽为 62.5m。底质类型以卵石/砾石为主（图 2-21）。

（Ⅱ）上游顺直宽谷生境主要位于赠柯乡至热加乡河段，平均海拔为 3259.0m，平均河宽为 48.5m，平均水温为 11.2℃，平均透明度为 60cm，溶解氧含量平均值为 7.6mg/L，pH 平均值为 7.4，电导率较低，均值为 29.0μS/cm。底质类型以卵石/砾石为主（图 2-22）。

图 2-21　赠曲（Ⅰ）高山陡峭峡谷生境

图 2-22　赠曲（Ⅱ）上游顺直宽谷生境

（Ⅲ）高山峡谷蜿蜒生境平均海拔为 3039.8m，平均河宽为 86.5m，平均水温为 14℃，平均透明度 85.8cm，溶解氧含量平均值为 7.0mg/L，pH 平均值为 7.5，电导率均值为 34.4μS/cm。底质类型以卵石/砾石为主（图 2-23）。

图 2-23　赠曲（Ⅲ）高山峡谷蜿蜒生境

（Ⅴ）支流源头陡峭生境位于赠曲上游，平均海拔为3748.8m，平均河宽为76.5m，平均水温为11.5℃，平均透明度为38.8cm，溶解氧含量平均值为6.8mg/L，pH平均值为7.4，电导率均值为31.5μS/cm。底质类型较为单一，主要为卵石/砾石。该类型生境在赠曲生境类型中所占比例最大，为50%（图2-24）。

图2-24　赠曲（Ⅴ）支流源头陡峭生境

3. 丁曲

丁曲河流的生境类型主要包括：（Ⅰ）高山陡峭峡谷生境、（Ⅱ）上游顺直宽谷生境、（Ⅲ）高山峡谷蜿蜒生境和（Ⅴ）支流源头陡峭生境4类，河段长度分别为31106m、16790m、11642m和23465m（表2-10）。

表2-10　丁曲河流生境类型及主要特征

		Ⅰ	Ⅱ	Ⅲ	Ⅴ
平均海拔/m		3534	3307	3080	3889
平均流速/(m/s)		0.7	0.7	0.5	0.8
平均水温/℃		9.6	11.5	9.3	10.0
平均透明度/cm		10	10	<10	10
溶解氧含量平均值/(mg/L)		7.5	7.5	7.1	7.2
pH平均值		6.4	6.4	6.3	6.5
电导率均值/(μS/cm)		172.2	171.8	186.9	167.0
平均河宽/m		28.2	47.4	38.2	28
底质类型	基岩/%	7.6	5.2	0	0
	大圆石/巨岩/%	11.8	9.8	5.9	0
	小圆石/石块/%	24.6	27.3	39.1	5.0
	卵石/砾石/%	42.2	42.8	43.2	85.0
	沙/碎石/%	11.8	10.5	10.9	10.0
	淤泥/%	2.0	4.4	0.9	0

丁曲（Ⅰ）高山陡峭峡谷生境主要位于登龙乡河段，平均海拔为 3534m，平均河宽为 28.2m，平均水温为9.6℃，平均透明度为 10cm，溶解氧含量平均值为 7.5mg/L，pH 平均值为 6.4，电导率均值为 172.2μS/cm。底质类型以小圆石/石块、卵石/砾石为主（图 2-25）。

图 2-25　丁曲（Ⅰ）高山陡峭峡谷生境

（Ⅱ）上游顺直宽谷生境主要位于岳巴乡河段，平均海拔为 3307m，平均河宽为 47.4m，平均水温为 11.5℃，平均透明度为 10cm，溶解氧含量平均值为 7.5mg/L，pH 平均值为 6.4，电导率均值为 171.8μS/cm。底质类型以大圆石/巨岩、卵石/砾石和小圆石/石块为主（图 2-26）。

图 2-26　丁曲（Ⅱ）上游顺直宽谷生境

（Ⅲ）高山峡谷蜿蜒生境主要位于丁曲下游，平均海拔为 3080m，平均河宽为 38.2m，平均水温为 9.3℃，平均透明度小于 10cm，溶解氧含量平均值为 7.1mg/L，pH 平均值为 6.3，电导率均值为 186.9μS/cm。底质类型以小圆石/石块、卵石/砾石和沙/碎石为主（图 2-27）。

（Ⅴ）支流源头陡峭生境位于丁曲支流麦曲和登曲河源段，平均海拔为 3889m，平均河宽为 28m，平均水温为 10℃，平均透明度为 10cm，溶解氧含量平均值为 7.2mg/L，pH 平均值为 6.5，电导率均值为 167.0μS/cm。底质类型较为单一，主要为卵石/砾石（图 2-28）。

图 2-27　丁曲（III）高山峡谷蜿蜒生境

图 2-28　丁曲（V）支流源头陡峭生境

4. 白曲

白曲河流的生境类型主要包括：（Ⅰ）高山陡峭峡谷生境、（III）高山峡谷蜿蜒生境和（Ⅴ）支流源头陡峭生境 3 类，河段长度分别为 16640m、3778m 和 16863m（表 2-11）。

表 2-11　白曲河流生境类型及主要特征

	I	III	V
平均海拔/m	3526	3032	3903
平均流速/(m/s)	0.6	0.7	0.6
平均水温/℃	18.6	12.7	10.8
平均透明度/cm	10	10	10
溶解氧含量平均值/(mg/L)	7.3	7.3	7.1
pH 平均值	6.4	7.3	6.5
电导率均值/(μS/cm)	166.7	262	164.8
平均河宽/m	17.2	12	8.6

续表

		Ⅰ	Ⅲ	Ⅴ
底质类型	基岩/%	0	20	0
	大圆石/巨岩/%	1.0	40	1.0
	小圆石/石块/%	14.3	20	21.0
	卵石/砾石/%	46.7	10	32.0
	沙/碎石/%	31.0	10	37.0
	淤泥/%	7.0	0	9.0

白曲（Ⅰ）高山陡峭峡谷生境主要位于麦宿乡河段，平均海拔为3526m，平均河宽为17.2m，平均水温为18.6℃，平均透明度为10cm，溶解氧含量平均值为7.3mg/L，pH 平均值为6.4，电导率均值为166.7μS/cm。底质类型以卵石/砾石、沙/碎石和小圆石/石块为主（图 2-29）。

图 2-29　白曲（Ⅰ）高山陡峭峡谷生境

（Ⅲ）高山峡谷蜿蜒生境位于白曲河口段，平均海拔为3032m，平均河宽为12m，平均水温为12.7℃，平均透明度为10cm，溶解氧含量平均值为7.3mg/L，pH 平均值为7.3，电导率均值为262μS/cm。底质类型以大圆石/巨岩、小圆石/石块为主（图 2-30）。

图 2-30　白曲（Ⅲ）高山峡谷蜿蜒生境

（Ⅴ）支流源头陡峭生境位于白曲河源段，平均海拔为3903m，平均河宽为8.6m，平均水温为10.8℃，平均透明度为10cm，溶解氧含量平均值为7.1mg/L，pH平均值为6.5，电导率均值为164.8μS/cm。底质类型以卵石/砾石和沙/碎石为主（图2-31）。

图2-31　白曲（Ⅴ）支流源头陡峭生境

2.3　金沙江上游河流生境特征表现

金沙江上游地处青藏高原东部和横断山脉，是长江流域重要的生态屏障，担负着水源涵养、水土保持和生物多样性保护等重要功能（孙鸿烈，2008）。在河流环境方面，金沙江上游地势陡峻，山高谷深，多形成深切的高山“V”形峡谷，流域宽度不大，水网结构呈树枝状，水环境总体呈现溶解氧含量较高、水温偏低但变幅较大、支流电导率低的特点，反映了山区自然河流的特性。

根据河宽、比降、海拔、弯曲度和河流级别5个分类指标值，应用聚类分析方法，在宏观尺度上将金沙江上游的河流生境分为（Ⅰ）高山陡峭峡谷生境、（Ⅱ）上游顺直宽谷生境、（Ⅲ）高山峡谷蜿蜒生境、（Ⅳ）高山缓坡蜿蜒生境和（Ⅴ）支流源头陡峭生境5种类型，各类型河流特征存在差异，其中高山峡谷蜿蜒生境是调查河段的主要类型，河道总长近260.9km，占总河长的1/3。该类生境中，干流河段长度186.3km，位于卡松渡至波罗乡河段；支流河段长度74.6km，主要分布于藏曲、赠曲和丁曲下游。

主要参考文献

孔维静，张远，王一涵，等，2013. 基于空间数据的太子河河流生境分类[J]. 环境科学研究，26（5）：487-493.

孙鸿烈，2008. 长江上游地区生态与环境问题[M]. 北京：中国环境科学出版社.

Higgins J V，Bryer M T，Khoury M L，et al.，2005. A freshwater classification approach for biodiversity conservation planning[J]. Conservation Biology，19（2）：432-445.

Maxwell J R，Edwards C J，Jensen M E，et al.，1995. A hierarchical framework of aquatic ecological units in North America（Nearctic Zone）[R]. United States Department of Agriculture，Forest Service.

Rosgen D L，1994. A classification of natural rivers[J]. Catena，22（3）：169-199.

第3章　金沙江上游藻类多样性

藻类是河流中水生生物的重要组成类群，也是河流水体生态系统的初级生产者，具有繁殖迅速和生命周期较短的特性。河流中的藻类按照生活习性可分为浮游藻类和着生藻类。金沙江上游受海拔、气候等影响，水温较低，水体初级生产力不高，生态系统抗干扰能力相对较弱。了解藻类的多样性现状有助于认识高原河流生态系统的结构和功能特点，为该区域的河流健康评价及水生态修复等提供基础信息。

3.1　种类组成

3.1.1　浮游藻类

2017年和2021年，课题组在金沙江上游共采集到浮游藻类187种，分属于硅藻门、绿藻门、蓝藻门、裸藻门。其中，硅藻门藻类136种，占全部浮游藻类种类数的72.73%，为调查水域浮游藻类的绝对优势类群；其次为绿藻门藻类，共有37种，占全部浮游藻类种类数的19.79%；蓝藻门藻类有13种，占全部浮游藻类种类数的6.95%；裸藻门藻类1种，占全部浮游藻类种类数的0.53%（图3-1）。

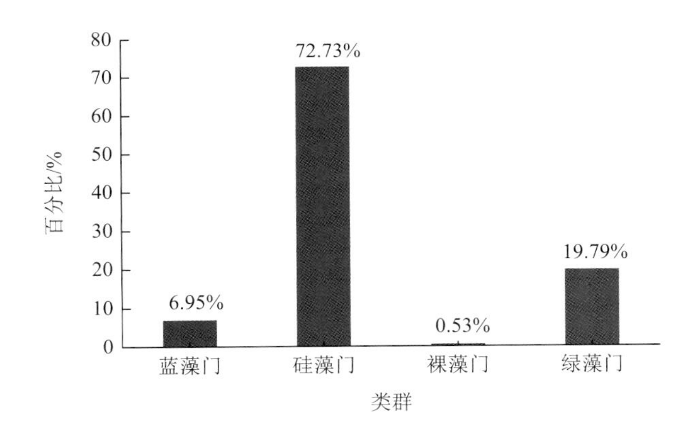

图3-1　金沙江上游浮游藻类种类组成

金沙江上游干流和支流浮游藻类的物种组成对比结果显示，各采样断面浮游藻类物种数有36～118种。支流浮游藻类物种数总体大于干流浮游藻类物种数，浮游藻类物种数最少的为卡松渡断面，浮游藻类物种数最多的为赠曲断面（表3-1）。从浮游藻类的类群组成看，各断面主要浮游藻类均以硅藻门种类为主，该类群物种数占各河段全部藻类物种数的 60%以上，优势类群主要是硅藻门的舟形藻、脆杆藻、桥弯藻、等片藻、针杆藻、异极藻、菱形藻等广适性种类，具有明显的高原山区急流江河区系特点。金沙江上游各江段浮游藻类名录见表 3-2。

表 3-1　金沙江上游各江段浮游藻类物种数

年份	干流									支流			
	洛须	卡松渡	汪布顶	岗托	白垭	赠曲汇口	欧曲汇口	波罗	叶巴滩	白曲	丁曲	赠曲	藏曲
2017	41	—	47	32	45	32	50	49	38	53	62	63	63
2021	—	36	33	33	48	25	31	34	23	50	50	79	63
合计	41	36	70	59	80	52	67	75	52	86	97	118	102

表 3-2　金沙江上游各江段浮游藻类名录

物种名	拉丁名	干流									支流			
		洛须	卡松渡	汪布顶	岗托	白垭	赠曲汇口	欧曲汇口	波罗	叶巴滩	白曲	丁曲	赠曲	藏曲
蓝藻门	Cyanophyta													
颤藻	*Oscillatoria* sp.								+			+		+
鞘丝藻	*Lyngbya* sp.	+			+				+		+	+	+	+
假鱼腥藻	*Pesudanabaena* sp.										+		+	+
席藻	*Phormidium* sp.	+												
点形平裂藻	*Merismopedia punctata*				+							+	+	
细小平裂藻	*Merismopedia minima*											+		
浮游细鞘丝藻	*Leptolyngbya planktonica*		+	+	+	+	+	+	+		+	+	+	+
博恩常丝藻	*Tychonema bornetii*													+
鞘丝藻属	*Lyngbya* sp.					+		+	+					
半丰满鞘丝藻	*Lyngbya semiplema*		+	+	+	+	+		+		+	+	+	+
盘氏鞘丝藻	*Lyngbya birgei*		+	+		+		+		+		+	+	+
希罗鞘丝藻	*Lyngbya hieronymusii*												+	
念珠藻属	*Nostoc* sp.				+				+	+	+	+	+	+
硅藻门	Bacillariophyta													
变异直链藻	*Melosira varians*					+				+			+	
小环藻	*Cyclotella* sp.							+	+			+		
梅尼小环藻	*Cyclotella meneghiniana*			+										
冬生等片藻	*Diatoma hiemale*	+	+	+	+	+	+	+	+	+	+	+	+	+

续表

物种名	拉丁名	干流									支流			
		洛须	卡松渡	汪布顶	岗托	白垭	赠曲汇口	欧曲汇口	波罗	叶巴滩	白曲	丁曲	赠曲	藏曲
冬生等片藻中型变种	*Diatoma hiemale* var. *mesodon*	+		+	+	+			+		+	+	+	+
纤细等片藻	*Diatoma tenue*	+		+	+	+	+	+	+	+	+	+	+	+
普通等片藻	*Diatoma vulgare*	+	+	+		+	+	+	+	+	+	+	+	+
普通等片藻线形变种	*Diatoma vulgare* var. *lineare*					+		+			+		+	+
普通等片藻卵圆变种	*Diatoma vulgare* var. *ovalis*						+							
等片藻	*Diatoma* sp.	+			+	+	+		+	+	+	+	+	+
环状扇形藻	*Meridion circulare*	+		+	+				+		+	+		
弧形蛾眉藻	*Ceratoneis arcus*	+	+	+			+	+	+	+	+	+	+	+
弧形蛾眉藻双头变种	*Ceratoneis arcus* var. *amphioxys*					+			+	+	+	+	+	+
弧形蛾眉藻线形变种	*Ceratoneis arcus* var. *linearis*										+	+	+	+
弧形蛾眉藻线形变种直变型	*Ceratoneis arcus* var. *linearis* f. *recta*											+	+	
钝脆杆藻	*Fragilaria capucina*	+	+	+	+	+	+	+	+	+	+	+	+	+
克罗顿脆杆藻	*Fragilaria crotonensis*				+	+								
沃切里脆杆藻较细长变种	*Fragilaria vaucheriae* var. *gracilior*										+	+	+	
中型脆杆藻	*Fragilaria intermedia*	+						+	+		+	+	+	+
脆杆藻	*Fragilaria* sp.											+	+	+
尖针杆藻	*Synedra acus*	+	+	+	+	+	+	+	+	+	+	+	+	+
两头针杆藻	*Synedra amphicephala*	+		+	+	+	+		+	+		+	+	+
平片针杆藻	*Synedra tabulata*		+	+	+		+	+	+	+	+	+	+	+
肘状针杆藻	*Synedra ulna*	+		+	+	+	+	+	+	+	+	+	+	+
肘状针杆藻二头变种	*Synedra ulna* var. *biceps*							+						
肘状针杆藻两喙变种	*Synedra ulna* var. *amphirhynchus*			+		+		+		+			+	+
肘状针杆藻缢缩变种	*Synedra ulna* var. *constracta*	+	+	+	+	+	+	+	+	+	+	+	+	+
针杆藻	*Synedra* sp.	+		+	+	+	+		+		+	+	+	+

续表

物种名	拉丁名	干流									支流			
		洛须	卡松渡	汪布顶	岗托	白垭	赠曲汇口	欧曲汇口	波罗	叶巴滩	白曲	丁曲	赠曲	藏曲
美丽星杆藻	*Asterionella formosa*					+		+	+	+		+	+	+
尖布纹藻	*Gyrosigma acuminatum*			+		+		+						
茧形藻	*Amphiprora* sp.			+		+		+	+					
短小舟形藻	*Navicula exigua*							+		+	+			+
放射舟形藻	*Navicula radiosa*			+	+		+	+	+		+	+	+	+
简单舟形藻	*Navicula simplex*	+		+	+	+	+	+	+	+	+	+	+	+
双头舟形藻	*Navicula dicephala*			+					+			+	+	+
瞳孔舟形藻	*Navicula pupula*							+		+		+		
瞳孔舟形藻矩形变种	*Navicula pupula* var. *rectangularis*	+		+	+	+	+	+	+	+	+	+		+
瞳孔舟形藻头端变种	*Navicula pupula* var. *capitata*	+		+	+	+		+	+		+	+		
微绿舟形藻	*Navicula viridula*	+		+		+								
系带舟形藻	*Navicula cincta*		+	+		+	+	+				+	+	+
线形舟形藻	*Navicula graciloides*							+						
舟形藻	*Navicula* sp.	+		+	+	+	+	+	+	+	+	+	+	+
微绿羽纹藻	*Pinnularia viridis*			+	+						+		+	+
羽纹藻	*Pinnularia* sp.										+		+	
卵圆双眉藻	*Amphora ovalis*			+			+	+	+	+	+		+	+
奥地利桥弯藻	*Cymbella austriaca*					+								
胡斯特桥弯藻	*Cymbella hustedtii*	+	+	+	+	+	+	+	+	+	+	+	+	+
极小桥弯藻	*Cymbella perpusilla*			+				+	+	+	+	+	+	+
近缘桥弯藻	*Cymbella affinis*	+		+	+	+	+	+	+	+	+	+	+	+
膨胀桥弯藻	*Cymbella tumida*	+		+	+	+	+	+	+		+	+	+	+
偏肿桥弯藻	*Cymbella ventricosa*			+		+	+	+	+	+	+	+	+	+
偏肿桥弯藻半环变种	*Cymbella ventricosa* var. *simicircularis*										+	+	+	
平卧桥弯藻	*Cymbella prostrate*	+						+						
切断桥弯藻	*Cymbella excisa*							+			+	+		+
弯曲桥弯藻	*Cymbella sinuata*								+		+			
微细桥弯藻	*Cymbella parva*	+				+	+	+			+	+	+	+

续表

物种名	拉丁名	干流									支流			
		洛须	卡松渡	汪布顶	岗托	白垭	赠曲汇口	欧曲汇口	波罗	叶巴滩	白曲	丁曲	赠曲	藏曲
细小桥弯藻	*Cymbella pusilla*					+		+				+		
纤细桥弯藻	*Cymbella gracilis*	+	+	+	+	+	+	+	+	+	+	+	+	+
箱形桥弯藻	*Cymbella cistula*	+	+	+	+	+	+	+	+	+	+	+	+	+
箱形桥弯藻驼背变种	*Cymbella cistula* var. *gibbosa*			+				+				+	+	+
新月桥弯藻	*Cymbella cymbiformis*	+						+						+
优美桥弯藻	*Cymbella delicatula*					+			+			+	+	
斯图桥弯藻波缘变种较小变型	*Cymbella sturii* var. *undulata f. minor*											+		
桥弯藻	*Cymbella* sp.	+		+	+	+	+	+	+		+	+	+	+
双生双楔藻	*Didymosphenia geminata*	+	+	+	+	+	+	+	+	+	+	+	+	+
缠结异极藻	*Gomphonema intricatum*			+	+	+		+	+	+	+	+	+	+
橄榄绿异极藻	*Gomphonema olivaceum*			+	+	+	+	+		+	+	+	+	+
小形异极藻	*Gomphonema parvulum*	+		+	+	+		+	+	+	+	+	+	+
缢缩异极藻头状变种	*Gomphonema constrictum* var. *capitatum*							+					+	+
窄异极藻	*Gomphonema angustatum*			+		+			+		+	+		+
窄异极藻延长变种	*Gomphonema angustatum* var. *productum*												+	
异极藻	*Gomphonema* sp.	+		+	+	+	+	+	+	+	+	+	+	+
扁圆卵形藻	*Cocconeis placentula*	+	+	+	+	+	+	+	+	+	+	+	+	+
扁圆卵形藻线形变种	*Cocconeis placentula* var. *lineate*	+		+	+	+	+	+	+	+				+
曲壳藻	*Achnanthes* sp.	+			+	+	+	+	+	+	+	+	+	+
短小曲壳藻	*Achnanthes exigua*	+										+	+	
双尖菱板藻	*Hantzschia amphioxys*	+		+	+	+	+	+	+	+	+	+	+	+
双尖菱板藻小头变型	*Hantzschia amphioxys* f. *capitata*				+						+			
谷皮菱形藻	*Nitzschia palea*	+			+		+	+	+		+	+	+	+
类 S 形菱形藻	*Nitzschia sigmoidea*			+				+	+			+	+	+
碎片菱形藻	*Nitzschia frustulum*			+	+			+	+	+	+	+	+	+
线形菱形藻	*Nitzschia linearis*						+	+			+	+		+

续表

物种名	拉丁名	干流									支流			
		洛须	卡松渡	汪布顶	岗托	白垭	赠曲汇口	欧曲汇口	波罗	叶巴滩	白曲	丁曲	赠曲	藏曲
菱形藻	*Nitzschia* sp.					+	+			+	+		+	+
草鞋形波缘藻	*Cymatopleura solea*		+			+		+					+	+
卵形双菱藻	*Surirella ovata*	+		+		+			+					
粗壮双菱藻	*Surirella robusta*									+	+		+	
螺旋双菱藻	*Surirella spiralis*		+		+	+	+	+	+	+	+	+	+	+
双菱藻	*Surirella* sp.					+				+	+			+
颗粒沟链藻	*Aulacoseira granulata*												+	
沙生直链藻	*Melosira arenaria*		+		+	+							+	
冠盘藻属	*Stephanodiscus* sp.												+	
绒毛平板藻	*Tabellaria flocculosa*							+	+				+	
蛾眉藻属	*Ceratoneis* sp.												+	
脆杆藻属	*Fragilaria* sp.		+	+	+	+	+	+	+		+	+	+	+
针杆藻属	*Synedra* sp.		+	+	+	+	+	+	+		+	+	+	+
肘状针杆藻尖喙变种	*Synedra ulna* var. *oxyrhnchus*					+		+						+
头端针杆藻	*Synedra capitata*													+
普通肋缝藻	*Frustulia vulgaris*		+			+		+			+		+	
尖辐节藻	*Stauroneis acuta*			+										
舟形藻属	*Navicula* sp.		+	+	+	+	+	+	+	+	+	+	+	+
尖头舟形藻	*Navicula cuspidata*													+
微型舟形藻	*Navicula minima*		+	+		+	+	+	+				+	+
长圆舟形藻	*Navicula oblonga*			+		+								
胄形舟形藻	*Navicula gastrum*		+			+		+					+	
羽纹藻属	*Pinnularia* sp.										+		+	
二裂羽纹藻	*Pinnularia bilobata*										+			
著名羽纹藻	*Pinnularia nobilis*										+	+	+	+
双眉藻属	*Amphora* sp.													
桥弯藻属	*Cymbella* sp.		+	+	+	+	+	+	+		+	+	+	+
北方桥弯藻	*Cymbella borealis*										+			
粗糙桥弯藻	*Cymbella aspera*		+	+		+		+	+			+	+	+

续表

物种名	拉丁名	干流									支流			
		洛须	卡松渡	汪布顶	岗托	白垭	赠曲汇口	欧曲汇口	波罗	叶巴滩	白曲	丁曲	赠曲	藏曲
偏肿桥弯藻尖细变种	*Cymbella ventricosa* var. *acuminata*										+		+	
小头桥弯藻	*Cymbella microcephala*		+	+	+	+	+		+		+	+	+	+
新月形桥弯藻	*Cymbella cymbiformis*		+	+	+	+		+	+	+		+	+	+
胀大桥弯藻	*Cymbella turgidula*												+	
珠峰桥弯藻	*Cymbella jolmolungnensis*												+	
内丝藻属	*Encyonema* sp.		+		+	+	+	+	+		+	+	+	+
尖顶异极藻	*Gomphonema augur*					+						+	+	
纤细异极藻	*Gomphonema gracile*				+	+	+	+	+	+		+	+	+
虱形卵形藻	*Cocconeis pediculus*					+		+			+		+	
曲壳藻属	*Achnanthes* sp.							+			+		+	+
极细微曲壳藻	*Achnanthes minutissima*												+	
膨大曲壳藻	*Achnanthes inflata*											+		
优美曲壳藻	*Achnanthes delicatula*												+	
弯形弯楔藻	*Rhoicosphenia curvata*												+	
斑纹窗纹藻	*Epithemia zebra*			+		+								
平行棒杆藻	*Rhopalodia parallela*					+								
长菱板藻	*Hantzschia elongata*		+				+	+	+	+	+	+	+	+
窄菱形藻	*Nitzschia angustata*					+								
椭圆波缘藻	*Cymatopleura elliptica*					+				+			+	
诺里克马鞍藻冬生变种	*Campylodiscus noricus* var. *hibernica*							+						+
粗壮双菱藻华彩变种	*Surirella robusta* var. *splendida*		+		+									
软双菱藻	*Surirella tenera*				+									
盘状双菱藻	*Surirella patalla*					+								
线形双菱藻	*Surirella linearis*			+										
窄双菱藻	*Surirella angustata*					+								
裸藻门	Euglenophyta													
裸藻	*Euglena* sp.									+				+
绿藻门	Chlorophyta													

续表

物种名	拉丁名	干流									支流			
		洛须	卡松渡	汪布顶	岗托	白垭	赠曲汇口	欧曲汇口	波罗	叶巴滩	白曲	丁曲	赠曲	藏曲
弓形藻	*Schroederia* sp.													+
蹄形藻	*Kirchneriella lunaris*												+	
湖生卵囊藻	*Oocystis lacustris*												+	
双胞丝藻	*Ulothrix geminata*	+		+	+			+			+	+	+	
双星藻	*Zygnema* sp.			+										
转板藻	*Mougeotia* sp.												+	
水绵	*Spirogyra* sp.											+	+	+
锐新月藻	*Closterium acerosum*						+		+			+	+	+
项圈新月藻	*Closterium moniliforum*													+
近膨胀鼓藻	*Cosmarium subtumidum*											+		
顶接鼓藻	*Spondylosium* sp.												+	
短棘盘星藻	*Pediastrum boryanum*												+	
丝藻属	*Ulothrix* sp.										+	+		
串珠丝藻	*Ulothrix moniliformis*		+	+	+	+			+	+	+	+	+	+
颤丝藻	*Ulothrix oscillarina*			+			+	+	+		+	+		+
多形丝藻	*Ulothrix variabilis*													+
微细丝藻	*Ulothrix subtilis*										+			
针丝藻	*Raphidonema nivale*										+			
克里藻属	*Klebsormidium* sp.		+		+		+	+	+		+	+	+	+
漂浮克里藻	*Klebsormidium fluitans*			+		+			+			+		
平壁克里藻	*Klebsormidium scopulinum*												+	+
细克里藻	*Klebsormidium subtile*										+		+	+
双胞藻属	*Geminella* sp.												+	
原生双胞藻	*Geminella protogenita*													+
西藏毛枝藻	*Stigeoclonium tibeticum*												+	
小毛枝藻	*Stigeoclonium tenue*												+	+
竹枝藻属	*Draparnaldia* sp.											+		
小丛藻	*Microthaminon kuetzingianum*											+		
链枝藻	*Ctenocladus circinnatus*												+	
鞘藻属	*Oedogonium* sp.		+					+		+		+	+	+

续表

物种名	拉丁名	干流									支流			
		洛须	卡松渡	汪布顶	岗托	白垭	赠曲汇口	欧曲汇口	波罗	叶巴滩	白曲	丁曲	赠曲	藏曲
双星藻属	*Zygnema* sp.						+							
星状双星藻	*Zygnema stellinum*										+	+		
亮绿转板藻	*Mougeotia laetevirens*		+	+						+		+		+
水绵属	*Spirogyra* sp.			+	+	+			+		+	+	+	+
反曲新月藻	*Closterium sigmoideum*													+
小新月藻	*Closterium venus*								+					
美丽鼓藻	*Cosmarium formosulum*				+							+	+	

注：+代表检出，余表同。

3.1.2　着生藻类

2017 年，课题组在金沙江上游共采集到着生藻类 94 种（变种），分属于硅藻门、绿藻门、蓝藻门和甲藻门。其中，硅藻门藻类 89 种，占全部浮游藻类种类数的 94.68%，为调查水域着生藻类的绝对优势类群；绿藻门、蓝藻门藻类分别有 2 种，各占全部着生藻类种类数的 2.13%；甲藻门藻类有 1 种，占全部着生藻类种类数的 1.06%（图 3-2）。

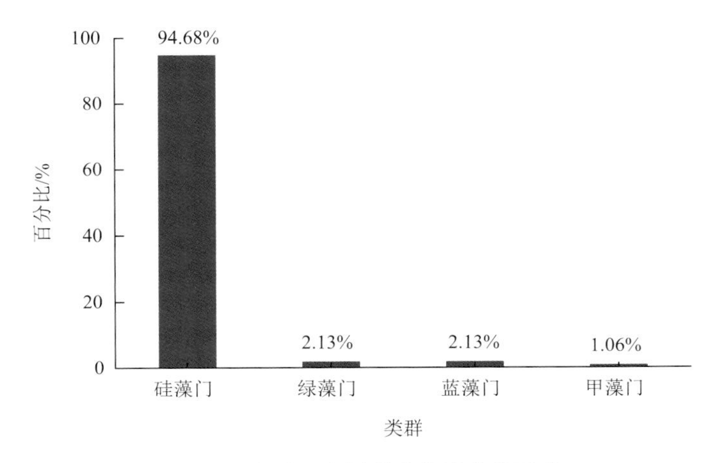

图 3-2　金沙江上游着生藻类种类组成

进一步分析金沙江上游干流和支流着生藻类的物种组成结果显示，干流洛须至叶巴滩各断面着生藻类物种数为 24～52 种；支流白曲、丁曲、赠曲和藏曲着生藻类物种数为 44～61 种（表 3-3）。从种类组成看，各断面着生藻类种类以硅藻门种类为主，如脆杆藻属、等片藻属、针杆藻属、桥弯藻属、菱形藻和异极藻属等多为广适性、喜贫营养或中营养环境的藻类类群物种。调查中，除少数干流和支流断面发现少量绿藻门丝藻目、栅藻目的大型着生藻类，其余各江段标本中均未见大型着生藻类。多数小型着生藻类（如硅藻门、蓝藻门等）的部分种类具有浮游性质，故在浮游植物中也被记录。2017 年金沙江上游各江段着生藻类名录见表 3-4。

表 3-3　金沙江上游各江段着生藻类物种数

着生藻类	干流									支流			
	洛须	卡松渡	汪布顶	岗托	白垭	赠曲汇口	欧曲汇口	波罗	叶巴滩	白曲	丁曲	赠曲	藏曲
种数	43	—	26	40	35	24	52	42	—	44	49	61	63

表 3-4　金沙江上游各江段着生藻类名录

物种名	拉丁名	干流									支流			
		洛须	卡松渡	汪布顶	岗托	白垭	赠曲汇口	欧曲汇口	波罗	叶巴滩	白曲	丁曲	赠曲	藏曲
蓝藻门	Cyanophyta													
颤藻	*Oscillatoria* sp.										+	+		
鞘丝藻	*Lyngbya* sp.	+		+							+	+	+	+
硅藻门	Bacillariophyta													
变异直链藻	*Melosira varians*								+				+	
科曼小环藻	*Cyclotella comensis*												+	
梅尼小环藻	*Cyclotella meneghiniana*												+	
冬生等片藻	*Diatoma hiemale*	+					+	+	+				+	+
冬生等片藻中型变种	*Diatoma hiemale* var. *mesodon*	+		+				+	+		+	+	+	+
纤细等片藻	*Diatoma tenue*	+		+	+	+	+	+	+		+	+	+	+
普通等片藻	*Diatoma vulgare*	+			+		+	+			+	+	+	+
普通等片藻线形变种	*Diatoma vulgare* var. *lineare*	+			+	+	+	+	+		+	+	+	+
等片藻	*Diatoma* sp.	+		+	+			+	+		+	+	+	+
环状扇形藻	*Meridion circulare*	+							+					+
弧形蛾眉藻	*Ceratoneis arcus*	+				+					+	+	+	+
弧形蛾眉藻双头变种	*Ceratoneis arcus* var. *amphioxys*												+	+
弧形蛾眉藻线形变种	*Ceratoneis arcus* var. *linearis*										+	+	+	+
钝脆杆藻	*Fragilaria capucina*	+			+		+				+	+	+	+
沃切里脆杆藻较细长变种	*Fragilaria vaucheriae* var. *gracilior*	+			+								+	+
中型脆杆藻	*Fragilaria intermedia*					+			+			+		+
脆杆藻	*Fragilaria* sp.							+				+		+

续表

物种名	拉丁名	干流									支流			
		洛须	卡松渡	汪布顶	岗托	白垭	赠曲汇口	欧曲汇口	波罗	叶巴滩	白曲	丁曲	赠曲	藏曲
尖针杆藻	*Synedra acus*	+		+	+	+	+	+	+		+	+	+	+
两头针杆藻	*Synedra amphicephala*	+			+		+	+	+			+	+	+
平片针杆藻	*Synedra tabulata*	+						+	+			+		+
肘状针杆藻	*Synedra ulna*	+		+	+	+		+	+		+	+	+	+
肘状针杆藻二头变种	*Synedra ulna* var. *biceps*					+						+	+	
肘状针杆藻两喙变种	*Synedra ulna* var. *amphirhynchus*						+				+		+	+
肘状针杆藻缢缩变种	*Synedra ulna* var. *constracta*			+		+	+		+		+	+	+	+
针杆藻	*Synedra* sp.				+	+	+	+	+		+	+	+	+
美丽星杆藻	*Asterionella formosa*				+							+	+	+
尖布纹藻	*Gyrosigma acuminatum*				+			+						
卵圆双壁藻	*Diploneis ovalis*				+			+						
美丽双壁藻	*Diploneis puella*													+
茧形藻	*Amphiprora* sp.	+			+	+		+						
放射舟形藻	*Navicula radiosa*							+						
简单舟形藻	*Navicula simplex*	+		+	+	+		+	+		+	+	+	+
双头舟形藻	*Navicula dicephala*					+		+	+					+
瞳孔舟形藻	*Navicula pupula*	+			+		+	+	+					+
瞳孔舟形藻矩形变种	*Navicula pupula* var. *rectangularis*	+		+	+	+	+	+	+				+	+
瞳孔舟形藻头端变种	*Navicula pupula* var. *capitata*	+			+	+	+		+					
微绿舟形藻	*Navicula viridula*	+									+	+	+	+
系带舟形藻	*Navicula cincta*					+		+						
线形舟形藻	*Navicula graciloides*	+		+	+	+		+						+
盐生舟形藻	*Navicula salinarum*													+
胃形舟形藻	*Navicula gastrum*												+	+
舟形藻	*Navicula* sp.	+		+	+	+		+	+		+	+	+	+
大羽纹藻	*Pinnularia major*													+
卵圆双眉藻	*Amphora ovalis*	+		+	+	+		+	+		+			+
胡斯特桥弯藻	*Cymbella hustedtii*			+				+			+	+	+	+
极小桥弯藻	*Cymbella perpusilla*										+		+	
近缘桥弯藻	*Cymbella affinis*	+		+	+	+	+	+	+		+	+	+	+
膨胀桥弯藻	*Cymbella tumida*	+		+	+	+		+	+		+	+	+	+

续表

物种名	拉丁名	干流									支流			
		洛须	卡松渡	汪布顶	岗托	白垭	赠曲汇口	欧曲汇口	波罗	叶巴滩	白曲	丁曲	赠曲	藏曲
偏肿桥弯藻	*Cymbella ventricosa*	+		+	+	+		+	+		+	+	+	+
偏肿桥弯藻半环变种	*Cymbella ventricosa* var. *simicircularis*	+									+	+	+	+
切断桥弯藻	*Cymbella excisa*			+							+	+	+	+
施图斯拜格桥弯藻	*Cymbella stuxbergii*										+	+	+	+
微细桥弯藻	*Cymbella parva*	+			+	+	+	+	+		+	+	+	+
平卧桥弯藻	*Cymbella prostrate*							+			+	+	+	+
纤细桥弯藻	*Cymbella gracilis*	+		+	+	+	+	+	+		+	+	+	+
箱形桥弯藻	*Cymbella cistula*	+		+	+	+	+	+	+		+	+	+	+
箱形桥弯藻驼背变种	*Cymbella cistula* var. *gibbosa*					+		+					+	+
新月桥弯藻	*Cymbella cymbiformis*				+									+
优美桥弯藻	*Cymbella delicatula*				+	+		+	+		+	+	+	+
桥弯藻	*Cymbella* sp.							+	+		+	+	+	+
双生双楔藻	*Didymosphenia geminata*			+	+			+			+	+	+	
缠结异极藻	*Gomphonema intricatum*												+	
橄榄绿异极藻	*Gomphonema olivaceum*								+		+	+	+	+
尖异极藻	*Gomphonema acuminatum*	+										+		
纤细异极藻	*Gomphonema gracile*							+						
小形异极藻	*Gomphonema parvulum*	+			+	+	+	+	+		+	+	+	+
缢缩异极藻	*Gomphonema constrictum*						+							
缢缩异极藻头状变种	*Gomphonema constrictum* var. *capitatum*							+				+	+	
窄异极藻	*Gomphonema angustatum*						+	+	+			+	+	+
异极藻	*Gomphonema* sp.	+		+	+	+	+	+	+		+	+	+	+
盘状卵形藻	*Cocconeis disculus*												+	
扁圆卵形藻	*Cocconeis placentula*	+			+	+	+	+	+		+	+	+	+
扁圆卵形藻线形变种	*Cocconeis placentula* var. *lineata*	+			+	+		+						
曲壳藻	*Achnanthes* sp.	+		+	+	+	+	+	+		+	+	+	+
短小曲壳藻	*Achnanthes exigua*												+	
弯形弯楔藻	*Rhoicosphenia curvata*							+			+			
菱板藻	*Hantzschia* sp.												+	
双尖菱板藻	*Hantzschia amphioxys*	+		+	+	+		+	+		+	+	+	+
谷皮菱形藻	*Nitzschia palea*	+		+				+	+		+	+	+	+

续表

物种名	拉丁名	干流									支流			
		洛须	卡松渡	汪布顶	岗托	白垭	赠曲汇口	欧曲汇口	波罗	叶巴滩	白曲	丁曲	赠曲	藏曲
类S形菱形藻	*Nitzschia sigmoidea*							+					+	+
碎片菱形藻	*Nitzschia frustulum*	+		+	+	+	+	+	+		+	+	+	+
线形菱形藻	*Nitzschia linearis*								+					+
菱形藻	*Nitzschia* sp.	+			+	+		+						
草鞋形波缘藻	*Cymatopleura solea*							+	+					+
线形双菱藻	*Surirella linearis*													+
线形双菱藻缢缩变种	*Surirella linearis* var. *constricta*	+												
卵形双菱藻	*Surirella ovata*				+	+			+					
卵形双菱藻羽纹变种	*Surirella ovata* var. *pinnata*								+					
双菱藻	*Surirella* sp.	+						+						
甲藻门	Dinophyta													
角甲藻	*Ceratium hirundinella*				+									
绿藻门	Chlorophyta													
斜生栅藻	*Scenedesmus obliquus*												+	
双胞丝藻	*Ulothrix geminata*			+							+	+	+	

3.1.3 代表性种类形态描述及主要特征

1. 钝脆杆藻（*Fragilaria capucina*）

分类地位：羽纹纲、无壳缝目、脆杆藻科、脆杆藻属。

主要特征：藻体细胞常以壳面相连形成带状群体。壳面长线形，两端略细小，末端略膨大，钝圆形，长31～134μm，宽3～7μm。横线纹细，10μm内具8～17条，假壳缝线形，中心区矩形（图3-3）。

2. 针杆藻属（*Synedra*）

分类地位：羽纹纲、无壳缝目、脆杆藻科。

主要特征：藻体细胞长线形。浮游种类为单细胞或放射状群体，着生种类为放射状或扇状群体。壳面线形或长披针形，通常是直的，但有时也有弯的，中部至两端略渐狭窄或等宽，末端呈头状；具假壳缝，其两端具横线纹或点纹，壳面中部常无花纹。带面长方形，末端截形，具明显的线纹。淡水种类具2块带状色素体，位于壳体的两侧，每块色素体常具至少3个蛋白核。以细胞分裂繁殖，有性生殖由每个母细胞产生1～2个复大孢子。分布很广，主要生长在水沟、池塘及湖泊等淡水水域，浮游或着生于沉水高等植物及丝状藻类上，少数种类着生于流水处的岩石或木头上。

1）尖针杆藻（*Synedra acus*）

壳面线形披针形，中部相当宽，自中部向两端逐渐狭窄，末端圆形或近头状，长 90～300μm，宽 5～6μm；横线纹细，10μm 内有 11～14 条；假壳缝狭窄，线形，中心区矩形，带面细线形（图 3-3）。

2）肘状针杆藻（*Synedra ulna*）

壳面线形至线形披针形，末端略呈宽钝圆形，长 50～350μm，宽 5～9μm；横线纹较粗，10μm 内有 8～12 条（多数为 10 条）；假壳缝狭窄，线形；中心区横矩形或无，带面线形（图 3-3）。

3. 环状扇形藻（*Meridion circulare*）

分类地位：羽纹纲、无壳缝目、脆杆藻科、扇形藻属。

主要特征：细胞互相连成扇形或螺旋形群体；壳面棒形或倒卵形；长 21～67μm，宽 5～7μm。横肋纹在 10μm 内具 2～6 条，横线纹在 10μm 内具 15～20 条，带面楔形，具有 1～2 条间生带。是较常见的淡水硅藻（图 3-3）。

4. 舟形藻属（*Navicula*）

分类地位：羽纹纲、双壳缝目、舟形藻科。

主要特征：藻体单细胞；壳面两侧对称，线形披针形、椭圆形或菱形，末端头状。呈钝圆或喙状；中轴区狭窄，壳缝发达，具中央节和极节，大部分种类的中央节不大，呈圆形或菱形，有的种类极节为扁圆形；壳面具横线纹、布纹或窝孔纹；带面长方形，平滑，无间生带。色素体片状或带状，多为 2 块。以细胞分裂为主要的繁殖方式，有性生殖由 2 个母细胞的原生质分裂，形成 2 个复大孢子。种类极多，广泛分布于池塘、沟渠、湖泊、江河中，为常见的硅藻优势种类之一。

瞳孔舟形藻（*Navicula pupula*）：壳面线形披针形，壳体两侧无两凸起，壳缝不偏离壳面中轴，末端广宽、钝喙状。壳面宽 6～9μm，长 18～45μm，横线纹在 10μm 内中部有 14～24 条，两端有 24～28 条（图 3-3）。

5. 桥弯藻属（*Cymbella*）

分类地位：羽纹纲、双壳缝目、桥弯藻科。

主要特征：藻体单细胞，浮游或着生，着生种类细胞位于短胶质柄的顶端或分枝的胶质管中。壳面有明显的背腹之分，背部凸出，腹侧平直或中部略凸出。呈新月形、线形、半椭圆形、半披针形、舟形或菱形、披针形；末端钝圆或渐尖；中轴区两侧略不对称；壳缝略弯曲，具有清晰的中央节和极节；具线纹或点纹，常略呈放射状排列。带面长方形，两侧平行；无间生带和隔膜；具 1 块侧生片状色素体。以细胞分裂为主要的繁殖方式，有性生殖由 2 个母细胞原生质结合形成 2 个复大孢子。多为淡水种类，少数生活于半咸水中。

1）弯曲桥弯藻（*Cymbella sinuata*）

壳面长 12～28μm，宽（3）4～5（6.6）μm，横线纹在 10μm 内背侧有（8）10～12（15）条，腹侧有 10～14 条（图 3-3）。

2）微细桥弯藻（*Cymbella parva*）

壳面长 25～70μm，宽 6～13μm，横线纹在 10μm 内背侧中部有 6～10（13）条，两端有 9～14 条，腹侧中部有 9～12 条，两端有 8～14（20）条，点纹有 19～20 个。

3）箱形桥弯藻（*Cymbella cistula*）

壳面长 31～100μm，宽 10～24μm，横线纹在 10μm 内背侧中部有 5～12 条，两端有 8～14 条，腹侧中部有 6～11 条，两端有 8～14 条，点纹有 19～24 个。

6. 异极藻属（*Gomphonema*）

分类地位：羽纹纲、双壳缝目、异极藻科。

主要特征：藻体单细胞，多数营固着生活，有时从胶质柄上脱落，成为偶然性的单细胞浮游种类；壳面披针形或棒状，两端不对称，上端比下端宽；中轴区狭窄、直；壳缝位于中轴区的中央；具明显的中央节和极节；横线纹由粗点纹或细点纹组成，略呈放射状排列；有些种类在中央节的一侧有 1 个单独的点纹。带面多呈楔形，末端截形。具 1 块侧生片状色素体和 1 个椭圆形的蛋白核。以细胞分裂方式为主要的繁殖方式，有性生殖由 2 个母细胞的原生质分别形成 2 个配子，相互成对结合形成 2 个复大孢子。多数生活在淡水中，是较常见的淡水硅藻。

1）橄榄绿异极藻（*Gomphonema olivaceum*）

表面披针形，壳面长 13～37μm，宽 4～9μm，横线纹在 10μm 内中部有 10～14 条（图 3-3）。

2）小形异极藻（*Gomphonema parvulum*）

表面披针形，壳面长 12～26μm，宽 5～7μm，横线纹在 10μm 内中部有 10～16 条。

3）纤细异极藻（*Gomphonema gracile*）

表面披针形，从中部向两端逐渐狭窄，末端尖圆形，长 23～47μm，宽 4～10μm；中轴区狭窄，线形；中心区小，圆形并略横向放宽，在其一侧有 1 个单独的点纹，横线纹放射状排列，10μm 内具 8～14 条（图 3-3）。

7. 菱形藻（*Nitzschia*）

分类地位：羽纹纲、管壳缝目、菱形藻科。

主要特征：藻体常为单细胞，个别种类位于单一的或分枝的胶质管中；细胞呈梭形、舟形、菱形等；壳面直或呈 S 形、线形、椭圆形。两端渐尖或钝，末端喙状、头状等。在壳面一侧边缘上具有龙骨突起，龙骨突起上具有管壳缝，管壳缝内壁龙骨点明显，上、下壳的龙骨突起，彼此交叉相对。带面观呈菱形。色素体多数种类是 2 块，呈带状，位于带面的一侧，少数种类是 4～6 块。有性生殖由 2 个母细胞结合产生 1 对复大孢子。种类很多，广泛分布于各种水体中。

类 S 形菱形藻（*Nitzschia sigmoridea*）：表面披针形，壳面长 130～388μm，宽 9～14μm，横线纹在 10μm 内中部有 22～28 条，有龙骨点 22～28 个（图 3-3）。

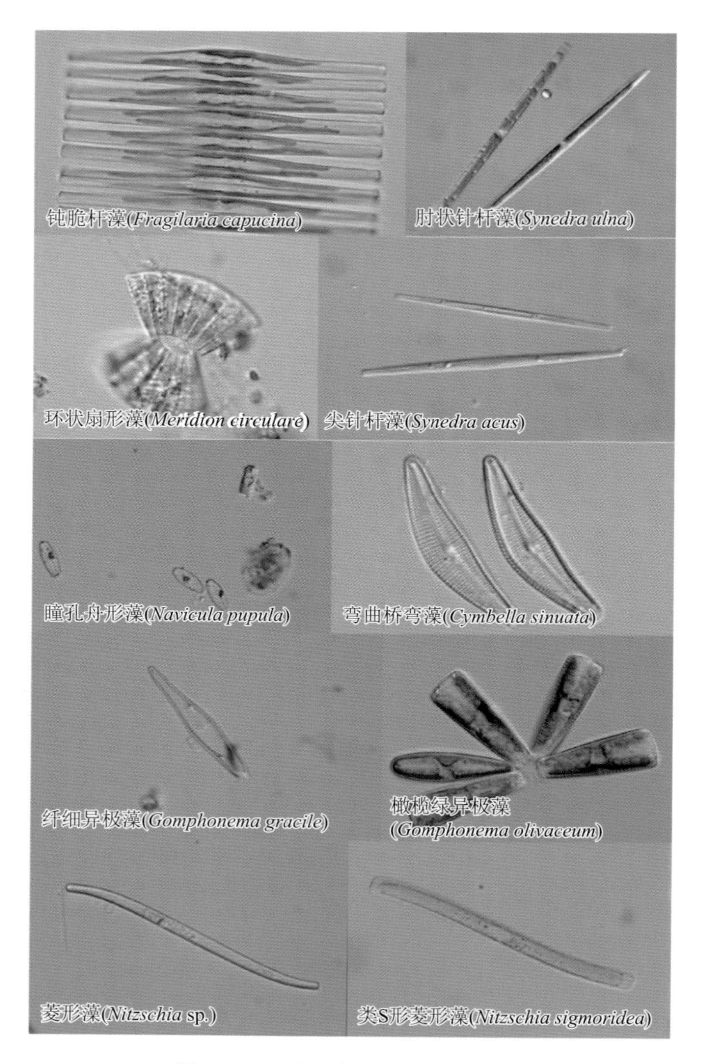

图 3-3　金沙江上游部分藻类图片

3.2　密度和生物量

3.2.1　浮游藻类

1. 密度

2017 年金沙江上游干流各断面浮游藻类密度在 0.36×10^6～2.33×10^6ind./L，平均密

度为 1.21×10^6ind./L；支流各断面的浮游藻类密度在 0.83×10^6～2.27×10^6ind./L，平均密度为 1.76×10^6ind./L（表 3-5 和图 3-4）。2021 年干流各断面浮游藻类密度为 0.05×10^6～4.03×10^6ind./L，平均密度为 0.65×10^6ind./L；支流各断面的浮游藻类密度在 0.47×10^6～22.92×10^6ind./L，平均密度为 6.48×10^6ind./L（表 3-5 和图 3-5）。总体来看，支流浮游藻类密度大于干流浮游藻类密度。

表 3-5　金沙江上游各江段浮游藻类密度　（单位：10^6ind./L）

门类	年份	干流									支流			
		洛须	卡松渡	汪布顶	岗托	白垭	赠曲汇口	欧曲汇口	波罗	叶巴滩	白曲	丁曲	赠曲	藏曲
硅藻门	2017	1.74	—	0.72	0.62	0.62	1.02	0.36	2.06	2.33	0.79	2.27	2.24	1.66
	2021	—	0.14	0.05	0.11	0.36	0.06	3.72	0.11	0.32	1.03	0.47	20.47	0.45
绿藻门	2017	0	—	0	0	0	0	0	0	0	0	0	0	0
	2021	—	0	0	0	0	0	0	0	0	0.11	0	0	0
蓝藻门	2017	0.07	—	0	0	0	0	0	0.11	0	0.04	0	0	0.04
	2021	—	0	0	0	0	0	0.31	0	0	0.79	0	2.45	0.14
裸藻门	2017	0	—	0	0	0	0	0	0	0	0	0	0	0
	2021	—	0	0	0	0	0	0	0	0	0	0	0	0
总计	2017	1.81	—	0.72	0.62	0.62	1.02	0.36	2.17	2.33	0.83	2.27	2.24	1.70
	2021	—	0.14	0.05	0.11	0.36	0.06	4.03	0.11	0.32	1.93	0.47	22.92	0.59

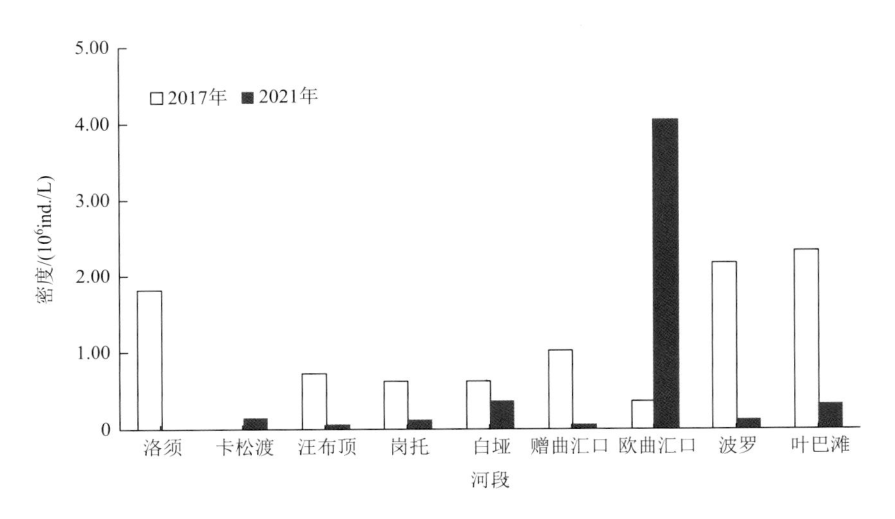

图 3-4　金沙江上游干流浮游藻类密度

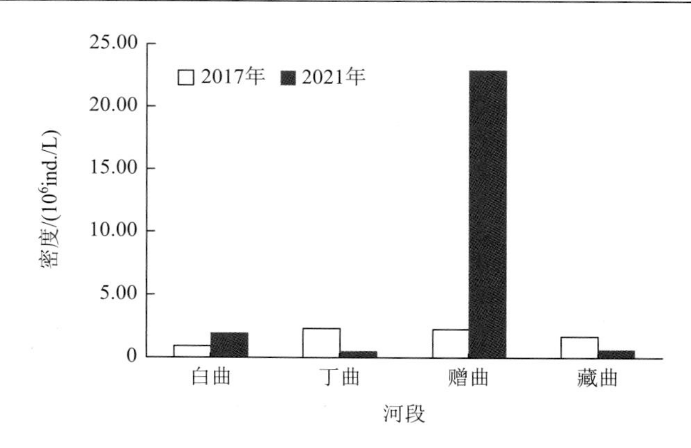

图 3-5　金沙江上游支流浮游藻类密度

2. 生物量

对金沙江上游干流和支流的浮游藻类生物量进行分析，结果表明，2017 年干流各断面浮游藻类生物量在 1.27～5.44mg/L，平均生物量为 3.05mg/L；支流各断面的浮游藻类生物量在 1.63～3.29mg/L，平均生物量为 2.79mg/L；干流中生物量最高的为叶巴滩断面，支流中生物量最高的为丁曲断面（表 3-6 和图 3-6）。2021 年干流各断面浮游藻类生物量为 0.02～1.52mg/L，平均生物量为 0.24mg/L；支流各断面的浮游藻类生物量在 0.05～8.07mg/L，平均生物量为 2.10mg/L；干流中生物量最高的为欧曲汇口断面，支流中生物量最高的为赠曲断面（表 3-6 和图 3-7）。

表 3-6　金沙江上游各江段浮游藻类生物量　（单位：mg/L）

门类	年份	干流									支流			
		洛须	卡松渡	汪布顶	岗托	白垭	赠曲汇口	欧曲汇口	波罗	叶巴滩	白曲	丁曲	赠曲	藏曲
硅藻门	2017	2.58	—	3.69	1.42	4.26	2.48	1.27	3.27	5.44	1.63	3.25	3.24	3.00
	2021	—	0.04	0.04	0.13	0.06	0.02	1.52	0.03	0.05	0.20	0.05	8.05	0.08
绿藻门	2017	0	—	0	0	0	0	0	0	0	0	0.04	0.01	0
	2021	—	0	0	0	0	0	0	0	0	0	0	0	0.01
蓝藻门	2017	0.01	—	0	0	0	0	0	0	0	0	0	0	0
	2021	—	0	0	0	0	0	0	0	0	0	0	0.02	0
裸藻门	2017	0	—	0	0	0	0	0	0	0	0	0	0	0
	2021	—	0	0	0	0	0	0	0	0	0	0	0	0
总计	2017	2.59	—	3.69	1.42	4.26	2.48	1.27	3.27	5.44	1.63	3.29	3.25	3.00
	2021	—	0.04	0.04	0.13	0.06	0.02	1.52	0.03	0.05	0.20	0.05	8.07	0.09

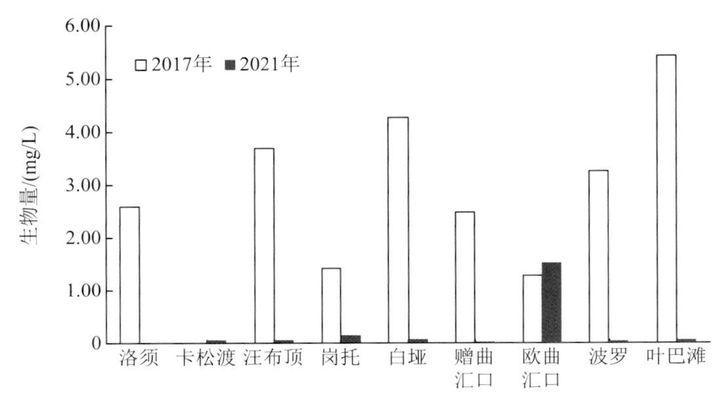

图 3-6　金沙江上游干流浮游藻类生物量

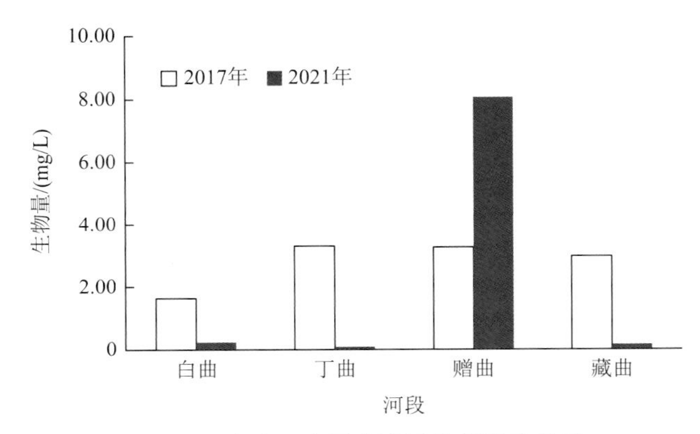

图 3-7　金沙江上游支流浮游藻类生物量

3.2.2　着生藻类

对金沙江上游干流和支流的着生藻类密度进行分析，结果表明，金沙江上游干流各断面着生藻类密度在 0.01×10^6～0.23×10^6ind./cm^2，平均密度为 0.05×10^6ind./cm^2；支流各断面的着生藻类密度在 0.07×10^6～0.85×10^6ind./cm^2，平均密度为 0.32×10^6ind./cm^2。总体来看，支流着生藻类密度大于干流着生藻类密度（表 3-7）。金沙江上游干流各断面着生藻类生物量在 0.01～0.11mg/cm^2，平均生物量为 0.05mg/cm^2；支流各断面的浮游藻类生物量在 0.12～0.45mg/cm^2，平均生物量为 0.23mg/cm^2；干流中着生藻类生物量最高的为汪布顶断面和岗托断面，支流中着生藻类生物量最高的为藏曲断面（表 3-7）。

表 3-7　金沙江上游各江段着生藻类密度和生物量

门类	指标	干流									支流			
		洛须	卡松渡	汪布顶	岗托	白垭	赠曲汇口	欧曲汇口	波罗	叶巴滩	白曲	丁曲	赠曲	藏曲
硅藻门	密度/(10^6ind./cm^2)	0.03	—	0.04	0.03	0.01	0	0.04	0	—	0.08	0.06	0.20	0.22
	生物量/(mg/cm^2)	0.05	—	0.11	0.11	0.03	0.01	0.06	0.01	—	0.11	0.12	0.21	0.45

续表

门类	指标	干流									支流			
		洛须	卡松渡	汪布顶	岗托	白垭	赠曲汇口	欧曲汇口	波罗	叶巴滩	白曲	丁曲	赠曲	藏曲
绿藻门	密度/(10^6ind./cm^2)	0	—	0	0	0	0	0	0	—	0	0.01	0	0
	生物量/(mg/cm^2)	0	—	0	0	0	0	0	0	—	0.01	0.02	0	0
蓝藻门	密度/(10^6ind./cm^2)	0	—	0.19	0	0	0	0	0	—	0	0	0.65	0.04
	生物量/(mg/cm^2)	0	—	0	0	0	0	0	0	—	0	0	0.01	0
甲藻门	密度/(10^6ind./cm^2)	0	—	0	0	0	0	0	0	—	0	0	0	0
	生物量/(mg/cm^2)	0	—	0	0	0	0	0	0	—	0	0	0	0
总计	密度/(10^6ind./cm^2)	0.03	—	0.23	0.03	0.01	0	0.04	0	—	0.08	0.07	0.85	0.26
	生物量/(mg/cm^2)	0.05	—	0.11	0.11	0.03	0.01	0.06	0.01	—	0.12	0.14	0.22	0.45

3.3　群落结构与环境因子的关系

3.3.1　浮游藻类

对浮游藻类群落结构与环境因子进行典型对应分析（canonical correspondence analysis，CCA）排序可知，蓝藻门（Cyanophyta）藻类分布主要与海拔呈正相关关系，与河宽、电导率呈负相关关系；裸藻门（Euglenophyta）和绿藻门（Chlorophyta）藻类分布主要与水温、溶解氧、pH 呈正相关关系；硅藻门（Bacillariophyta）藻类是金沙江上游主要的浮游藻类类群，其分布对于环境因子的选择性较低，部分类群分布与海拔和水温的相关性较高（图 3-8）。

3.3.2　着生藻类

对着生藻类群落结构与环境因子进行典型对应分析（canonical correspondence analysis，CCA）排序可知，蓝藻门（Cyanophyta）和绿藻门（Chlorophyta）藻类分布主要与溶解氧和海拔呈正相关关系，与电导率呈负相关关系；甲藻门（Dinophyta）藻类分布主要与电导率和 pH 呈正相关关系；硅藻门（Bacillariophyta）藻类与浮游藻类中硅藻门的群落结构相似，是金沙江上游主要的着生藻类类群，其分布对于环境因子的选择性较低，部分类群分布与海拔、水温和溶解氧呈正相关关系（图 3-9）。

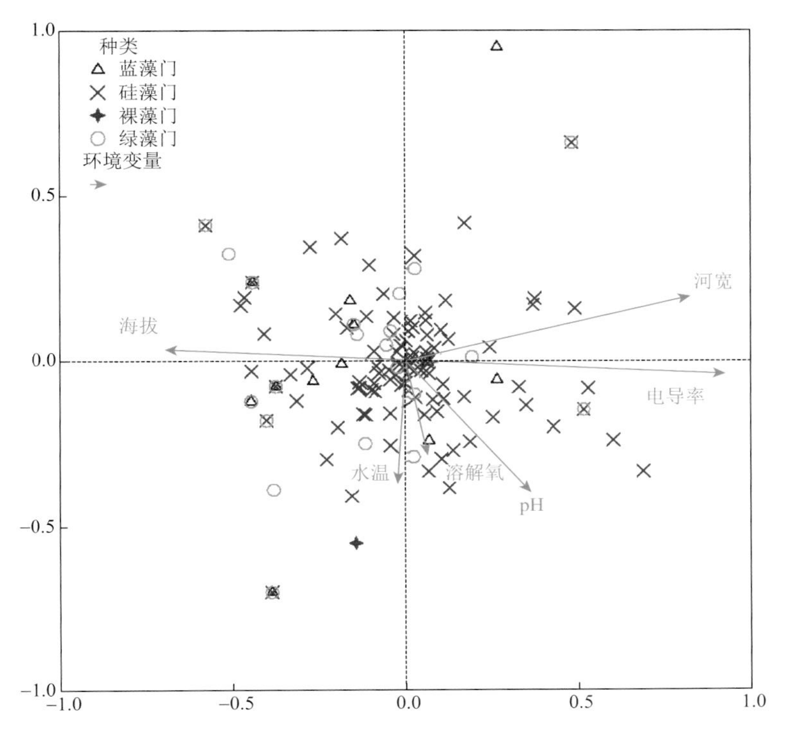

图 3-8　金沙江上游浮游藻类群落结构与环境因子关系分析

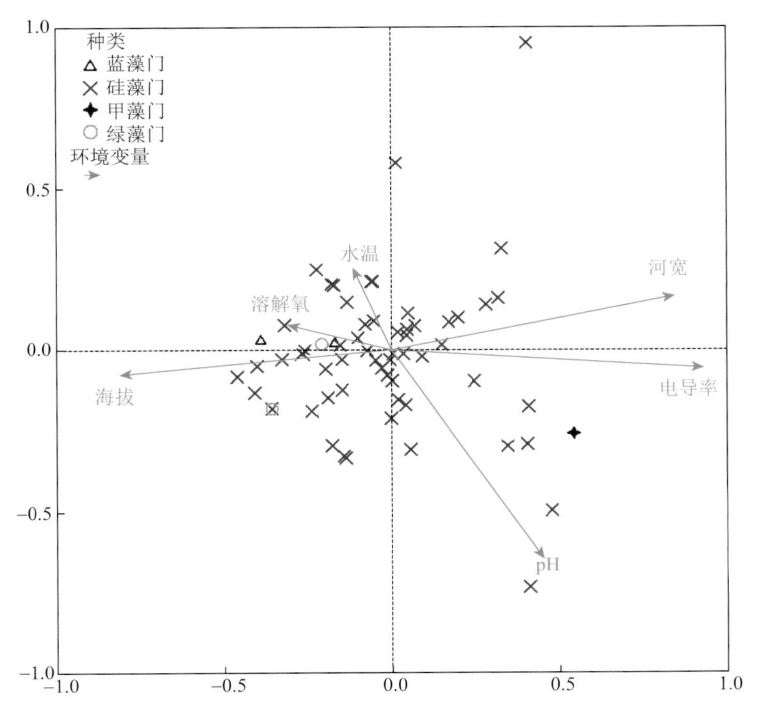

图 3-9　金沙江上游着生藻类群落结构与环境因子关系分析

主要参考文献

胡鸿钧，魏印心，2006. 中国淡水藻类——系统、分类及生态[M]. 北京：科学出版社.

李家英，齐雨藻，2010. 中国淡水藻志.第十四卷.硅藻门.舟形藻科（Ⅰ）[M]. 北京：科学出版社.

李家英，齐雨藻，2014. 中国淡水藻志.第十九卷.硅藻门.舟形藻科（Ⅱ）[M]. 北京：科学出版社.

施之新，2004. 中国淡水藻志.第十二卷.硅藻门.异极藻科[M].北京：科学出版社.

施之新，2013. 中国淡水藻志.第十六卷.硅藻门.桥弯藻科[M].北京：科学出版社.

水利部水文局，长江流域水环境监测中心，2012. 中国内陆水域常见藻类图谱[M]. 武汉：长江出版社.

徐宗学，殷旭旺，等，2016. 渭河流域常见水生生物图谱[M]. 北京：中国水利水电出版社.

中国科学院青藏高原综合科学考察队，1983. 西藏水生无脊椎动物[M]. 北京：科学出版社.

中国科学院青藏高原综合科学考察队，1992. 西藏藻类[M]. 北京：科学出版社.

Field C B，Behrenfeld M J.，Randerson J T，et al.，1998. Primary production of the biosphere：integrating terrestrial and oceanic components[J]. Science，281（5374）：237-240.

Malviya S，Scalco E，Audic S，et al.，2016. Insights into global diatom distribution and diversity in the world’s ocean[J]. Proceedings of the National Academy of Sciences of the United states of America，113（11）：E1516-E1525.

Vadeboncoeur Y，Lodge D M，Carpenter S R，2001. Whole-lake fertilization effects on distribution of primary production between benthic and pelagic habitats[J]. Ecology，82（4）：1065-1077.

第 4 章　金沙江上游浮游动物多样性

浮游动物是浮游生物中的一大生物类群，终生浮游性生活。淡水浮游动物主要包括原生动物、轮虫、枝角类和桡足类。这些类群个体小、数量多、生长周期短、代谢旺盛，是水体中的初级消费者，可将浮游植物、细菌、有机碎屑等转化为能被鱼类和其他水生动物利用的食物，其动态变化影响以其为食的高级动物种群的生物量和分布，对整个生态系统的物质循环、能量流动和生物资源的补充等发挥着重要作用。金沙江上游浮游动物的种类组成、密度、生物量及群落结构等现状调查数据可为河流健康评价、水生态修复等提供基础数据和参考。

4.1　种类组成

4.1.1　物种组成

2017 年和 2021 年在金沙江上游共采集到浮游动物 50 种（变种），其中，轮虫 26 种，占全部浮游动物种类数的 52%，为调查水域浮游动物的绝对优势类群；其次为原生动物，共有 13 种，占全部浮游动物种类数的 26%；枝角类和桡足类分别有 6 种和 5 种，各占全部浮游动物种类数的 12%和 10%（图 4-1）。

各采样断面浮游动物种类数在 1～34 种。支流浮游动物物种数总体大于干流浮游动物物种数，浮游动物物种数最少的为干流洛须断面，浮游动物物种数最多的为支流赠曲断面（表 4-1）。从浮游动物的类群组成看，各断面浮游动物主要以原生动物和轮虫为主。从物种分布来看，原生动物以表壳虫、砂壳虫、匣壳虫为主，轮虫以鳞状叶轮虫、玫瑰

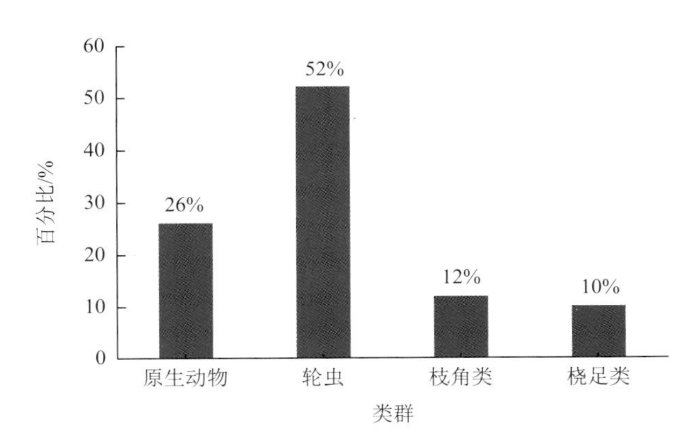

图 4-1　金沙江上游浮游动物种类组成

旋轮虫、红眼旋轮虫等分布较广泛，枝角类和桡足类种类较少。从整体来看，金沙江上游浮游动物的种类比较贫乏，这与其河流生产力较低是相适应的。金沙江上游各江段浮游动物名录见表 4-2。

表 4-1　金沙江上游各江段浮游动物物种数

年份	干流									支流			
	洛须	卡松渡	汪布顶	岗托	白垭	赠曲汇口	欧曲汇口	波罗	叶巴滩	白曲	丁曲	赠曲	藏曲
2017	1	—	1	3	3	4	9	3	4	4	4	21	6
2021	—	4	6	7	7	3	0	7	4	10	11	19	15
合计	1	4	6	8	3	6	9	10	6	13	13	34	17

表 4-2　金沙江上游各江段浮游动物名录

物种名	拉丁名	干流									支流			
		洛须	卡松渡	汪布顶	岗托	白垭	赠曲汇口	欧曲汇口	波罗	叶巴滩	白曲	丁曲	赠曲	藏曲
原生动物	Protozoa													
普通表壳虫	*Arcella vulgaris*			+	+	+		+	+	+			+	+
片口匣壳虫	*Centropyxis platystoma*			+	+						+	+	+	+
无棘匣壳虫	*Centropyxis ecornis*		+	+	+	+	+		+	+	+	+	+	+
针棘匣壳虫	*Centropyxis aculeata*					+				+		+	+	+
尖顶砂壳虫	*Difflugia acuminata*													+
球形砂壳虫	*Difflugia globulosa*			+	+			+			+	+	+	
长圆砂壳虫	*Difflugia oblonga oblonga*				+			+	+	+	+	+	+	+
钟虫	*Vorticella* sp.										+	+	+	+
纤毛虫	*Ciliate*												+	
褐砂壳虫	*Difflugia avellana*												+	
僧帽肾形虫	*Colpoda cucullus*				+				+					
钟虫属	*Vorticella* sp.										+		+	+
浮游累枝虫	*Epistylis rotans*								+		+		+	+
轮虫	Rotifera													
华丽宿轮虫	*Habrotrocha elegans*							+						+
领宿轮虫	*Habrotrocha collaris*										+		+	
玫瑰旋轮虫	*Philodina roseola*	+					+	+	+		+		+	+
粗颈轮虫	*Macrotrachela* sp.							+						
裂痕龟纹轮虫	*Anuraeopsis fissa*												+	
浦达臂尾轮虫	*Brachionus budapestiensis*												+	
螺形龟甲轮虫	*Keratella cochlearis*												+	
鳞状叶轮虫	*Notholca squamula*		+		+		+			+			+	+
钝角狭甲轮虫	*Colurella obtusa*										+		+	
钩状狭甲轮虫	*Colurella uninata*												+	+

续表

物种名	拉丁名	干流									支流			
		洛须	卡松渡	汪布顶	岗托	白垭	赠曲汇口	欧曲汇口	波罗	叶巴滩	白曲	丁曲	赠曲	藏曲
囊形单趾轮虫	*Monostyla bulla*								+					
大肚须足轮虫	*Euchlanis dilatata*												+	
小须足轮虫	*Euchlanis parva*				+									
前翼轮虫	*Proales* sp.						+							
小巨头轮虫	*Cephalodella exigua*								+					
凸背巨头轮虫	*Cephalodella gibba*										+	+	+	+
猪吻轮虫	*Dicranophorus* sp.							+						
前吻轮虫	*Aspelta* sp.												+	
暗小异尾轮虫	*Trichocerca pusilla*								+					
宿轮属	*Habrotrocha* sp.												+	+
长足轮虫	*Rotaria neptunia*		+											
红眼旋轮虫	*Philodina erythrophthalma*		+	+			+		+		+	+	+	+
矩形龟甲轮虫	*Keratella quadrata*												+	
无棘龟甲轮虫	*Keratella tecta*												+	
方尖削叶轮虫	*Notholca acuminate* var. *quadrata*			+										
盘状鞍甲轮虫	*Lepadella patella*											+	+	
枝角类	Cladocera													
老年低额溞	*Simocephalus vetulus*												+	
三角平直溞	*Pleuroxus trigonellus*							+						
圆形盘肠溞	*Chydorus sphaericus*												+	
近亲尖额溞	*Alona affinis*											+		
点滴尖额溞	*Alona guttata*						+							
萨氏矩形溞	*Coronatella rectangular*											+		
桡足类	Copepoda													
锯缘真剑水蚤	*Eucyclops serrulatus*												+	
近邻剑水蚤	*Cyclops vicinus*												+	
猛水蚤桡足幼体	Harpacticoida copepodid										+	+	+	
剑水蚤桡足幼体	Cyclopoida copepodid							+					+	
无节幼体	Nauplius									+		+	+	+

4.1.2　代表性种类形态描述及主要特征

1. 普通表壳虫（*Arcella vulgaris*）

分类地位：原生动物门、肉足纲、表壳虫目、表壳科、表壳虫属。

主要特征：壳圆筒状。背、腹观时壳呈圆形；侧观时壳背虽是圆弧的拱起，但明显地小于半球，这是与其同属的半圆表壳虫的根本区别。背面与口面连接的基角明显地翘出，壳口内陷达壳高的 1/3。口面陷凹途中，在接近壳口处时常可以看到一个轻微的口前弧弯，通常没有口管，表膜上的点子凹洞较大，而且排列整齐，在油镜下可见这些点子呈六角形的图案。壳直径 105～160μm，壳高 52～80μm，壳口直径 30～48μm（图 4-2）。

2. 针棘匣壳虫（*Centropyxis aculeata*）

分类地位：原生动物门、肉足纲、表壳虫目、砂壳科、匣壳虫属。

主要特征：腹观时，壳几乎呈圆形；侧观时壳的前部扁平，壳前缘尤甚，向后逐渐鼓起。壳口圆形或不规则形，偏离壳的中心。壳在壳口之后的两侧及后端均有刺，数量不多，以 4～6 个较为常见。壳带淡黄色，随其成长而呈棕色。壳上覆盖不定形的硅质颗粒和小石子等，偶然情况下当壳刺很多时这些硅质颗粒和小石子也分布到壳口的两侧。壳直径（不包括刺）100～130μm，壳口直径 35～45μm（图 4-2）。

3. 砂壳虫属（*Difflugia*）

分类地位：原生动物门、肉足纲、表壳虫目、砂壳科。

主要特征：砂壳虫属物种为单细胞原生动物，属于浮游纤毛虫一类。壳除了内层有几丁质膜外，其外还黏附着由他生质体（如矿物屑、岩屑、硅藻空壳等颗粒）构成的表层。而且这类颗粒还很多，以致壳面粗糙而不透明。壳形状多变，呈梨状以至球状，有的还能延伸宛如颈状。横切面大都呈圆形。口在壳体一端，位于主轴正中。壳口的外缘有的光滑，有的齿状或叶片状。胞质占了壳腔的大部分，常用原生质线固着于壳的内壁上。核一般只有 1 个，伸缩泡有 1 至多个，伪足指状有 2～6 个。

1）尖顶砂壳虫（*Diffugia acuminata*）

壳圆桶状。自前端壳口处向后逐渐扩张，壳后部三分之二处为最宽，再向后端逐渐变窄，并延伸为一直的尖角。壳长为壳宽的 3～4 倍。壳表面粗糙，通常有砂粒黏附，偶尔还有硅藻的空壳。壳长 256～280μm，壳宽 94～98μm，壳口直径 42～52μm。

2）球形砂壳虫（*Difflugia globulosa*）

砂壳近似球形至卵圆形。壳口浑圆，位于腹面中央。壳长 27～92μm，壳宽 24～81μm（图 4-2）。

4. 僧帽斜管虫（*Chilodonella cucullulus*）

分类地位：原生动物门、纤毛亚门、动基片纲、管口目、斜管科、斜管虫属。

主要特征：体呈凸起的椭圆形，侧观时前部常弯向腹面，犹如风帽状，游动时前半部常弯曲，这是本种最主要的特征。背面凸起，前端平坦而透明，腹面扁平或微凸，左侧有 5 或 6 行纤毛，右侧 5 行，中间为口后无毛区。大核呈椭圆形，位于中位，具伸缩泡 2 个。体长 40～70μm（图 4-2）。

5. 狭甲轮虫属（*Colurella uncinala*）

分类地位：轮虫动物门、轮虫纲、单巢目、狭甲轮亚科、狭甲轮虫属。

主要特征：被甲两侧高度侧扁，背部融合，腹面留有裂缝。头冠前方总布一钩状甲片。侧面观，前部比后部宽，前缘和后缘都浑圆无角突，背缘拱起，腹缘略平直；腹面观，比较窄，中部略宽，缝隙从前端直到足的基部，1 对趾总是紧挨在一起，趾的基部还融合在一起。被甲长 65～105μm，被甲宽 20～32μm，趾长 25～35μm（图 4-2）。

6. 玫瑰旋轮虫（*Philodina roseola*）

分类地位：线形动物门、轮虫纲、蛭态亚目、旋轮科、旋轮属。

主要特征：旋轮属绝大多数种类有眼点，少数种类的眼点发育不全或缺乏。若有眼点，总是一对位于脑上。躯干比轮虫属粗壮，头与颈、躯干与足之间的界限均较轮虫属清楚。玫瑰旋轮虫身体粗壮。两个轮盘分得很开，盘顶有乳状突起和触毛。上唇向前伸，可达到轮盘的高度，其前缘宽阔，微凹。头比颈宽，轮盘比头、颈都宽。背触手短而粗，分为 2 节。末端具触毛。躯干部有明显的纵槽，呈粉红色（图 4-2）。

7. 鳞状叶轮虫（*Notholca squamula*）

分类地位：线形动物门、轮虫纲、单巢目、臂尾轮科、臂尾轮亚科、叶轮属。

主要特征：被甲宽阔而透明，有许多纵纹。背面稍拱起，腹面微凸或微凹。前端有 3 对棘刺，后端浑圆或缩细成为一棘刺或柄突，无足，被甲长 130～186μm，被甲宽 120～152μm。

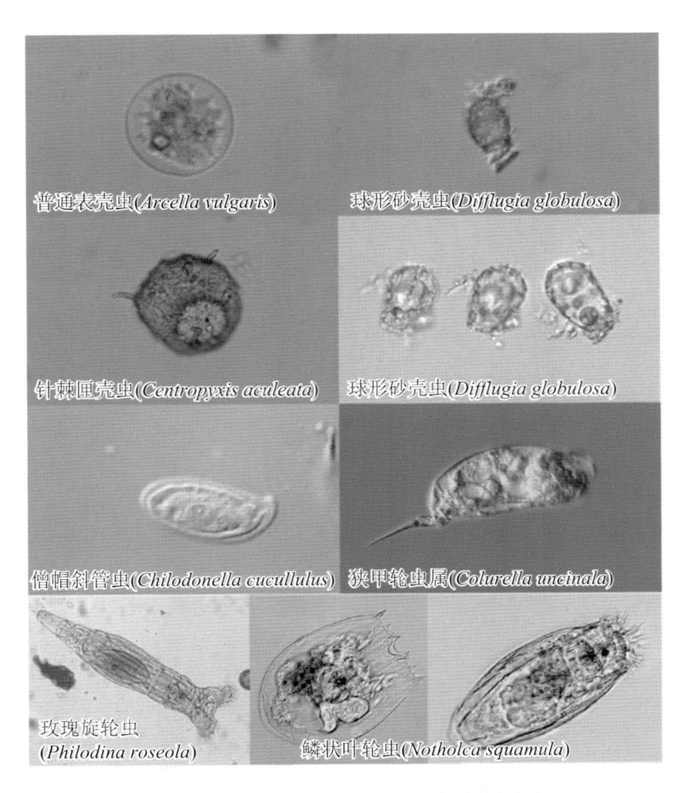

图 4-2　金沙江上游部分浮游动物图片

4.2　密度和生物量

4.2.1　密度

对金沙江上游干流和支流的浮游动物密度进行分析，结果表明，2017 年干流各断面浮游动物的密度较低，仅欧曲汇口断面的密度为 10.00ind./L；支流各断面的浮游动物的密度在 6.70～17.50ind./L，平均密度为 11.05ind./L（图 4-3）。2021 年干流各断面浮游动物密度为 0.10～37.50ind./L，平均密度为 10.81ind./L；支流各断面的浮游动物密度在 0.20～21.80ind./L，平均密度为 10.05ind./L（图 4-4）。总体来看，干流中波罗和岗托断面浮游动物密度较大，支流中藏曲断面的浮游动物密度较大（表 4-3）。

表 4-3　金沙江上游各江段浮游动物密度　（单位：ind./L）

门类	年份	干流									支流			
		洛须	卡松渡	汪布顶	岗托	白垭	赠曲汇口	欧曲汇口	波罗	叶巴滩	白曲	丁曲	赠曲	藏曲
原生动物	2017	0	—	0	0	0	0	10.00	0	0	6.70	6.70	10.00	3.30
	2021	—	0	0	11.80	0	0	0	37.50	0	0	0	4.30	8.70
轮虫	2017	0	—	0	0	0	0	0	0	0	3.30	0	7.50	6.70
	2021	—	13.00	0	11.80	0	12.30	0	0	0	6.50	0	7.40	12.90
枝角类	2017	0	—	0	0	0	0	0	0	0	0	0	0	0
	2021	—	0	0	0	0	0	0	0	0	0	0	0	0
桡足类	2017	0	—	0	0	0	0	0	0	0	0	0	0	0
	2021	—	0	0	0	0	0	0	0	0.10	0	0.20	0	0.20
总计	2017	0	—	0	0	0	0	10.00	0	0	10.00	6.70	17.50	10.00
	2021	—	13.00	0	23.60	0	12.30	0	37.50	0.10	6.50	0.20	11.70	21.80

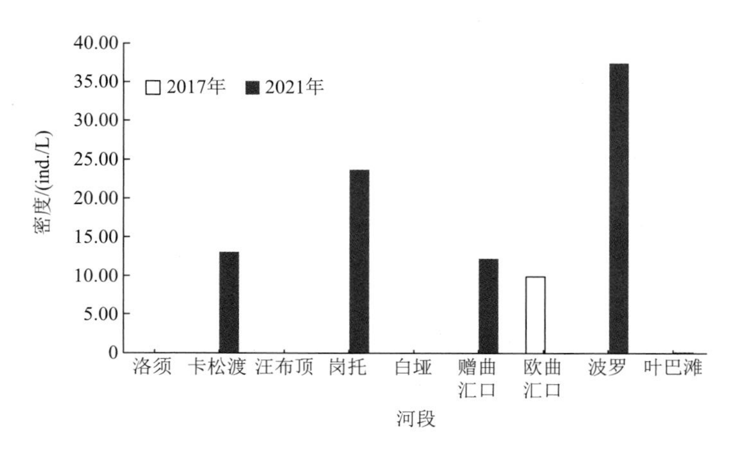

图 4-3　金沙江上游干流浮游动物密度

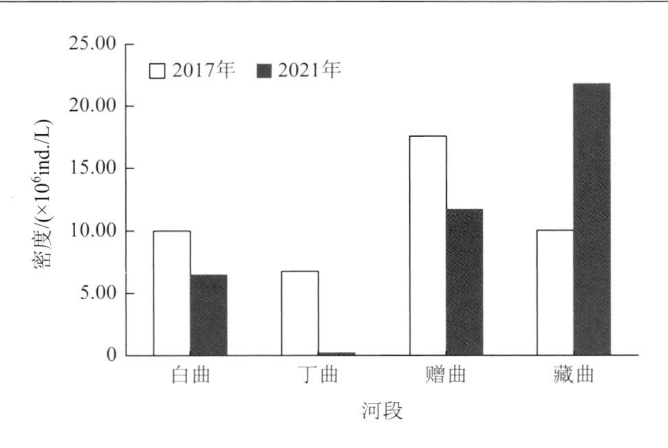

图 4-4　金沙江上游支流浮游动物密度

4.2.2　生物量

浮游动物生物量的分析结果显示，金沙江干流和支流各断面浮游动物的生物量极为稀少，浮游动物生物量最高的断面仅 0.04mg/L，绝大多数断面浮游动物生物量均小于 0.01mg/L，尤其大部分干流江段浮游动物的生物量几乎为 0（表 4-4）。金沙江上游浮游动物的生物量水平表明调查水域的生产力水平较低。

表 4-4　金沙江上游各江段浮游动物生物量　（单位：mg/L）

门类	年份	干流									支流			
		洛须	卡松渡	汪布顶	岗托	白垭	赠曲汇口	欧曲汇口	波罗	叶巴滩	白曲	丁曲	赠曲	藏曲
原生动物	2017	0	—	0	0	0	0	0	0	0	0	0	0	0
	2021	—	0	0	0	0	0	0	0	0	0	0	0	0
轮虫	2017	0	—	0	0	0	0	0	0	0	0.01	0	0.01	0.01
	2021	—	0.04	0	0.01	0	0.04	0	0	0	0.02	0	0	0.04
枝角类	2017	0	—	0	0	0	0	0	0	0	0	0	0	0
	2021	—	0	0	0	0	0	0	0	0	0	0	0	0
桡足类	2017	0	—	0	0	0	0	0	0	0	0	0	0	0
	2021	—	0	0	0	0	0	0	0	0	0	0	0	0
总计	2017	0	—	0	0	0	0	0	0	0	0.01	0	0.01	0.01
	2021	—	0.04	0	0.01	0	0.04	0	0	0	0.02	0	0	0.04

4.3　群落结构与环境因子的关系

对浮游动物群落结构与环境因子进行典型对应分析（canonical correspondence analysis，CCA）排序可知，原生动物（Protozoa）分布主要与水温、河宽、电导率呈正相关关系，与

pH 呈负相关关系；轮虫（Rotifera）分布主要与海拔和水温呈正相关关系；枝角类（Cladocera）和桡足类（Copepoda）分布主要与海拔呈正相关关系，与河宽和电导率呈负相关关系（图 4-5）。

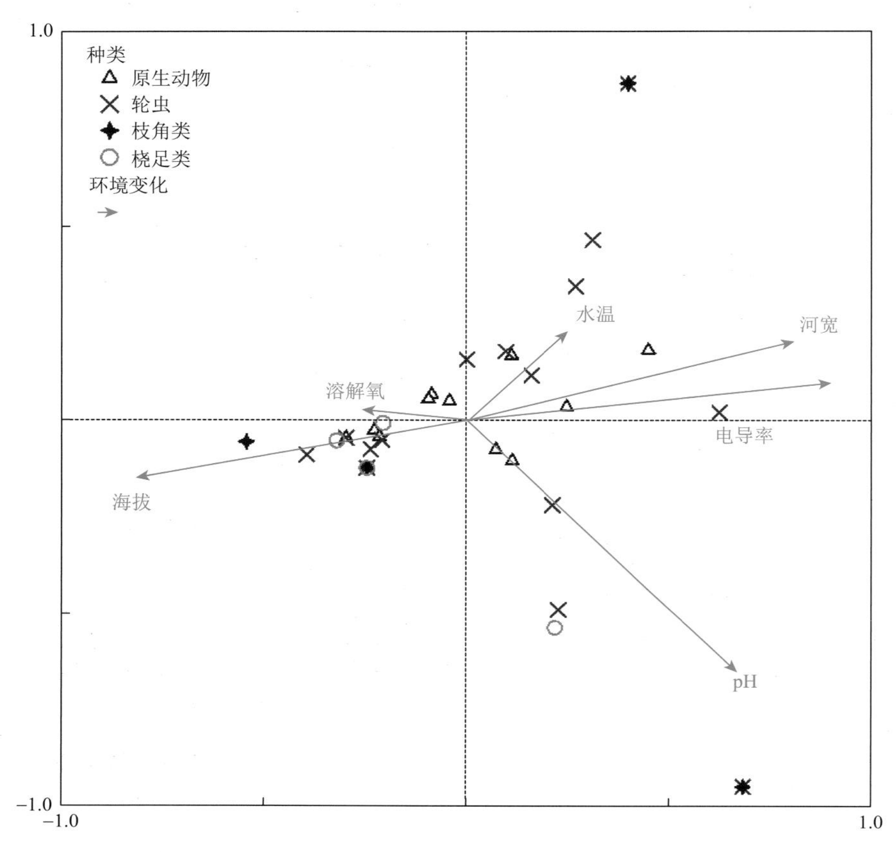

图 4-5　金沙江上游浮游动物群落结构与环境因子关系分析

主要参考文献

蒋燮怡，陈受忠，1974. 珠穆朗玛峰地区的甲壳动物——珠穆朗玛峰地区科学考察报告（1966～1968）：生物与高山生理[M]. 北京：科学出版社.

沈韫芬，1998. 中国淡水原生动物多样性及其所受威胁[J]. 生物多样性，6（2）：81-86.

王腾，刘永，全秋梅，等，2021. 广东江门市主要淡水河流浮游动物群落结构特征[J]. 南方水产科学，17（4）：9-17.

向贤芬，2009. 长江流域枝角类分类学研究及其物种多样性[D]. 武汉：中国科学院水生生物研究所.

向贤芬，虞功亮，陈受忠，2015. 长江流域的枝角类[M]. 北京：中国科学技术出版社.

月井雄二，2010. 淡水微生物図鑑 原生生物ビジュアルガイ ドブック[M]. 东京：誠文堂新光社.

张武昌，丰美萍，于莹，等，2012. 砂壳纤毛虫图谱[M]. 北京：科学出版社.

中国科学院青藏高原综合科学考察队，1983. 西藏水生无脊椎动物[M]. 北京：科学出版社.

第 5 章　金沙江上游大型底栖无脊椎动物多样性

底栖无脊椎动物是指生活史的全部或大部分时间生活于水体底质内或之上的水生动物。通常将个体不能通过 425μm（40 目）孔径网筛的无脊椎动物称为大型底栖无脊椎动物，简称大型底栖动物。淡水中常见的大型底栖无脊椎动物主要包括水生的扁形动物（Platyhelminthes）、线形动物（Nematomorpha）、环节动物（Annelida）、软体动物（Mollusca）、节肢动物（Arthropoda）等，它们是河流水生态系统的重要组成成分，在维持水生态系统的平衡中起着十分重要的作用。

5.1　种 类 组 成

5.1.1　物种组成

2017 年和 2021 年在金沙江上游共采集到大型底栖动物 103 种，分属于昆虫纲、寡毛纲、腹足纲、软甲纲、蛭纲。其中，昆虫纲物种有 91 种，占全部底栖无脊椎动物种类数的 88.35%，为调查水域底栖无脊椎动物的绝对优势类群；其次为寡毛纲物种，共有 6 种，占全部底栖无脊椎动物种类数的 5.83%；腹足纲、软甲纲、蛭纲物种各 2 种，分别占全部底栖无脊椎动物种类数的 1.94%（图 5-1）。

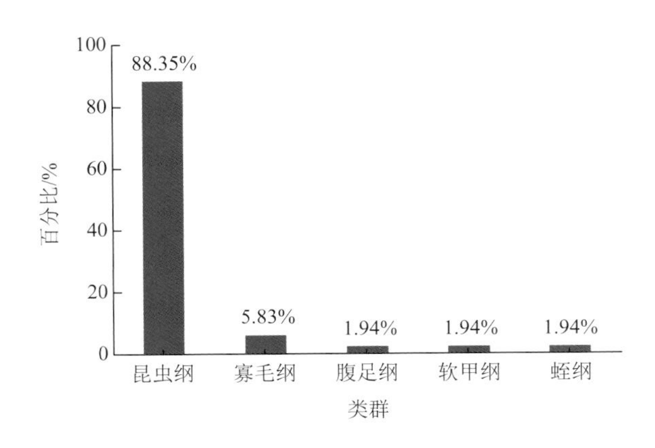

图 5-1　金沙江上游底栖无脊椎动物种类组成

干流和支流大型底栖动物物种组成比较显示，支流中白曲、丁曲、藏曲断面的底栖无脊椎动物物种数丰富，干流中汪布顶、波罗断面的底栖无脊椎动物物种数较多，支流底栖无脊椎动物物种数总体大于干流底栖无脊椎动物物种数（表 5-1）。从种类组成来看，金沙江上游底栖无脊椎动物多以水生昆虫为主，其中蜉蝣目、毛翅目、襀翅目和双翅目种类较为常见。金沙江上游各江段底栖无脊椎动物名录见表 5-2。

表 5-1　金沙江上游各江段底栖无脊椎动物物种数

年份	干流									支流			
	洛须	卡松渡	汪布顶	岗托	白垭	赠曲汇口	欧曲汇口	波罗	叶巴滩	白曲	丁曲	赠曲	藏曲
2017	5	—	18	5	4	5	15	13	—	38	34	25	20
2021	—	6	1	0	1	2	0	6	—	26	37	17	40
合计	5	6	19	5	5	6	15	19	—	51	51	35	49

表 5-2　金沙江上游各江段底栖无脊椎动物名录

物种名	拉丁名	干流									支流			
		洛须	卡松渡	汪布顶	岗托	白垭	赠曲汇口	欧曲汇口	波罗	叶巴滩	白曲	丁曲	赠曲	藏曲
环节动物门	Annelida													
寡毛纲	Oligochaeta													
盘丝蚓属	*Bothrioneurum* sp.								+		+	+	+	
颤蚓属	*Tubifex* sp.								+		+			
水丝蚓属	*Limnodrilus* sp.													+
夹杂带丝蚓	*Lumbriculus variegatus*													+
线蚓	*Enchytraeidae* sp.										+			+
仙女虫属	*Nais* sp.													+
蛭纲	Hirudinea													
八目石蛭	*Erpobdella octoculata*											+		
石蛭属	*Erpobdella* sp.													+
软体动物门	Mollusca													
腹足纲	Gastropoda													
豆螺属	*Bithynia* sp.												+	
大脐圆扁螺	*Hippeutis umbilicalis*			+										
节肢动物门	Arthropoda													
软甲纲	Malacostraca													
栉水虱科	Asellidae										+			
钩虾属	*Gammarus* sp.		+	+	+		+	+	+		+	+	+	+
昆虫纲	Insecta													
蜉蝣目蛹	*Ephemeroptera pupa*	+				+						+		+
栉颚蜉属	*Ameletus* sp.													+

续表

物种名	拉丁名	干流									支流			
		洛须	卡松渡	汪布顶	岗托	白垭	赠曲汇口	欧曲汇口	波罗	叶巴滩	白曲	丁曲	赠曲	藏曲
蜉蝣属	*Ephemera* sp.			+							+	+	+	+
弯握蜉属	*Drunella* sp.										+	+		
小蜉属	*Ephemerella* sp.										+	+	+	+
锯形蜉属	*Serratella* sp.										+		+	
扁蜉属	*Heptagenia* sp.		+		+			+			+	+	+	+
动扁蜉属	*Cinygma* sp.	+						+	+		+	+	+	
溪颏蜉属	*Rhithrogena* sp.		+	+				+	+		+	+	+	+
高翔蜉属	*Epeorus* sp.										+	+		+
花翅蜉属	*Baetiella* sp.										+	+	+	+
四节蜉属	*Baetis* sp.	+		+	+	+	+		+		+	+	+	+
宽基蜉属	*Choroterpes* sp.						+							
短丝蜉属	*Siphlonurus* sp.										+			
新蜉属	*Neoephemera* sp.											+		
长绿襀属	*Sweltsa* sp.										+			
诺襀	*Rhopalopsole* sp.											+		
长卷襀	*Perlomyia* sp.											+		
卷襀属	*Leuctra* sp.													+
黑襀属	*Capnia* sp.								+		+	+		
倍叉襀属	*Amphinemura* sp.		+	+				+	+		+	+	+	+
叉襀属	*Nemoura* sp.												+	+
中叉襀属	*Mesonemoura* sp.								+					
襟襀属	*Togoperla* sp.			+				+			+	+	+	+
襀科一种	*Perlesta* sp.												+	
同襀属	*Isoperla* sp.													+
网襀科一属	*Stavsolus* sp.										+			
带襀属	*Strophopteryx* sp.					+						+		
带襀科一种	*Taenionema* sp.													+
短石蛾属	*Branchycentrus* sp.			+										+
小短石蛾属	*Micrasema* sp.										+	+	+	
径石蛾属	*Ecnomus* sp.										+	+		
舌石蛾属	*Glossosoma* sp.										+			+
侧枝纹石蛾属	*Ceratopsyche* sp.											+	+	

续表

物种名	拉丁名	干流									支流			
		洛须	卡松渡	汪布顶	岗托	白垭	赠曲汇口	欧曲汇口	波罗	叶巴滩	白曲	丁曲	赠曲	藏曲
短脉纹石蛾属	*Cheumatopsyche* sp.			+								+	+	+
纹石蛾属	*Hydropsyche* sp.										+		+	+
蝶石蛾属	*Psychomyia* sp.										+			
原石蛾属	*Rhyacophila* sp.										+	+		
角石蛾属	*Stenopsyche* sp.			+										
龙虱科成虫	Dytiscidae adult											+		
龙虱科幼虫	Dytiscidae larva						+				+	+		
溪泥甲科幼虫	Elmidae larva			+					+		+	+	+	
溪泥甲科成虫	Elmidae adult			+								+	+	
叶甲科成虫	Chrysomelidae adult												+	
准鱼蛉属	*Parachauliodes* sp.								+					
鹬虻科	*Rhagionidae* spp.											+		
伪鹬虻科一种	*Athericidae* sp.		+						+					+
蠓科	Ceratopogonidae												+	+
舞虻科	Empididae							+				+	+	+
蚋科	Simuliidae					+	+				+	+	+	+
双大蚊属	*Dicranota* sp.										+			
棍棒巨大蚊属	*Holorusia* sp.										+			
大蚊科蛹	*Tipulidae pupa*	+				+								
大蚊属	*Tipula* sp.			+					+		+	+		+
黑大蚊属	*Hexatoma* sp.			+					+		+	+		+
朝大蚊属	*Antocha* sp.								+		+	+	+	+
索大蚊属	*Ormosia* sp.												+	+
唇大蚊属	*Cheilotrichia* sp.												+	
窗大蚊属	*Pedicia* sp.			+										
摇蚊蛹	*Chironomidae pupa*	+			+			+	+		+	+	+	+
小突摇蚊属	*Micropsectra* sp.										+			
摇蚊亚科一种	*Apedium* sp.										+			
摇蚊亚科一种	*Omisus* sp.										+			
拟隐摇蚊属	*Demicryptochironomus* sp.												+	
拟枝角摇蚊属	*Paracladopelma* sp.				+			+			+			+
间摇蚊属	*Paratendipes* sp.							+			+	+		

续表

物种名	拉丁名	干流									支流			
		洛须	卡松渡	汪布顶	岗托	白垭	赠曲汇口	欧曲汇口	波罗	叶巴滩	白曲	丁曲	赠曲	藏曲
多足摇蚊属	*Polypedilum* sp.						+	+	+		+	+	+	+
斑摇蚊属	*Stictochironomus* sp.													+
长跗摇蚊属	*Tanytarsus* sp.							+			+	+	+	+
枝长跗摇蚊属	*Cladotanytarsus* sp.										+			
流水长跗摇蚊属	*Rheotanytarsus* sp.													+
布摇蚊属	*Brillia* sp.								+					
环足摇蚊属	*Cricotopus* sp.										+	+		+
真开氏摇蚊属	*Eukiefferiella* sp.										+	+		+
毛胸摇蚊属	*Heleniella* sp.												+	
大粗腹摇蚊属	*Macropelopia* sp.											+		
前突摇蚊属	*Procladius* sp.							+				+		
流粗腹摇蚊属	*Rheopelopia* sp.			+								+		+
长足摇蚊属	*Tanypus* sp.											+	+	
毛突摇蚊属	*Chaetocladius* sp.			+							+			
水摇蚊属	*Hydrobaenus* sp.											+		
直突摇蚊属	*Orthocladius* sp.			+				+			+	+	+	+
拟中足摇蚊属	*Parametriocnemus* sp.											+		+
须中足摇蚊属	*Psilometrionemus* sp.		+								+			
流环足摇蚊属	*Rheocricotopus* sp.								+		+	+		+
特维摇蚊属	*Tvetenia* sp.											+		+
共生突摇蚊属	*Symbiocladius* sp.													+
寡角摇蚊属	*Diamesa* sp.							+			+			
波摇蚊属	*Potthastia* sp.			+										+
似波摇蚊属	*Sympotthastia* sp.											+		
单寡角摇蚊属	*Monodiamesa* sp.													+

5.1.2　代表性种类形态描述及主要特征

1. 动蜉属（*Cinygma*）

分类地位：节肢动物门、昆虫纲、蜉蝣目、扁蜉科。

主要特征：雄成虫体长 10～11mm，两复眼几乎相接触，相隔为中单眼的 1.4～1.6 倍。头的前额向后延伸，具“V”形中间凹陷。前翅长 11～12mm，翅痣区横脉分成两行，后翅前缘突不明显。前足略长于身体，胫节为腿节长的 1～1.25 倍，跗节为腿节长的 2～2.7 倍，为胫节长的 1.7～2.2 倍，前跗节各节长度的排列顺序为 3，2，1，4，5 或 3，2，4，1，5；第 1 附节长为第 2 附节长的 0.7～0.85 倍；后跗节各节长度的排列顺序为 5，1，2，3，4。爪均不相似。阴茎基部 1/4～1/2 愈合，具“V”形中间凹陷，顶端向两侧延伸，中阳端突小。尾须为体长的 2～2.6 倍。

2. 溪颏蜉属（*Rhithrogena*）

分类地位：节肢动物门、昆虫纲、蜉蝣目、扁蜉科。

主要特征：稚虫下颚须膨大，下颚腹面具一列细毛；3 根尾丝；鳃 7 对，呈吸盘状。成虫常呈暗棕色或红棕色，复眼大，背面互相接触，前胸后缘中央深凹，前翅长 7～12mm，翅脉相属扁蜉型。中胸背板前缘具横纹；中胸腹板垫片前缘相互靠拢，呈八字形；前胸腹板不具横向和纵向隆起的脊；有或无阳端突，若存在阳端突，则位于阳茎侧缘基部。

3. 四节蜉属（*Baetis*）

分类地位：节肢动物门、昆虫纲、蜉蝣目、四节蜉科。

主要特征：前翅长 3～11mm，边缘有成对闰脉；后翅小或无，存在时后翅只有两根简单的纵脉。前足跗节从略短于胫节到长于胫节，第 1 跗节很短。雄虫腹部第 2～6 节通常为透明、白色或淡褐色，其余为黑色；雌虫腹部常为淡褐色或红褐色（图 5-2）。

稚虫触角较长，体中小型。上颚颚齿多数不愈合，臼齿多数不特化。下唇须三节，顶端一节明显宽于第二节，多数呈球状，表面有刺状刚毛。成虫尾铗四节，基部一节较圆，并在内侧有尖锐的突起；第二节相对较长，在与第三节相连接处收缩变细；第三节最长，比前两节相加还要长些；顶端一节较小，呈球状，并向内弯。尾铗之间有骨化的小突起。

4. 小蜉属（*Ephemerella*）

分类地位：节肢动物门、昆虫纲、蜉蝣目、扁蜉科、小蜉科。

主要特征：多数种类是褐色。雄性复眼分上下两部分，复眼下部常比复眼上部黑，两复眼在背中线非常接近，但相互不接触；雌性复眼小，不分上下两部分，位于头的两侧。前翅 MA 脉分叉处和 CuA 脉之间有 2 根或更多的闰脉，MP 脉和 CuA 脉之间也有闰脉，CuP 脉有很大的弯曲，并成一角度，后翅很发达。前胸背板常有 1 个中凸。后翅前缘脉有 1 个微弱的突起，前缘脉边缘离基部较远端有 1 个很浅的凹陷。雄虫前足基节很短，跗节 5 节，各足的爪均为一尖一钝（图 5-2）。

前足第 2 和第 3 跗节常几乎相等，第 4 节长大约是第 3 节的 3/4，第 5 节的长度不到第 4 节的一半。两性的后足跗节第 1、2、3 节均较短，几乎相等；胫节比跗节长；爪均不相似。尾铗 3 节，第 2 节比基节和端节长。

5. 高翔蜉属（*Epeorus*）

分类地位：节肢动物门、昆虫纲、蜉蝣目、扁蜉科。

主要特征：身体背腹扁平，体长 6～19mm；上唇前缘中央具浅缺刻；下颚表面具 1

细毛列；鳃 7 对，第 1 对鳃的膜片部分扩大，延伸到腹面，二者在腹面接触或者不接触，与其他鳃一起形成吸盘状结构，第 7 对鳃的膜片部分也可能延伸到腹面；仅 2 根尾须，尾须上具刺和细毛（图 5-2）。

复眼中至大型，背面相接触或两复眼的距离为中单眼的一半大。头部的前额缘伸向腹面，凸出或中央呈“V”形。前翅长 7～20mm，在基部的前缘横脉有变化，从前端脱离，膨胀部横脉笔直，斜向或呈网状；后翅具有尖锐的前缘突，在肘区有 2～4 根闰脉。前足略短于或长于体长，胫节为腿节长的 1.1～1.9 倍，跗节为腿节长的 1.3～2.5 倍，为胫节长的 1.1～1.6 倍，基跗节为第 2 跗节长的 0.8～1.3 倍；后足的胫节为腿节长的 0.6～1 倍，跗节为腿节长的 0.2～0.6 倍，为胫节长的 0.3～1.6 倍。

6. 倍叉𫌀属（*Amphinemura*）

分类地位：节肢动物门、昆虫纲、𫌀翅目、𫌀科。

主要特征：小到中型。颈鳃有 2 个分支，分别位于侧骨片内外两侧，每个分支又分为 5～16 个细长的小支，且延伸至鳃基部。雄成虫的肛下突基部宽，向端部逐渐收窄，至肛上突基部，有的呈向背面弯曲状，具囊状突。肛侧叶位于肛下板左右两侧，分内、中、外 3 叶，内叶轻骨化，通常都比较短小；中叶整体大多骨化，内部膜质，具毛或刺，通常较大且部分向背面弯曲至肛上突；外叶骨化或膜质，通常被毛或刺。尾须膜质被毛且短。肛上突背骨片基部宽，两侧有 2 个近三角形的基骨片；腹骨片骨化严重且具刺，中部龙骨突的端部陷入背骨片的褶皱中。第 10 背板大多骨化，有的具刺或凸起。第 9 背板骨化，常沿末端边缘延伸，延伸部分被毛或刺（图 5-2）。

7. 襟𫌀属（*Togoperla*）

分类地位：节肢动物门、昆虫纲、𫌀翅目、𫌀科。

主要特征：𫌀翅目（Plecoptera）昆虫，又名石蝇，是一类重要的半变态类水生昆虫，其稚虫常栖息于清澈的流水中，老熟稚虫在水面或上岸羽化成虫。

襟𫌀属体中型至大型；幼虫生活在水中，头部以橙黄色为主，中间有一大块黑色斑，三对足的腿节基半部为橙黄色，其余部位大多为灰黑色（图 5-2）。

成虫浅为黄褐色至黑褐色；单眼 3 个，中后头结缺；头部及前胸有明显的图案；前胸背板两侧刚毛完整；中胸后缘无刚毛；腹部中央没有长刚毛的纵带；无臀鳃。雄虫后胸腹板有棕褐色刷状刚毛丛；翅烟褐色或透明，翅脉褐色。雄虫腹部第 5 背板高度骨化并向后延伸，其后缘中部微凹陷或形成 2 个小叶突；第 6～9 背板侧面及前缘骨化，中后部膜质，常着生有毛丛；第 10 背板分裂，半背片突呈短宽的耳状、长三角形或较粗的指状前伸突起，在其内侧近基部有 1 圆丘状的基胛，在半背片突的背面或端部上有锥状感觉器；第 4～8 腹板中部有棕褐色的刷状刚毛丛。雌虫第 8 腹板向后延伸形成亚三角形或舌形下生殖板，通常达第 9 腹板，在其末端有时有缺刻或微凹陷。

8. 溪泥甲科幼虫（Elmidae larva）

分类地位：节肢动物门、昆虫纲、鞘翅目、溪泥甲科。

主要特征：溪泥甲科成虫身体一般呈黑色或亮黄色，体表具刻点或瘤突，并伴有细毛，腹面常由疏水细毛覆盖。触角短，共有 11 节，为球杆状或丝状。前胸背板变化较大，具中纵沟或亚侧脊或平隆。足长，中后足基节远离，跗节式 5-5-5。

溪泥甲科是一类中小型甲虫，幼虫和成虫均为水生，多栖息于溪流浅水环境中的石头下，成虫依靠体表或腹面的防水细毛所形成的气盾在水底进行气体交换，以水底的藻类和植物碎屑为食。

9. 黑大蚊属（*Hexatoma*）

分类地位：节肢动物门、昆虫纲、双翅目、大蚊科、黑大蚊属。

主要特征：体色黑褐色，触角节 6～12 节，一般朝大蚊亚科的大蚊触角节数是 14～16 节。翅膀有翅中室，同时有 2～3 中脉延达翅后缘。翅膀黄色，具大小不一的斑块。体色黑色具光泽，前胸背板灰黑色，具 3 块隆起的区域。腹部有黑色的环斑，各脚黑色（图 5-2）。

10. 多足摇蚊属（*Polypedilum*）

分类地位：节肢动物门、昆虫纲、双翅目、摇蚊科。

形态特征：中到大型个体，体长 5～14mm，颜色从橘红到深红，具有两对分离眼点。触角常 5 节，环器在基部 1/4 处，触角叶远远长于鞭节。SI 两侧均羽状，SII 两侧羽状，SIII 单一，SIV 正常。上唇片正常，内唇栉由 3 独立骨片组成。前上颚具有 3 齿，上颚 1 顶齿和 2～3 内齿，均褐色。颏板所有齿均黑色，具有 4 中齿（一对高一对矮）和 6 对侧齿。腹颏板宽度大于背颏板，影线纹连续，发达。腹部无侧腹管和腹管。

11. 真开氏摇蚊属（*Eukiefferiella*）

分类地位：节肢动物门、昆虫纲、双翅目、摇蚊科。

形态特征：小到中型个体。头壳呈浅褐色，较颏板、上颚和后缘头色淡。触角 5 节，触角基节长是宽的 3.6 倍，触角叶长达第 4 节端部，触角副叶长达第 2 节末端，环器距基部 5μm。SI 刚毛单一，前上颚单一；上颚黑褐色，具 3 个清晰内齿；颏中齿宽 20～40μm，超过第一侧齿的 4 倍；后原足具一粗壮尾毛，体毛单一。

12. 直突摇蚊属（*Orthocladius*）

分类地位：节肢动物门、昆虫纲、双翅目、摇蚊科、直突摇蚊亚科。

形态特征：中到大型个体，最长达 12mm。身体黄色，头壳淡黄到黄褐色。触角常 5 节，长度逐节减小或者 3、4 节等长，总长度一般不超过上颚的一半。基节粗短，长宽之比常为 2～3，环器在基部 1/3，触角叶一般不超过鞭节，劳氏器从小到大，触角芒与第 3 节等长。上唇基部刚毛二分叉，其他感觉刚毛均单一。上唇片常缺失，内唇栉由 3 骨片组成。前上颚具有 1～2 个顶齿，端部常具有缺刻。上颚顶齿通常短于 3 内齿的总宽度，齿下毛细长；上颚刷 5～8 支。颏板 1 中齿通常 6 对侧齿，偶尔 7～10 对侧齿。腹颏板窄，一般无颏鬃。前后原足均分离，具有冠形爪。尾刚毛台通常长大于宽，基部无距，顶生 5～7 刚毛。肛管通常比后原足短，很少与后原足等长（图 5-2）。

13. 钩虾属（*Gammarus*）

分类地位：甲壳纲、端足目、钩虾亚目、钩虾科。

图 5-2　金沙江上游部分底栖无脊椎动物图片

形态特征：钩虾为端足目最大的亚目。体多侧扁；头部仅与第 1 胸节愈合，无头胸甲；头部和复眼一般较小，无柄，有些种无眼。腮足内肢一般分节，具端足类的基本体型，体两侧扁平，胸部有 7 对步足（前两对通常较大），腹肢 6 对，前 3 对用于游泳，后 3 对用于在硬物上行动。大多数为底栖性种，生活在水藻间或潜藏在沙中。活动时爬行或侧卧弹跳式游泳。主食动、植物的腐质和碎屑（图 5-2）。

5.2　密度和生物量

5.2.1　密度

对金沙江上游干流和支流底栖无脊椎动物的密度进行分析，结果表明，2017 年干流各断面底栖无脊椎动物密度在 7.4～144.0ind./m^2，平均密度为 44.2ind./m^2；支流各断面的底栖无脊椎动物密度在 48.2～202.4ind./m^2，平均密度为 136.6ind./m^2。2021 年干流各断面底栖无脊椎动物密度为 2.0～11.0ind./m^2，平均密度为 4.0ind./m^2；支流各断面的底栖无脊椎动物密度在 40.0～210.0ind./m^2，平均密度为 120.5ind./m^2（图 5-3 和图 5-4）。干流中汪布顶、欧曲汇口和波罗断面底栖无脊椎动物密度相对较高，而支流中白曲和丁曲底栖无脊椎动物密度相对较高。综合分析来看，支流底栖无脊椎动物密度大于干流底栖无脊椎动物密度（表 5-3）。

表 5-3　金沙江上游各江段底栖无脊椎动物密度　　（单位：ind./m^2）

门类	年份	干流									支流			
		洛须	卡松渡	汪布顶	岗托	白垭	赠曲汇口	欧曲汇口	波罗	叶巴滩	白曲	丁曲	赠曲	藏曲
昆虫纲	2017	7.4	—	63.0	0	0	7.4	70.5	56.0	—	181.0	200.0	87.0	47
	2021	—	10.0	2.0	0	2.0	2.0	0	11.0	—	174.0	210.0	12.0	51.0
寡毛纲	2017	0	—	0	0	0	0	0	0	—	8.6	1.2	5.6	0
	2021	—	0	0	0	0	0	0	0	—	1.0	0	0	5.0
腹足纲	2017	0	—	0	0	0	0	0	0	—	0	0	0	0
	2021	—	0	0	0	0	0	0	0	—	0	0	0	0
软甲纲	2017	0	—	81.0	0	0	3.7	5.5	15.0	—	6.2	0	7.4	1.2
	2021	—	1.0	0	0	0	0	0	0	—	0	0	28.0	1.0
蛭纲	2017	0	—	0	0	0	0	0	0	—	0	1.2	0	0
	2021	—	0	0	0	0	0	0	0	—	0	0	0	0
总计	2017	7.4	—	144.0	0	0	11.1	76.0	71.0	—	195.8	202.4	100.0	48.2
	2021	—	11.00	2.0	0	2.0	2.0	0	11.0	—	175.0	210.0	40.0	57.0

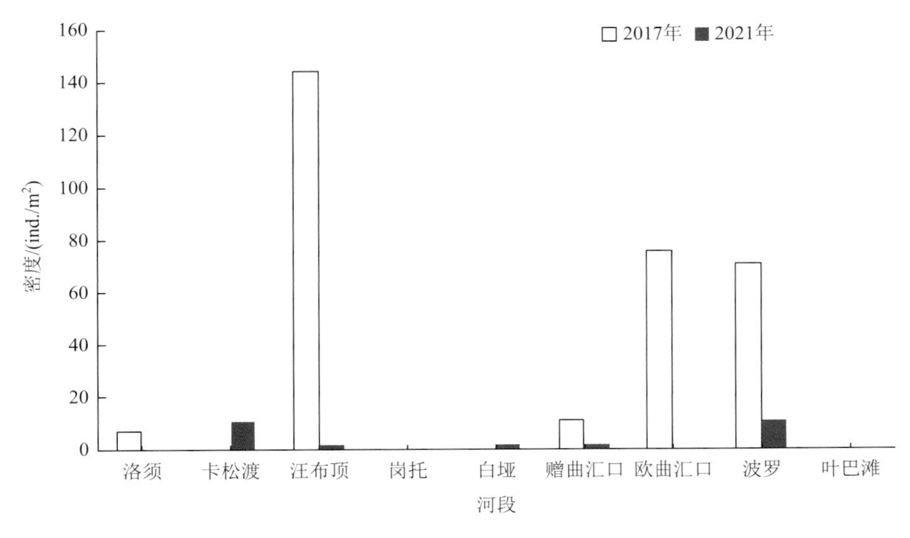

图 5-3　金沙江上游干流底栖无脊椎动物密度

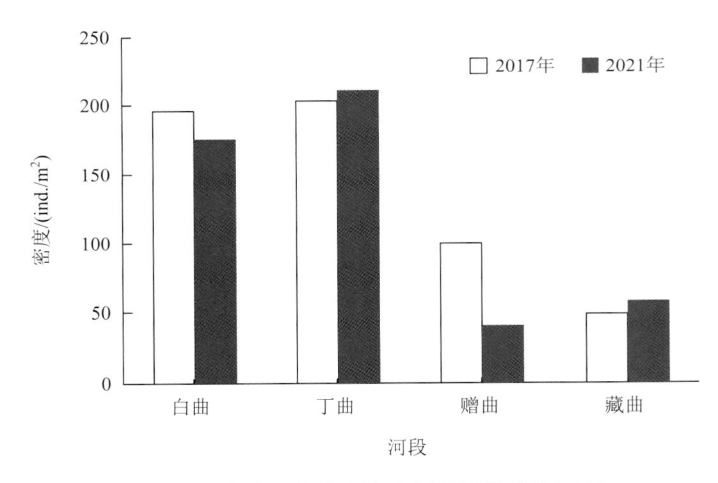

图 5-4　金沙江上游支流底栖无脊椎动物密度

5.2.2　生物量

对金沙江上游干流和支流的底栖无脊椎动物的生物量进行分析表明，2017 年干流各断面底栖无脊椎动物的生物量在 0.45～3.30g/m^2，平均生物量为 0.96g/m^2；支流各断面底栖无脊椎动物的生物量在 0.40～1.90g/m^2，平均生物量为 0.95g/m^2。2021 年干流各断面底栖无脊椎动物的生物量为 0.01～0.12g/m^2，平均生物量为 0.03g/m^2；支流各断面的底栖无脊椎动物生物量在 0.51～9.72g/m^2，平均生物量为 3.82g/m^2（图 5-5 和图 5-6）。总体来看，干流中汪布顶和波罗断面的底栖无脊椎动物生物量相对较高，支流中白曲和丁曲断面的底栖无脊椎动物生物量相对较高，支流底栖无脊椎动物生物量与干流底栖无脊椎动物生物量在不同年份存在一定差异（表 5-4）。

表 5-4 金沙江上游各江段底栖无脊椎动物生物量 （单位：g/m²）

门类	年份	干流									支流			
		洛须	卡松渡	汪布顶	岗托	白垭	赠曲汇口	欧曲汇口	波罗	叶巴滩	白曲	丁曲	赠曲	藏曲
昆虫纲	2017	0	—	2.10	0	0	0	0.20	3.00	—	0.90	1.80	0.50	0.40
	2021	—	0.03	0.01	0	0.01	0.01	0	0.08	—	9.72	4.09	0.44	0.49
寡毛纲	2017	0	—	0	0	0	0	0	0	—	0	0	0	0
	2021	—	0	0	0	0	0	0	0	—	0	0	0	0
腹足纲	2017	0	—	0	0	0	0	0	0	—	0	0	0	0
	2021	—	0	0	0	0	0	0	0	—	0	0	0	0
软甲纲	2017	0	—	1.20	0	0	0	0.25	0	—	0.10	0	0	0
	2021	—	0.09	0	0	0	0	0	0	—	0	0	0.53	0.01
蛭纲	2017	0	—	0	0	0	0	0	0	—	0	0.10	0	0
	2021	—	0	0	0	0	0	0	0	—	0	0	0	0.01
总计	2017	0	—	3.30	0	0	0	0.45	3.00	—	1.00	1.90	0.50	0.40
	2021	—	0.12	0.01	0	0.01	0.01	0	0.08	—	9.72	4.09	0.97	0.51

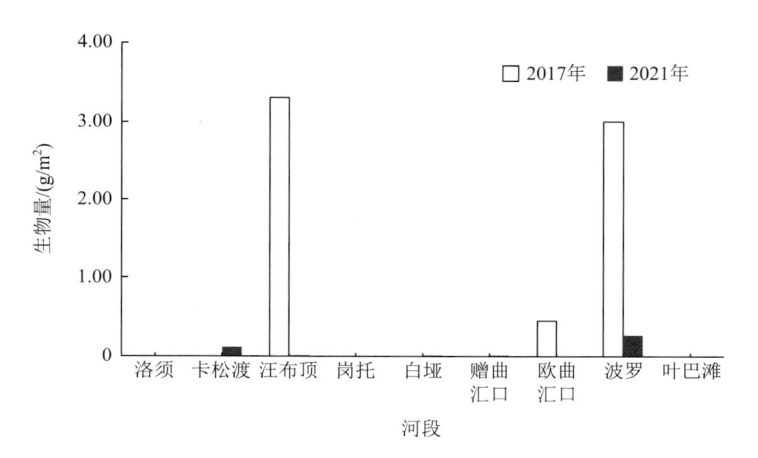

图 5-5 金沙江上游干流底栖无脊椎动物生物量

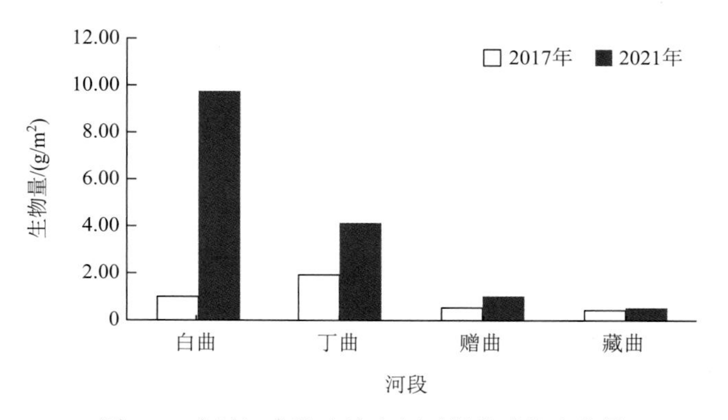

图 5-6 金沙江上游支流底栖无脊椎动物生物量

5.3　群落结构与环境因子的关系

对底栖无脊椎动物群落结构与环境因子进行典型对应分析（canonical correspondence analysis，CCA）排序可知，寡毛纲（Oligochaeta）和蛭纲（Hirudinea）种类分布与海拔呈一定正相关关系，与水温呈负相关关系；腹足纲（Gastropoda）种类分布与水温、海拔和河宽呈一定正相关关系；软甲纲（Malacostraca）种类分布与溶解氧含量、电导率和 pH 呈一定正相关关系；昆虫纲（Insecta）种类是金沙江上游主要的底栖无脊椎类群，其分布对于环境因子的选择性较低，部分类群分布与海拔、溶解氧含量和 pH 呈正相关关系，与水温呈负相关关系（图 5-7）。

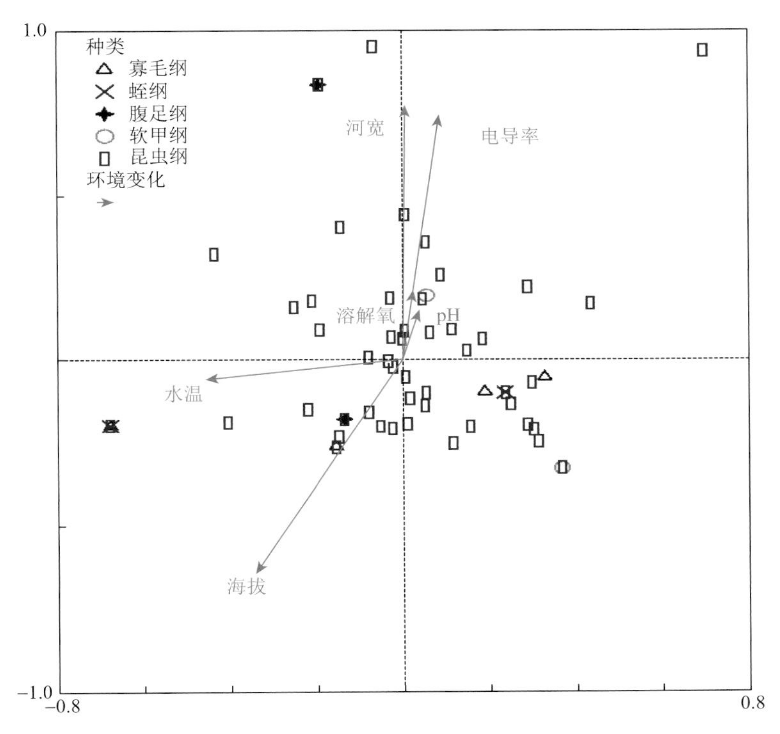

图 5-7　金沙江上游底栖无脊椎动物群落结构与环境因子关系分析

主要参考文献

辽宁省环境监测实验中心，2014. 辽河流域底栖动物监测图鉴[M]. 北京：中国环境出版社.
舒凤月，王海军，崔永德，等，2014. 长江流域淡水软体动物物种多样性及其分布格局[J]. 水生生物学报，38（1）：19-26.
尤大寿，归鸿，1995. 中国经济昆虫志（第 48 册：蜉蝣目）[M]. 北京：科学出版社.
张伟，2021. 中国大陆扁蜉科系统分类（昆虫纲：蜉蝣目）[D]. 南京：南京师范大学.
中国科学院青藏高原综合科学考察队，1983. 西藏水生无脊椎动物[M]. 北京：科学出版社.
周风霞，陈剑虹，2011. 淡水微型生物与底栖动物图谱[M]. 2 版. 北京：化学工业出版社.

第 6 章　金沙江上游鱼类多样性及空间分布

鱼类是河流生态系统结构和功能的重要参与者，也是评价河流生态系统健康状况的指示生物之一。金沙江上游位于青藏高原东南部，流域内高山峡谷纵横，独特的地理位置和河道特征造就了其特有的鱼类多样性和区系组成。研究资料表明，金沙江上游水体生产力水平较低，所能维持的鱼类种类偏少，区系组成也相对简单，该地区鱼类以裂腹鱼类、条鳅类和鮡科鱼类为主（曹文宣和伍献文，1962）。整体而言，金沙江上游鱼类多样性要远低于中下游江段鱼类多样性，河流生态系统相对脆弱，在遭受破坏的情况下不易恢复。在此背景下，本书对金沙江上游鱼类多样性及空间分布等进行调查，以期为金沙江上游鱼类资源的保护及生态系统修复提供本底资料。

6.1　鱼类物种区系组成及生态习性

根据 2013 年、2017 年鱼类资源调查结果，并结合前期对金沙江上游鱼类资源调查的历史资料表明，金沙江上游主要分布有土著鱼类24 种。金沙江上游分布的鱼类物种在生态习性方面存在一定差异，如四川裂腹鱼、短须裂腹鱼和长丝裂腹鱼等有在干支流间有短途洄游的习性，而软刺裸裂尻鱼和裸腹叶须鱼等种类的洄游行为则不明显。总体而言，金沙江上游鱼类的物种数虽然较少，但干流和支流鱼类资源较为丰富，且在该区域分布的鱼类多是长江上游珍稀特有鱼类。因此，金沙江上游的鱼类对流域内生态系统的稳定性和多样性具有重要意义。

6.1.1　种类组成

2013 年在金沙江上游共采集到鱼类 18 种，隶属于 2 目 4 科 10 属。在调查中采集到的鲤、鲫、四川爬岩鳅和大鳞副泥鳅 4 种鱼类在金沙江上游区域原来没有自然分布，属于外来种，2013 年调查实际采集到土著鱼类为 14 种。2017 年在金沙江上游共采集到鱼类 12 种，隶属于 2 目 4 科 10 属。在调查中采集到的齐口裂腹鱼在金沙江上游区域原来没有自然分布，属于外来种，2017 年调查实际采集到的土著鱼类为 11 种。

上述调查结果综合表明，2013 年和 2017 年在金沙江上游累计调查到鱼类 19 种，隶 2 目 4 科 10 属（表 6-1）。其中，调查到金沙江上游土著鱼类 14 种，2 目 3 科 6 属，高原鳅属鱼类 6 种，占调查到土著鱼类总数的 42.9%；裂腹鱼属鱼类 3 种，占调查到土著鱼类总数的 21.4%；石爬鮡属鱼类 2 种，占调查到土著鱼类总数的 14.3%；山鳅属、叶须鱼属和裸裂尻鱼属鱼类各 1 种，分别占调查到土著鱼类总数的 7.1%（图 6-1）。

表 6-1　金沙江上游鱼类种类组成及分类地位

序号	目	科	属	鱼名	备注
1	鲤形目	鳅科	山鳅属	戴氏山鳅（*Claea dabryi*）	长江上游特有鱼
2			高原鳅属	东方高原鳅（*Triplophysa orientalis*）	
3				短尾高原鳅（*T. brevicauda*）	
4				斯氏高原鳅（*T. stoliczkae*）	
5				细尾高原鳅（*T. stenura*）	
6				贝氏高原鳅（*T. bleekeri*）	
7				姚氏高原鳅（*T. yaopeizhii*）	长江上游特有鱼
8			副泥鳅属	大鳞副泥鳅（*Paramisgurnus dabryanus*）	外来种
9		鲤科	裂腹鱼属	短须裂腹鱼（*Schizothorax wangchiachii*）	长江上游特有鱼
10				长丝裂腹鱼（*S. dolichonema*）	长江上游特有鱼
11				四川裂腹鱼（*S. kozlovi*）	长江上游特有鱼
12				齐口裂腹鱼（*S. prenanti*）	外来种
13			叶须鱼属	裸腹叶须鱼（*Ptychobarbus kaznakovi*）	
14			裸裂尻鱼属	软刺裸裂尻鱼（*Schizopygopsis malacanthus*）	长江上游特有鱼
15			鲫属	鲫（*Carassius auratus*）	外来种
16			鲤属	鲤（*Cyprinus carpio*）	外来种
17		平鳍鳅科	爬岩鳅属	四川爬岩鳅（*Beaufortia szechuanensis*）	外来种
18	鲇形目	鮡科	石爬鮡属	黄石爬鮡（*Euchiloglanis kishinouyei*）	长江上游特有鱼
19				青石爬鮡（*Euchiloglanis davidi*）	长江上游特有鱼

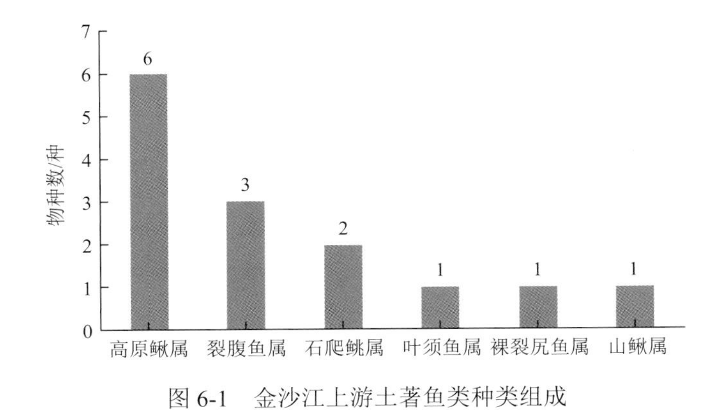

图 6-1　金沙江上游土著鱼类种类组成

6.1.2　区系特征

生物区系的形成与地质历史事件密切相关，区系的划分反映了地质历史事件的发生。金沙江上游水域鱼类主要由裂腹鱼类、条鳅类和鮡科鱼类三大类群构成，鲤形目中高原鳅属鱼类和裂腹鱼属鱼类在金沙江上游的优势度较高，在区系上属于典型的青藏高原鱼类。

青藏高原的形成是新生代晚期重大的地质历史事件，作为对这一事件的反映，青藏高原区被作为一个独立的生物地理区。青藏高原区的东界位于长江上游虎跳峡，金沙江上游均属于青藏高原区，以适应高原隆升而形成的裂腹鱼类和高原鳅类为主体的区系的组成是该区域鱼类的一个典型特征。此外，由于金沙江上游南面与东洋区毗邻，该区域内鱼类区系成分中也包含了鮡科的种类，如黄石爬鮡、青石爬鮡、中华鮡等。曹文宣等（1981）关于裂腹鱼类的起源演化与青藏高原的隆升关系的论述指出，伴随着青藏高原的3次隆升，裂腹鱼类形成了原始等级、特化等级和高度特化等级3个级别。在金沙江上游原始等级、特化等级和高度特化等级3个级别均有存在。其中短须裂腹鱼、长丝裂腹鱼和四川裂腹鱼属于原始等级；裸腹叶须鱼属于特化等级；硬刺松潘裸鲤、软刺裸裂尻鱼属于高度特化等级。青藏高原的隆升这一现象反映出金沙江上游在地质历史时期经历了较为频繁的地质活动和较复杂的水系格局演化。在这一地质历史时期也伴随着鱼类区系的交流，最终形成了现有的鱼类区系组成。

6.1.3 珍稀和特有鱼类

1. 珍稀鱼类

结合历史资料和调查结果，金沙江上游列入《国家重点保护野生动物名录》的鱼类有青石爬鮡，为国家二级保护动物；列入《四川省新增重点保护野生动物名录》的鱼类有长丝裂腹鱼、青石爬鮡、中华鮡；列入《青海省重点保护水生野生动物名录（第一批）》的鱼类有长丝裂腹鱼和黄石爬鮡；裸腹叶须鱼被列入《中国濒危动物红皮书》易危物种行列（表 6-2）。2013 年和 2017 年在金沙江上游采集到的珍稀鱼类有长丝裂腹鱼、裸腹叶须鱼、青石爬鮡和黄石爬鮡4 种，未采集到中华鮡。

表 6-2　金沙江上游珍稀鱼类

目	科	属	种类	珍稀、保护级别
鲤形目	鲤科	叶须鱼属	裸腹叶须鱼	易危物种
		裂腹鱼属	长丝裂腹鱼	四川省、青海省省级保护动物
鲇形目	鮡科	石爬鮡属	黄石爬鮡	青海省省级保护动物
			青石爬鮡	国家二级、四川省、青海省省级保护动物
		鮡属	中华鮡	四川省省级保护动物

2. 特有鱼类

结合历史资料和调查结果，洛须镇至叶巴滩梯级干流及支流河段分布有长江上游特有鱼类有 12 种，包括有戴氏山鳅、安氏高原鳅、唐古拉高原鳅、麻尔柯河高原鳅、姚氏高原鳅、软刺裸裂尻鱼、长丝裂腹鱼、短须裂腹鱼、四川裂腹鱼、黄石爬鮡、青石爬鮡、中华鮡，其中，金沙江上游特有鱼类 1 种，即姚氏高原鳅。

2013 年在金沙江上游研究区域采集到长江上游特有鱼类 8 种，包括戴氏山鳅、姚氏高原鳅、短须裂腹鱼、长丝裂腹鱼、四川裂腹鱼、软刺裸裂尻、黄石爬鮡和青石爬鮡；2017 年在金沙江上游研究区域采集到长江上游特有鱼类 7 种，包括姚氏高原鳅、短须裂腹鱼、长丝裂腹鱼、四川裂腹鱼、软刺裸裂尻、黄石爬鮡和青石爬鮡。

综上，2013 年和 2017 年累计在金沙江上游研究区域内调查到长江上游特有鱼类 8 种，分别为戴氏山鳅、姚氏高原鳅、短须裂腹鱼、长丝裂腹鱼、四川裂腹鱼、软刺裸裂尻鱼、黄石爬鮡和青石爬鮡（表 6-1）。其中，姚氏高原鳅也为金沙江上游特有鱼类，仅在藏曲采集到样本；其他长江上游特有鱼类，如唐古拉高原鳅、麻尔柯河高原鳅等，在调查中未采集到，其在研究区域内种群规模小。

6.1.4　鱼类生态习性

金沙江上游河段鱼类均为适应流水环境的中下层鱼类，在形态、食性、繁殖等方面均与金沙江上游干支流低温、急流的环境相适应，对金沙江上游河段环境的依赖性高。

1. 生态类群

结合研究区域内鱼类资源历史资料和调查结果，该江段分布的24种土著鱼类以中小型鱼类为主，为青藏高原鱼类的典型代表，全部是适应流水性生活的高原冷水性底层鱼类，这与研究范围内的生境是相适应的。24 种土著鱼类按生活习性及生活环境可分为如下 3 种生态类型：

（1）流水洞隙类型。该类群鱼类主要生活在流水底层的石头间隙和岩洞缝隙中，它们白天隐蔽和活动于石隙和洞隙中，夜间到水底砾石、卵石表面和缝隙间觅食。该类群鱼类身体较细长，呈指状，适应洞隙生活环境，如戴氏山鳅、细尾高原鳅和东方高原鳅等。

（2）流水吸附类型。该类群鱼类头部和躯干宽扁，呈流线型，以减少急流水冲力，头胸部和腹面扁平，胸鳍和腹鳍向两侧水平延展，形成具强吸附力的吸盘，适应在急流石块或物体上吸附生活。该类群在影响区有青石爬鮡和黄石爬鮡2 种。

（3）流水底层类型。此类群鱼类生活于流水或急流底层，体长形，尾柄长大，游泳能力强，适应急流水底栖息环境。根据它们食性不同又可分为 2 类，一类以着生在砾石等表面的着生藻类为主要食物，如金沙江上游的短须裂腹鱼、长丝裂腹鱼和软刺裸裂尻鱼；另一类以底栖动物为主要食物，如金沙江上游的四川裂腹鱼和裸腹叶须鱼。

2. 海拔分布

从分布的海拔看，姚氏高原鳅、裸腹叶须鱼分布于海拔接近或高于 3000m 的水域中。斯氏高原鳅等仅分布在海拔 3000m 以上的河段，其分布位置较高。细尾高原鳅、短须裂腹鱼和软刺裸裂尻鱼的分布范围较广，2400～3600m 海拔的河段都有分布。戴氏山鳅、长丝裂腹鱼、黄石爬鮡、四川裂腹鱼则主要分布于海拔 3400m 以下水域。

3. 繁殖习性

裂腹鱼类、条鳅类（高原鳅、山鳅）大多生长速度较慢，性成熟迟，通常雄性 2～

3 龄、雌性 3～4 龄达性成熟，一般怀卵量较少。金沙江上游鱼类繁殖期多为 3～5 月，如裸腹叶须鱼在河流刚开冻时，在 3～4 月就开始繁殖；长丝裂腹鱼和大部分高原鳅 5～6 月繁殖；斯氏高原鳅、鳗鲱鱼类则在 7～8 月繁殖。研究区域内分布的多为产黏、沉性卵的鱼类，产卵活动多在有砾石的流水滩上进行，卵下沉后被水冲入砾石缝隙中发育，部分裂腹鱼类甚至可在河滩的沙砾掘成浅坑，产卵于其中。

4. 食性

金沙江上游研究区域内鱼类的食性大致分为三类：

（1）主要摄食着生藻类的鱼类，如长丝裂腹鱼、短须裂腹鱼、软刺裸裂尻鱼等裂腹鱼亚科的部分种类，以及细尾高原鳅等。它们的口裂较宽，近似横裂，下颌前缘具有锋利的角质，适应于刮取着生藻类的摄食方式。

（2）主要摄食底栖无脊椎动物的鱼类，如姚氏高原鳅等大部分条鳅亚科鱼类、鳗鲱鱼类（如青石爬鲱、黄石爬鲱和中华鲱）及四川裂腹鱼等部分裂腹鱼类。这些鱼类口部常具有发达的触须或肉质唇，用以取食底栖无脊椎动物。这些鱼类所摄取的食物除少部分为摇蚊科幼虫和寡毛类外，多数是急流的砾石河滩石缝间生长的毛翅目、襀翅目和蜉游目昆虫的幼虫或稚虫。

（3）摄食浮游生物，兼食着生藻类和底栖无脊椎动物的鱼类，如高原鳅属的少数类（东方高原鳅、斯氏高原鳅、戴氏山鳅等）。

5. 洄游

金沙江上游研究区域内水域无河海洄游性鱼类、江湖半洄游性鱼类、长距离河道洄游性鱼类。但研究区域内部分裂腹鱼类（短须裂腹鱼、长丝裂腹鱼、四川裂腹鱼、裸腹叶须鱼）有一定短距离洄游倾向。这些鱼类的短距离洄游行为表现为：冰雪融化后向上游方向迁移摄食，秋季向下游方向迁移越冬；洪水期进入支流摄食，枯水期向干流迁移越冬；繁殖季节向干、支流产卵场迁移。与真正的河海洄游、江湖半洄游、长距离河道洄游习性相比，裂腹鱼类的洄游距离短且不固定、集群性不强、目的地分散。

6.2 金沙江上游鱼类检索表

根据金沙江上游研究区域内鱼类物种的形态特征，分别依据目、科、属、种的分类阶元进行金沙江上游鱼类检索表编制。

6.2.1 目级检索表

1（2）体表通常被鳞或少数裸露；上、下颌无齿，具咽喉齿……鲤形目

2（1）体表裸露无鳞；上、下颌具齿……鲇形目

6.2.2　科级检索表

1. 鲤形目

体被圆鳞或裸露，侧线完全或不完全，体延长，侧扁，背部在背鳍起点处特别隆起。背鳍一个，腹鳍腹位，各鳍均无真正的鳍棘，有些种类的背鳍或臀鳍不分枝，鳍条变硬或骨化成硬刺。具肌间刺，上下颌骨均无齿，下咽骨发达，呈镰刀状，其上有咽齿 1～4 行。前 4 个脊椎骨部分变形，形成韦伯氏器，与内耳和鳔相连。

1（2）具吻须 2 对以上；鳔前室包于骨质囊中……鳅科

2（1）无吻须；鳔前室一般不包于骨质囊中……鲤科

2. 鲇形目

全身裸露无鳞，体长形，头圆钝，侧扁或纵扁，尾部侧扁或细长。上、下颌常有绒毛状齿带，口不能收缩，头被骨板，下鳃盖骨和顶骨均缺如。侧线完全或不完全。须 1～4 对，背鳍、胸鳍通常有硬刺，脂鳍缺如或存在，第 2～5 枚脊椎骨形成韦氏器。下咽骨不呈镰刀形。

该目科类在金沙江上游仅有鮡科 1 科。主要特征为：鳃膜与鳃峡相连；少数不连于鳃峡的则其背鳍、胸鳍和尾鳍有丝状延长鳍条。

6.2.3　属级检索表

1. 鳅科

鳅科是鲤形目中一个较大的类群，身体延长，侧扁，稍侧扁或近似于圆筒形，腹部圆。头较小，前端稍尖。口下位或亚下位，下颌前缘匙形或锐利。具眼下刺或缺如。具须 3～5 对，吻须 2 对，口角须 1 对，有的种类存在额须和鼻须。尾柄侧扁或圆形，胸、腹鳍通常不左右平展，臀鳍短小，尾鳍深分叉，为截形、凹形或圆形，体被细鳞或全身裸露无鳞。侧线完全，达尾柄基部；不完全，后伸不达腹鳍末端上方或仅及背鳍基部，或缺如。下咽骨细弱，具齿 1 行，第一鳃弓外侧鳃耙退化，仅内侧存在。鳔前室一般分为左右两侧室，呈球形，全部或部分包裹于骨质囊中，后室发达，膨大。腹腔膜一般为黑色或黄白色。

1（2）雄鱼通常在吻部两侧无小棘突区；有的种类在眼前方有半圆形瓣状突起的次性征，身体裸露无鳞，雌雄鱼无异型的次性征……山鳅属

2（1）雄鱼吻部两侧在眼下缘至上唇后端上方之间有 1 个密布小刺突的半圆形隆起区域，其下缘与皮肤之间由 1 条深沟相隔，两颊另有小刺突区……高原鳅属

2. 鲤科

体近纺锤形或长形，侧扁或稍侧扁。口由前上颌骨和下颌骨组成，多可自由伸缩，

具须1对、2对、4对或无须。背鳍1个，其前部有2～4根不分枝鳍条，最后1根不分枝鳍条较细或为粗壮的硬刺。臀鳍末根不分枝，鳍条通常柔软，少数为硬刺。腹鳍腹位。尾鳍叉形或深叉形，鳔2或3室，其前室通常不为骨膜或骨质囊所包裹，有少数种类前室有骨质囊，后室显著缩小。侧线完全或不完全，甚或缺如。体被圆鳞，呈复瓦状排列，也有少数种类鳞片变小，埋于皮下或裸露。上、下颌均无齿，最后1对鳃弓下部形成下咽骨，其上有1～3行极少4行下咽齿。

1（2）下咽齿3行；体被细鳞，须2对……裂腹鱼属

2（1）下咽齿2行，须1对或无须

3（4）须1对，体被细鳞……叶须鱼属

4（3）无须，身体裸露无鳞……裸裂尻鱼属

3. 鲱科

体长形，前躯扁平或略纵扁，后段侧扁。头宽阔，扁平，口端位、下位或亚下位，上、下颌具绒毛状细齿，呈带状排列。腭骨无齿，胸部有或无吸着器，须4对，颌须1对，颏须2对，上颌须侧扁与上唇相连，基部变宽。背鳍短，具6或7根分枝鳍条，位于腹鳍之前。臀鳍短，具4～9根分枝鳍条。胸鳍平展，具或不具硬刺。尾鳍分叉、微凹或截形。脂鳍短或较长，不与尾鳍相连。肛门离臀鳍起点较近或甚远，全身裸露无鳞，侧线完全平直，鳃膜与峡部相连或不相连，鳃孔宽阔或狭窄，鳔分为左、右两侧室，包于骨质囊中。

在本区仅有石爬鲱属1属。主要特征为：胸部无吸着器，脂鳍长，胸鳍无硬刺，尾鳍截形或凹形，上颌齿带较宽，两端向后延伸呈弧形。

6.2.4 种的检索表

1. 山鳅属

山鳅属在金沙江上游仅戴氏山鳅1种。主要特征为：身体裸露无鳞，腹鳍起点较前，相对于背鳍基部起点稍前。

2. 高原鳅属

1（4）鳔后室发达，游离于腹腔中，其末端至少超过骨质硬囊后缘

2（3）腹鳍不伸达肛门

3（2）腹鳍伸达肛门或超过肛门达臀鳍起点……东方高原鳅

4（1）鳔后室退化，残留1小膜质室或1突起，末端不会超过骨质鳔囊后缘

5（12）尾柄高度向尾鳍方向不明显降低，尾柄起点处的宽小于该处的高

6（11）肠在胃后方呈“Z”形

7（10）尾鳍分叉

8（9）第一鳃弓具有外侧鳃耙……贝氏高原鳅

9（8）第一鳃弓外侧无鳃耙……短尾高原鳅
10（7）尾鳍后缘平截或凹入……姚氏高原鳅
11（6）肠在胃后方形成2～7个螺旋……斯氏高原鳅
12（5）尾柄高度向尾鳍方向明显降低，尾柄起点处的横剖面近圆形，该处的宽大于或等于该处的高……细尾高原鳅

3. *裂腹鱼属*

1（4）口下位，横裂或呈弧形；下颌前缘有锐利角质缘；下唇后缘中央内凹，呈半月形，表面一般具乳突
2（3）须较短，其长度小于或约等于眼径……短须裂腹鱼
3（2）须较长，其长度约为眼径的1.5倍……长丝裂腹鱼
4（1）口端位、亚下位或下位，口裂呈弧形；下颌前缘无锐利角质缘，或仅在下颌内侧覆有薄角质层；下唇发达，分左、右两叶，表面光滑；唇后沟中断或连续……四川裂腹鱼

4. *叶须鱼属*

1（2）下唇左、右两侧叶在前部不相接触，唇后沟中断；第一鳃弓鳃耙较少，外侧14以下，内侧18以下
2（1）下唇左、右两侧叶在前部接触，唇后沟连续；第一鳃弓鳃耙较多，外侧14以上，内侧18以上……裸腹叶须鱼

5. *裸裂尻鱼属*

1（2）臀鳞的行列前端止于臀鳍起点与腹鳍基部间距的中点附近……软刺裸裂尻鱼
2（1）臀鳞的行列前端接近或到达腹鳍基部后端

6. *石爬鮡属*

1（2）胸鳍较长，末端接近或达到腹鳍起点；颌须短，仅及鳃孔下角，上颌齿带两端稍短，向后延伸部无节痕……青石爬鮡
2（1）胸鳍短，末端显著不达腹鳍起点；颌须长，远超过鳃孔下角；上颌齿带两端较长，向后延伸部有明显节痕……黄石爬鮡

6.3　金沙江上游鱼类空间分布

综合文献记录和我们的调查资料，金沙江上游主要鱼类的分布河段主要表现如下特征：①裂腹鱼类（短须裂腹鱼、四川裂腹鱼、裸腹叶须鱼、软刺裸裂尻鱼）在干支流都有分布（图6-2和图6-3）；②高原鳅类大部分种类（东方高原鳅、细尾高原鳅、短尾高原鳅）以及戴氏山鳅等虽在金沙江上游干流有部分分布，但其主要的栖息地还是在支流中；③鮡科鱼类（青石爬鮡、黄石爬鮡）主要分布在干流和大的支流中（图6-4）。

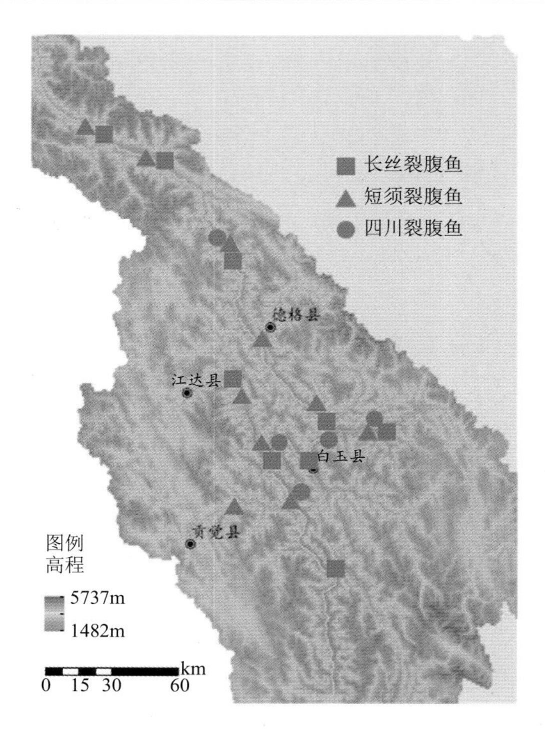

图 6-2　金沙江上游短须裂腹鱼、长丝裂腹鱼和四川裂腹鱼分布图

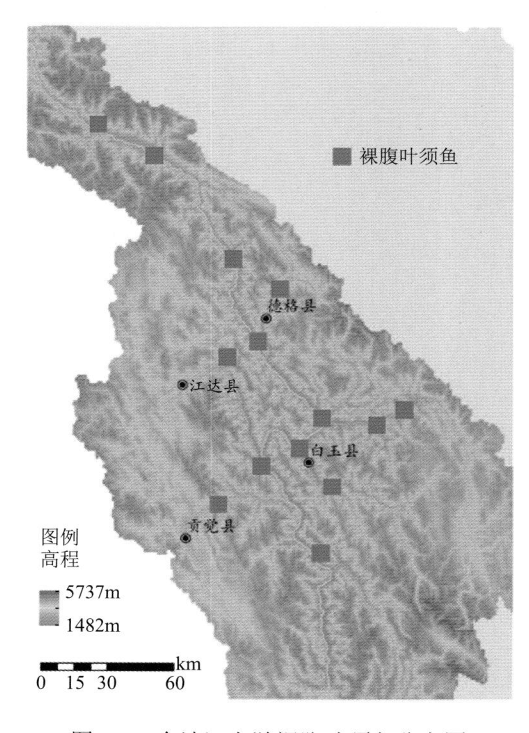

图 6-3　金沙江上游裸腹叶须鱼分布图

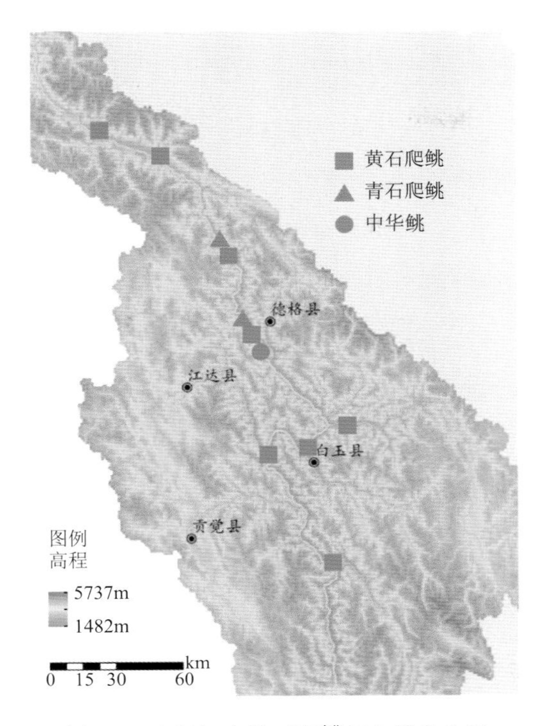

图 6-4　金沙江上游石爬鮡属鱼类分布图

6.4　金沙江上游鱼类多样性的时空变化

近年来，有关金沙江上游与邻近水域鱼类多样性的报道主要见于《青藏高原鱼类》（1992）、《四川鱼类志》（1994）、《横断山区鱼类》（1998）、《中国动物志：鲤形目（下卷）》（2000）、《金沙江流域鱼类》（2019）等志书。除志书外，还有学者结合馆藏标本和新近采集的样本，对金沙江上游的鱼类分类学问题进行了报道。Zhou 等（2011）对四川西南地区，云南澜沧江、怒江等地的鮡属和石爬鮡属样本进行了研究，认为黄石爬鮡和青石爬鮡是完全独立且可以相互区分的不同物种，且金沙江水系还分布有新物种——长须石爬鮡（*Euchiloglanis longibarbatus*）。Yan 等（2015）和 Wu 等（2016）报道了雅砻江中上游的雅江高原鳅（*Triplophysa yajiangensis*）和稻城县的稻城高原鳅（*Triplophysa daochengensis*）。

总体看来，金沙江上游的鱼类分布既有一定的空间特点，也呈现出一些明显的时间变化，主要表现在：长丝裂腹鱼、四川裂腹鱼、短须裂腹鱼及鮡科鱼类主要分布在干流河段以及一些大型支流的下段，如赠曲、藏曲等；软刺裸裂尻鱼、高原鳅则广泛分布于各支流；同时，也存在一些狭域分布的物种，如格咱叶须鱼仅分布于中甸格咱河，中甸叶须鱼仅分布于香格里拉市内的碧塔海、属都湖、纳帕海、小中甸河、那亚河等地（陈宜瑜，1998；Jiang et al.，2016）。时间上，近年来鮡科鱼类资源下降明显，与长江禁捕前的过度捕捞等因素有关；自然水体中鲤、鲫、齐口裂腹鱼等外来鱼类也有增加的趋势，与养殖、运输过程中的逃逸等有关。金沙江上游地处青藏高原东南部与横断山区西北部，地貌类型、气候条件等复杂多样，在流域鱼类多样性形成与淡水区划中占有重要位置（武云飞和吴翠珍，1990）。尽管我们对金沙江上游的鱼类等水生生物进行了多次调查，但因时间、人力等因素限制，相关结果仍不能全面反映该区域鱼类的多样性及时空格局。与金沙江中下游及长江上游相比，目前该区域仍缺乏系统的水生生物监测规划，有待后期进一步加强和完善。

主要参考文献

曹文宣，伍献文，1962. 四川西部甘孜阿坝地区鱼类生物学及渔业问题[J]. 水生生物学集刊，2：79-122.

曹文宣，陈宜瑜，武云飞，等，1981. 裂腹鱼类的起源和演化及其与青藏高原隆起的关系——青藏高原隆起的时代，幅度和形式问题[M]. 北京：科学出版社，

陈宜瑜，1998. 横断山区鱼类[M]. 北京：科学出版社.

丁瑞华，1994. 四川鱼类志[M]. 成都：四川科学技术出版社.

乐佩琦，2000. 中国动物志：鲤形目（下卷）[M]. 北京：科学出版社.

武云飞，吴翠珍，1990. 滇西金沙江河段鱼类区系的初步分析[J]. 高原生物学集刊，9：63-75.

武云飞，吴翠珍，1982. 青藏高原鱼类[M]. 成都：四川科学技术出版社.

张春光，杨君兴，赵亚辉，等，2019. 金沙江流域鱼类[M]. 北京：科学出版社.

Jiang W S，Qin T，Wang W Y，et al，2016. What is the destiny of a threatened fish，ptychobarbus chungtienensis，now that non-native weatherfishes have been introduced into Bita Lake，Shangri-La？[J]. Zoological Research，37（5）：275-280.

Wu Y Y，Sun Z Y，Guo Y S，2016. A new species of the genus *Triplophysa*（Cypriniformes：Nemacheilidae），*Triplophysa daochengensis*，from Sichuan Province，China[J]. Zoological Research，37（5）：290-296.

Yan S L，Sun Z Y，Guo Y S，2015. A new species of *Triplophysa* Rendahl（Cypriniformes，Nemacheilidae）from Sichuan Province，China[J]. Zoological Research，36（5）：299-304.

Zhou W，Li X，Thomson A W，2011. Two new species of the Glyptosternine catfish genus *Euchiloglanis*（Teleostei：Sisoridae）from southwest China with redescriptions of E. *davidi* and E. *kishinouyei*[J]. Zootaxa，2871（1）：1-18.

第7章　金沙江上游主要鱼类生物学

鱼类生物学包括年龄与生长、食性和繁殖等方面。了解鱼类生物学特征是分析和评价鱼类种群数量变动的基本依据。预测鱼类资源变动，分析水域环境变化或人类活动对鱼类资源的影响，有助于制定合理的资源保护措施。本章基于多年的调查数据，在描述软刺裸裂尻鱼、裸腹叶须鱼、短须裂腹鱼、四川裂腹鱼、长丝裂腹鱼、细尾高原鳅、斯氏高原鳅等9种金沙江上游主要鱼类分类学特征的基础上，对其生物学特征进行了分析，相关数据可为高原鱼类的资源评估与管理提供参考。

7.1　软刺裸裂尻鱼

7.1.1　物种描述

Schizopygopsis malacamhus Herzestein，1891：201（雅砻江、金沙江）；曹文宣和邓中粦，1962：44（雅江、金沙江）；曹文宣，1964（伍献文，1964）：188（雅砻江、金沙江）；武云飞和吴翠珍，1982：477（巴塘、芒康称多竹节寺、康定新都桥镇）。

Schizopygopsis malacanthus malacanthus 武云飞和陈瑗，1979，4（3)：287-296（青海玉树通天河、雅砻江上游清水河)；叶妙荣和傅天佑，1994（丁瑞华，1994)：389-397（两河口、新都桥、石渠邓柯、甘孜)；陈毅锋和曹文宣，2000（乐佩琦等，2000)：374（四川甘孜、新都桥、康定、道孚、炉霍、德格、马尼干戈、稻城；西藏芒康、江达)。

测量标本15尾，体长144.2～176.4mm。采自金沙江上游卡松渡、德格、白玉等地（图7-1）。

图7-1　软刺裸裂尻鱼（*Schizopygopsis malacanthus*）

形态特征：背鳍iii－7～8；胸鳍i－17～19；腹鳍i－8～9；臀鳍iii－5。

体长为体高的3.6～5.8倍，为头长的3.1～4.4倍，为尾柄长的7.0～10.5倍。头长为头宽的1.4～3.2倍，为吻长的1.9～3.1倍，为眼径的5.0～6.3倍，为眼间距的2.8～3.4倍。尾柄长为尾柄高的1.0～2.0倍。

体延长，略侧扁，背缘稍隆起，腹部略圆。头锥形，吻钝圆。口下位，口裂宽，横直或呈弧形；下颌前缘具锐利角质；下唇极狭，仅限于口角两侧，左右下唇叶相距甚远。无须，颏部两侧各有一列不明显的黏液腔。眼稍小，侧上位，眼间稍宽，较圆凸。体裸露无鳞，仅肩带处有 1～4 行不规则排列的鳞片。侧线完全，胸鳍起点以上微下弯，后较平直自鳃孔上角沿体侧近平直向后延伸入尾柄正中后至尾鳍基部；前几枚侧线鳞稍明显，向后渐不明显，仅为皮褶。

背鳍外缘平截，末根不分枝鳍条在较小个体中较强壮，形成硬刺，后缘具强壮锯齿；较大个体硬刺渐弱，后缘仅在下 1/3 处具细锯齿；雄性性成熟个体背鳍末根不分枝鳍条与其前一根不分枝鳍条的间隔扩大，由 1 皮膜相连；背鳍起点距吻端距离小于其距尾鳍基部的距离。腹鳍起点与背鳍第 4 至 5 根分枝鳍条相对，末端向后伸达腹鳍起点至臀鳍起点的 3/5～3/4 处，接近肛门。臀鳍末端接近或达到尾鳍基部，肛门靠近臀鳍起点，尾鳍叉形，叶端略钝。雄性性成熟个体的吻部、头侧、腹鳍、臀鳍、尾鳍及尾柄上均具有珠星；臀鳍第 4 及第 5 根分支鳍条明显延长、粗硬。

福尔马林固定标本背部呈灰褐色，具有小型不规则的黑色斑块，腹侧浅黄；各鳍呈浅黄色。

7.1.2　生物学特征

对金沙江上游干流及主要支流的所有 1793 尾软刺裸裂尻鱼进行常规生物学测量，包括体重（body weight，BW）（精确至 0.1g）、全长（total length，TL）和体长（standard length，SL）（精确至 1mm）；并对 328 尾样本进行了生物学解剖，摘取微耳石用于年龄鉴定；解剖观察并记录性腺发育时期，称量性腺重量（精确到 0.1g）；选取性成熟个体测量卵径，计算繁殖力。

1. 体长结构

软刺裸裂尻鱼的体长分布见图 7-2。1793 尾样本的平均体长为 150.1mm，范围为 38～376mm。体长在 100～150mm 的个体占总数的 43.2%，体长在 150～200mm 的个体占到总数的 40.0%，体长低于 100mm 的个体占比为 8.9%，体长大于 200mm 的个体占比为 7.9%。

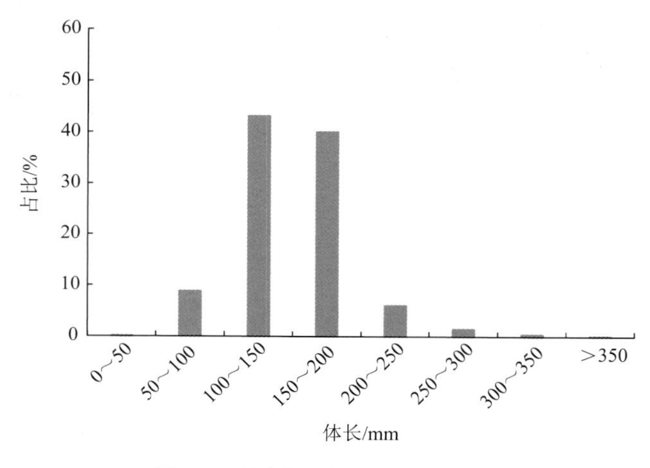

图 7-2　软刺裸裂尻鱼体长分布图

2. 体重结构

软刺裸裂尻鱼的体重分布见图 7-3。1793 尾样本的平均体重为 55.9g，范围为 0.8～757.9g。体重主要集中在 0～50g，个体数占总数的 57.8%，体重在 50～100g 的个体占总数的 31.9%，体重在 100～150g 的个体占总数的 6.0%，体重大于 150g 的个体占比为 4.3%。

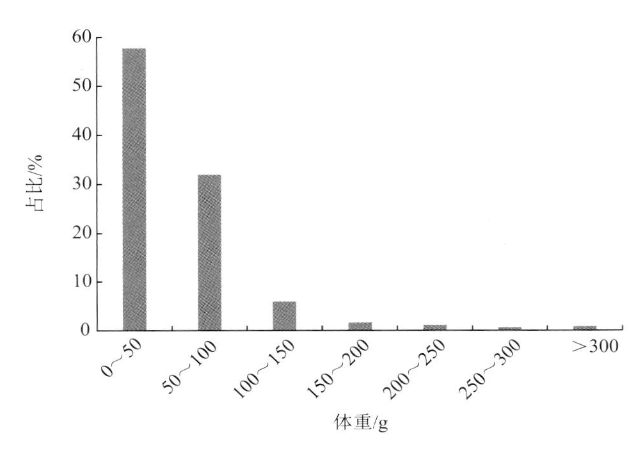

图 7-3　软刺裸裂尻鱼体重分布图

3. 体长与体重关系

对软刺裸裂尻鱼的体长（SL）和体重（BW）关系进行拟合，关系式符合幂函数 $BW = a \times SL^b$（图 7-4）。

种群总体：$BW = 9.0 \times 10^{-6} SL^{3.0765}$（$R^2 = 0.9669$，$n = 1793$）

种群总体的 b 值与 3 存在显著性差异（$t = 4.475$，$p < 0.05$），说明软刺裸裂尻鱼为异速生长。

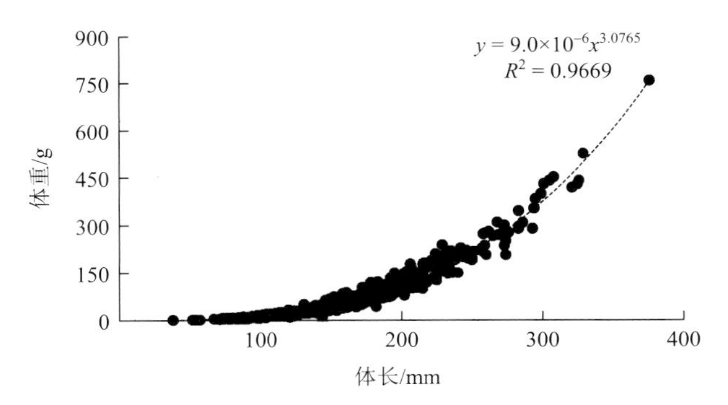

图 7-4　软刺裸裂尻鱼体长与体重关系

4. 年龄与生长

1）年龄组成

利用微耳石对软刺裸裂尻鱼的年龄进行判定。软刺裸裂尻鱼耳石年轮由亮带和暗带组成。亮带窄而透亮，生长特征不明显；暗带透光性差，条带较宽，往往可以观察到较清晰的生长阻断（图 7-5）。

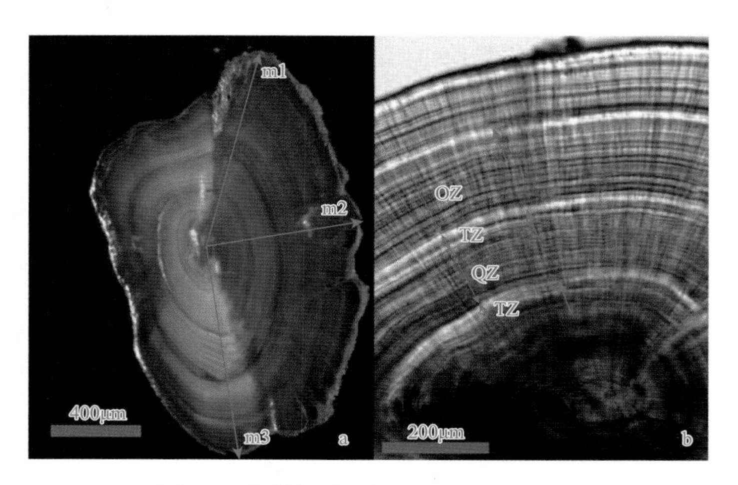

图 7-5　软刺裸裂尻鱼微耳石及年轮特征

注：a. 微耳石，显微镜下反射光观察，m1、m2 和 m3 为三个耳石半径测定方向。
b. 微耳石，显微镜下透射光观察，暗带（OZ）和明带（TZ），箭头示年轮。

结果显示，软刺裸裂尻鱼的优势年龄组集中在 3～6 龄，以 3 龄鱼为主，占总尾数的 35.7%，其次为 4 龄鱼，占总尾数的 27.3%（图 7-6）。

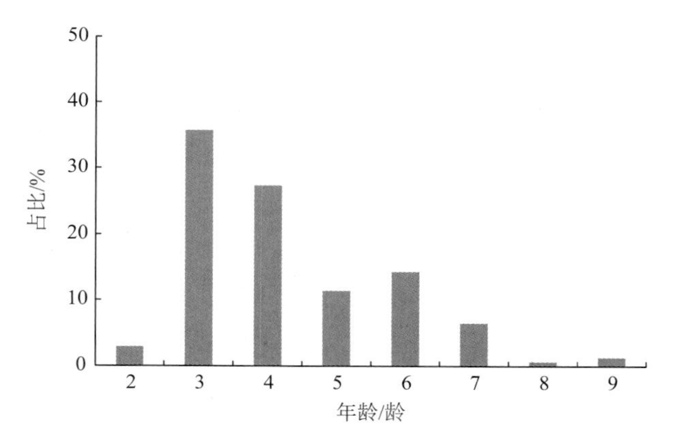

图 7-6　软刺裸裂尻鱼年龄组成

2）生长方程

采用 von Bertalanffy 生长方程 $SL_t = L_\infty[1-e^{-k(t-t_0)}]$ 对软刺裸裂尻鱼的生长特性进行描述。经计算，软刺裸裂尻鱼的体长生长方程如下：

$$SL_t = 56.1[1-e^{-0.14(t+1.030)}]$$

式中，SL_t 为 t 龄时的体长，cm；L_∞ 为渐进体长，cm；t_0 为理论上体长和体重等于零时的年龄；k 为生长曲线的平均曲率。

5. 繁殖

1）性比

解剖的软刺裸裂尻鱼中，性别可辨的雌性个体 164 尾，雄性个体 173 尾，性比为♀∶♂ = 0.95∶1，符合 1∶1 的理论比值（$X^2 = 0.240$，$p = 0.624$）。软刺裸裂尻鱼雄性成体在唇颊、侧线、臀鳍和尾鳍等部位有明显珠星。成熟雌性个体腹部饱满，体型明显大于雄性个体。

2）性腺发育

软刺裸裂尻鱼的性腺发育可分为 6 个时期。Ⅰ期性腺为细线状，透明，不能分辨性别。卵巢各期特征为：Ⅱ期卵巢呈细带状，半透明，在中线处可见明显的血管；Ⅲ期卵巢较Ⅱ期明显增大，卵黄开始沉积，卵巢呈微黄色；Ⅳ期卵巢黄色，体积膨大充满体腔，肉眼可见分布均匀的黄色卵粒；Ⅴ期卵巢为正在产卵的亲鱼所具有，轻压亲鱼腹部即可挤出游离的卵粒；Ⅵ期为产卵后的卵巢，卵巢上可见血丝，卵巢内还存在未产出的卵粒，有的卵粒卵黄已被吸收。

3）性成熟年龄

软刺裸裂尻鱼雌性最小性成熟个体体长为 114mm，体重为 23.3g，性腺重 0.97g，卵巢Ⅳ期；雄性最小性成熟个体体长为 84mm，体重为 7.5g，性腺重 0.19g，精巢Ⅳ期。

对 40 尾软刺裸裂尻鱼性成熟的雌性个体的繁殖生物学进行解剖观测，体长范围为 156～260mm，体重范围为 53.2～225.2g。对样本的卵径进行了测量，结果显示，卵径分布范围为 0.8～2.5mm，其平均值为（1.70±0.280）mm，卵径分布呈单峰型（图 7-7）。

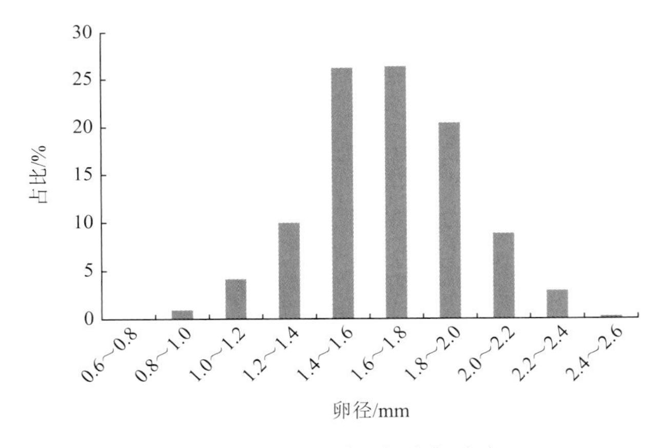

图 7-7　软刺裸裂尻鱼卵径分布

4）繁殖力

软刺裸裂尻鱼绝对繁殖力介于 457.8～3931.2 粒，其平均值为（1989.2±766.3）粒；相对繁殖力为 6.4～27.21 粒/g，均值为（18.0±5.0）粒/g；每个卵巢的卵粒数为 144～637 粒，均值为（318.4±98.9）粒。

软刺裸裂尻鱼绝对繁殖力随着体长（SL）的增加基本呈增加趋势，最适拟合方程为：$F = -0.0565\mathrm{SL}^2 + 50.916\mathrm{SL} - 5839.9$（$R^2 = 0.4942$，$n = 40$）（图 7-8）。

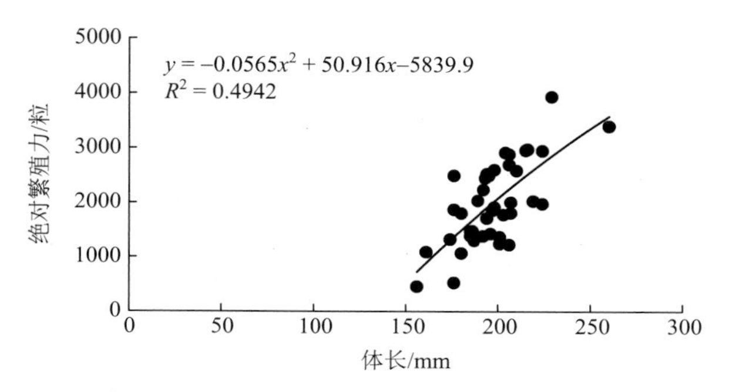

图 7-8　软刺裸裂尻鱼体长和绝对繁殖力关系

软刺裸裂尻鱼绝对繁殖力随着体重（BW）的增加基本呈增加趋势，但是随着体重上升，增加趋势下降，最适拟合方程为：$F = -0.0598\text{BW}^2 + 33.08\text{BW} - 864.56$（$R^2 = 0.5485$，$n = 40$）（图 7-9）。

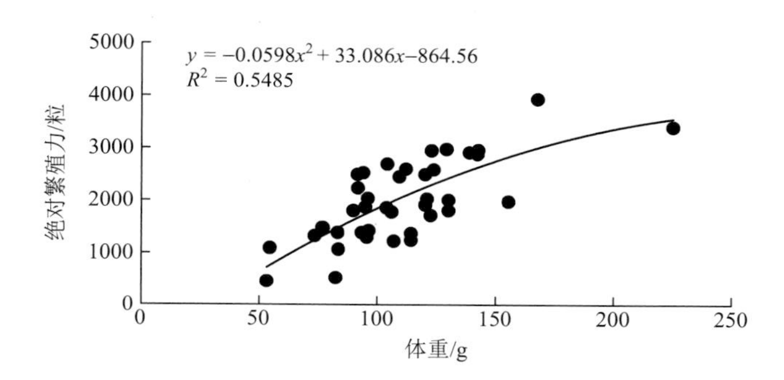

图 7-9　软刺裸裂尻鱼体重和绝对繁殖力关系

7.2　裸腹叶须鱼

7.2.1　物种描述

Ptychobarbus kaznakovi Nikolsky，1903：90（金沙江）；武云飞和吴翠珍，1982：416；陈毅锋和曹文宣，2000（乐佩琦等，2000）：344（四川德格、岗拖；青海直门达；西藏江达、左贡）。

Diptychus kaznakovi 曹文宣和邓中粦，1962：38（四川德格、岗托）。

Diptychus（*Ptychobarbus*）*kaznakovi* 曹文宣，1964（伍献文，1964）：173（四川德格、岗拖）；叶妙荣和傅天佑，1994（丁瑞华，1994）：389（德格）。

测量标本 15 尾，体长 83.8～372.0mm，采自金沙江上游德格、白玉、江达等地（图 7-10）。

形态特征：背鳍iii –8～9；胸鳍i –17～19；腹鳍i –8～9；臀鳍iii –5；侧线鳞 $99\dfrac{27-29}{22}121$。

体长为体高的 4.1～6.9 倍，为头长的 3.2～3.7 倍，为尾柄长的 7.4～9.0 倍。头长为头宽的 1.8～2.3 倍，为吻长的 2.2～3.0 倍，为眼径的 4.4～9.0 倍，为眼间距的 3.1～4.0 倍，为口角须长的 2.8～4.8 倍。尾柄长为尾柄高的 1.3～2.1 倍。

图 7-10　裸腹叶须鱼（*Ptychobarbus kaznakovi*）

体延长，略呈圆筒形，背缘稍隆起，腹部略显平坦，后部渐细，尾柄浑圆或稍侧扁。头锥形，吻部突出。口下位，马蹄形；下颌前缘无角质，内侧微具角质；下唇发达，分两叶，无中叶，左右下唇叶前部相连，后缘微向内翻卷，表面无乳突，光滑或具褶皱；唇后沟连续。口角须 1 对，粗壮而长，约为眼径的 1.0～2.9 倍，末端后伸达前鳃盖骨。全身被细鳞，排列不整齐，向腹部处鳞片渐退化，胸腹部裸露鳞片。侧线完全，胸鳍起点以上微下弯，后较平直，沿尾柄正中后延至尾鳍基部。

背鳍末根不分枝鳍条软弱，后缘无锯齿；背鳍起点距吻端较距尾鳍基部的距离略小。腹鳍起点与背鳍第 4 至 6 根分枝鳍条相对，末端向后不伸达肛门。臀鳍末端接近或达到尾鳍基部，肛门靠近臀鳍起点，尾鳍叉形，叶端略钝。

福尔马林固定标本背部呈暗灰色，具有许多小型不规则的黑色斑点，腹侧浅黄；各鳍呈浅黄色，背鳍、胸鳍及尾鳍具黑色色斑。

7.2.2　生物学特征

1. 体长结构

裸腹叶须鱼的体长分布见图 7-11。1092 尾样本的平均体长为 173.6mm，范围为 50～420mm。体长在 150～200mm 的个体占总数的 45.3%，体长在 100～150mm 的个体占总数的 20.6%，体长在 200～250mm 的个体占总数的 19.6%，体长低于 100mm 的个体占比为 8.3%，体长大于 250mm 的个体占比为 6.2%。

2. 体重结构

裸腹叶须鱼的体重分布见图 7-12。1092 尾样本的平均体重为 83.4g，范围为 2.7～981.0g。体重主要集中在 50～100g，个体数占总数的 38.2%，体重低于 50g 的个体占到总数的 35.0%，体重在 100～150g 的个体占总数的 14.6%，体重在 150～200g 的个体占总数的 6.6%，体重大于 200g 的个体占总数 5.6%。

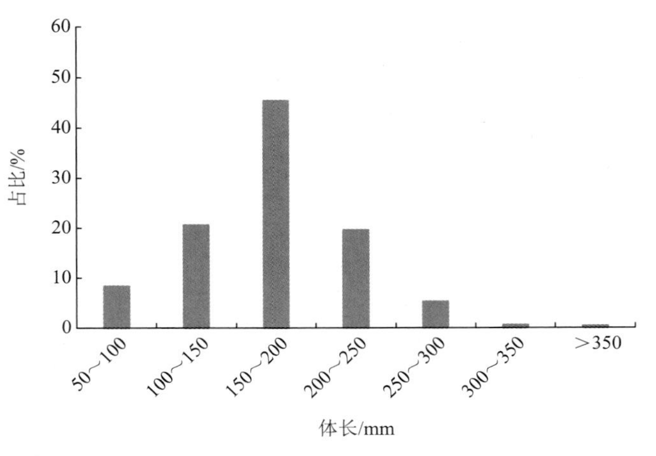

图 7-11　裸腹叶须鱼体长分布图

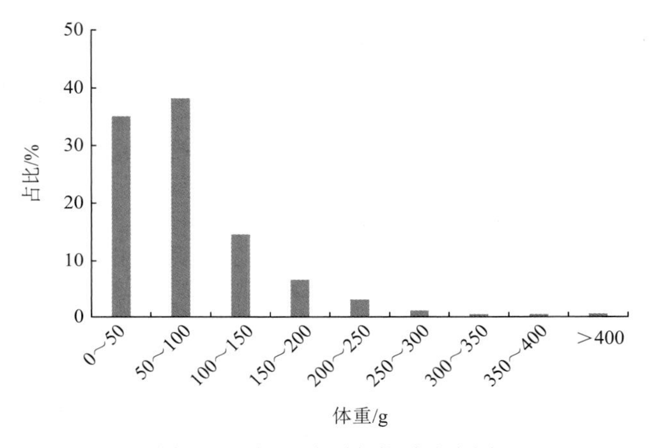

图 7-12　裸腹叶须鱼体重分布图

3. 体长体重关系

裸腹叶须鱼的体长（SL）和体重（BW）关系符合幂函数 $BW = a \times SL^b$（图 7-13）。

种群总体：$BW = 2.0 \times 10^{-5} SL^{2.8748}$（$R^2 = 0.9691$，$n = 1092$）

种群总体的 b 值与 3 存在显著性差异（$t = 9.049$，$p < 0.05$），说明裸腹叶须鱼为异速生长。

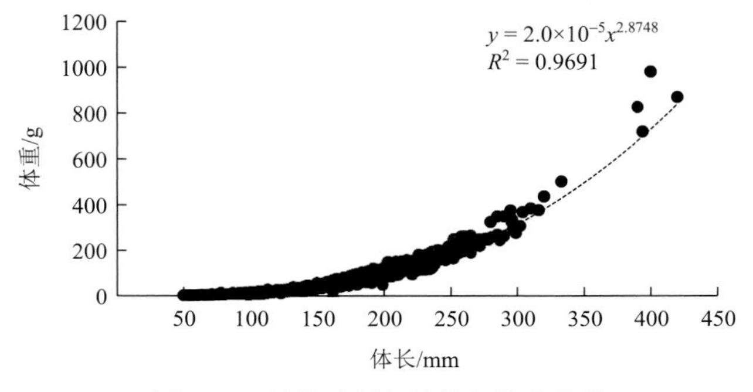

图 7-13　裸腹叶须鱼体长与体重关系

4. 年龄与生长

1）年龄组成

年龄鉴定结果显示，裸腹叶须鱼的优势年龄组集中在 4～6 龄，以 5 龄鱼为主，占总尾数的 36.9%，其次为 4 龄鱼，占总尾数的 21.2%（图 7-14）。

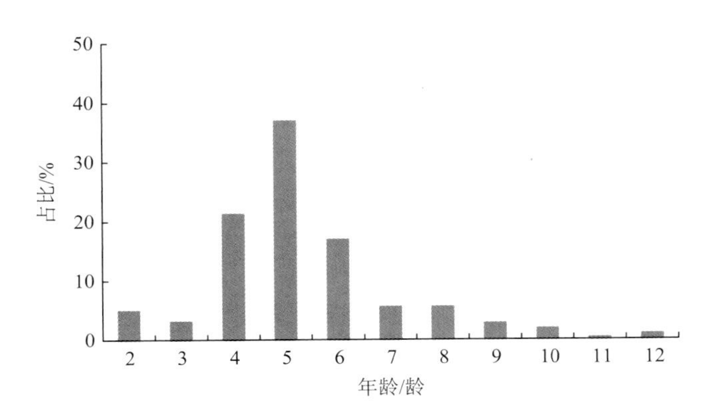

图 7-14　裸腹叶须鱼年龄组成

2）生长方程

采用 von Bertalanffy 生长方程 $SL_t = L_\infty[1-e^{-k(t-t_0)}]$ 对裸腹叶须鱼的生长特性进行描述。经计算，裸腹叶须鱼的体长生长方程如下：

$$SL_t = 55.9[1-e^{-0.17(t+0.843)}]$$

式中，SL_t 为 t 龄时的体长，cm；L_∞ 为渐进体长，cm；t_0 为理论上体长和体重等于零时的年龄；k 为生长曲线的平均曲率。

5. 繁殖

解剖的裸腹叶须鱼样本中，性别可辨的雌性个体 52 尾，雄性个体 50 尾，性比为♀∶♂ = 1.04∶1，符合 1∶1 的理论比值（$X^2 = 0.039$，$p = 0.843$）。裸腹叶须鱼雌雄个体差异主要表现在雌性体型较大，雄性个体偶见珠星。

裸腹叶须鱼雌性成熟个体极少，雄性Ⅳ期数量相对较多。

雌性最小性成熟个体体长为 299mm，体重为 272.6g，性腺重 2.4g，卵巢Ⅳ期；雄性最小性成熟个体体长为 201mm，体重为 111.4g，性腺重 3.8g，精巢Ⅳ期。

测量了 1 尾性成熟的雌性个体Ⅳ期卵黄沉积卵粒的卵径，样本体长 351mm，体重 552.6g。卵径分布呈单峰型，分布范围为 2.2～3.6mm，平均值为（3.04±0.22）mm（图 7-15）。经计算，其绝对繁殖力为 2242.8 粒，相对繁殖力为 4.42 粒/g。

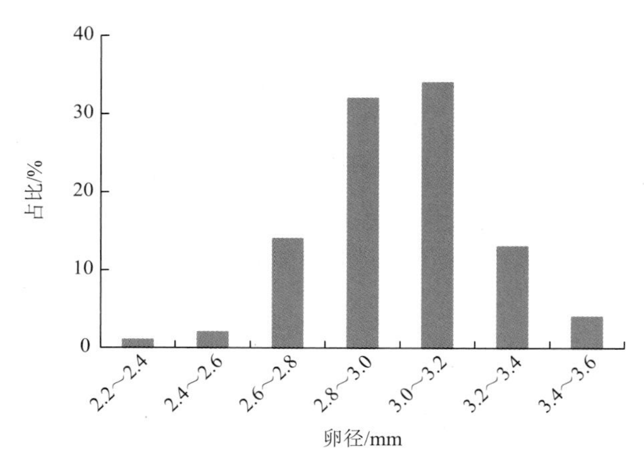

图 7-15　裸腹叶须鱼卵径分布

7.3　短须裂腹鱼

7.3.1　物种描述

Schizothorax molesworthi Tchang（张春霖），1933：39（云南永善、四川）；张春霖，1959：82（云南永善、四川）。

Oreinus wangchiachii Fang（方炳文），1936：444（贵州遵义）。

Schizothorax wangchiachii：曹文宣和邓中粦，1962：35（云南香格里拉；四川巴塘、岗托、乡城）。

Schizothorax（*Schizothorax*）*wangchiachii* 曹文宣，1964（伍献文，1964）：144（四川岗拖、巴塘、乡城；云南桥头、下桥头）；莫天培，1989（褚新洛等，1989：300（丽江、宁蒗、会泽、禄劝、富民、宣威、盐津）；陈毅锋和曹文宣，2000（乐佩琦等，2000）：291（云南富民、香格里拉、宁蒗、石鼓；贵州乌江渡；四川巴塘、岗拖、乡城、德格、屏山、冕宁、甘孜、德昌；西藏芒康、贡觉）。

Schizothorax prenanti scleracanthus 武云飞和陈瑗，1979：288（青海玉树直门达）。

测量标本 15 尾，体长 111.8～375mm，采自金沙江上游岗托、河坡、白玉、波罗等地（图 7-16）。

形态特征：背鳍iii –8；胸鳍i –18～20；腹鳍i –10；臀鳍iii –5。侧线鳞 $92\frac{19-23}{16-21}106$。

体长为体高的 4.1～5.2 倍，为头长的 3.7～5.0 倍，为尾柄长的 5.6～7.0 倍。头长为头宽的 1.5～2.2 倍，为吻长的 2.4～3.0 倍，为眼径的 3.9～6.7 倍，为眼间距的 1.8～2.6 倍，为吻须长的 5.1～7.2 倍，为口角须长的 4.5～7.2 倍，为背鳍刺长的 1.0～1.3 倍。尾柄长为尾柄高的 1.4～1.7 倍。

体延长，略侧扁，背、腹缘均隆起，腹部圆。头锥形，吻部圆钝。眼中等大小，侧上位，眼间略微隆起。口下位，横裂或略呈弧形；下颌前缘有锐利的角质；下唇完整，其

图 7-16　短须裂腹鱼（*Schizothorax wangchiachii*）

游离缘略内凹，呈弧形，表面具发达的乳突，唇后沟连续。须 2 对，约等长，或口角须稍长；吻须长为眼径的 0.6～1.0 倍，末端后伸约达鼻孔后缘的垂直下方；口角须长为眼径的 0.5～1.3 倍，末端后伸达眼中部垂直下方。全身被细鳞，峡部之后的胸腹部具明显鳞片。侧线完全，前方略弯曲，向后渐平直，沿尾柄正中后延至尾鳍基部。

背鳍外缘内凹，末根不分枝鳍条为较强壮的硬刺，后缘具强锯齿；背鳍起点距吻端与距尾鳍基部的距离约相等或略大。腹鳍起点与背鳍末根不分枝鳍条或第一根分支鳍条基部相对，末端向后伸达腹鳍起点至臀鳍起点的 2/3 处，不达肛门。臀鳍末端后伸不达尾鳍基部，尾鳍叉形，叶端略钝，肛门紧位于臀鳍起点之前。

福尔马林固定标本背部呈灰褐色，体侧或具黑色斑点，腹侧灰白；各鳍呈浅黄色。

7.3.2　生物学特征

1. 体长结构

短须裂腹鱼的体长分布见图 7-17。890 尾样本的平均体长为 210.0mm，范围为 39～575mm。体长在 150～200mm 的个体占总数的 34.3%，体长在 200～250mm 的个体占总数的 15.3%，体长在 250～300mm 的个体占总数的 14.2%，体长在 100～150mm 的个体占总数的 11.8%，体长在 300～350mm 的个体占总数的 9.6%，体长低于 100mm 的个体占比为 9.5%，体长大于 350mm 的个体占总数的 6.0%。

2. 体重结构

短须裂腹鱼的体重分布见图 7-18。890 尾样本的平均体重为 233.6g，范围为 0.8～3000.0g。体重主要集中 200g 以下，个体数占总数的 65.1%，体重在 200～400g 的个体占总数的 16.5%，体重在 400～600g 的个体占总数的 9.7%，体重在 600～800g 的个体占总数的 4.5%，体重大于 800g 的个体占总数的 4.2%。

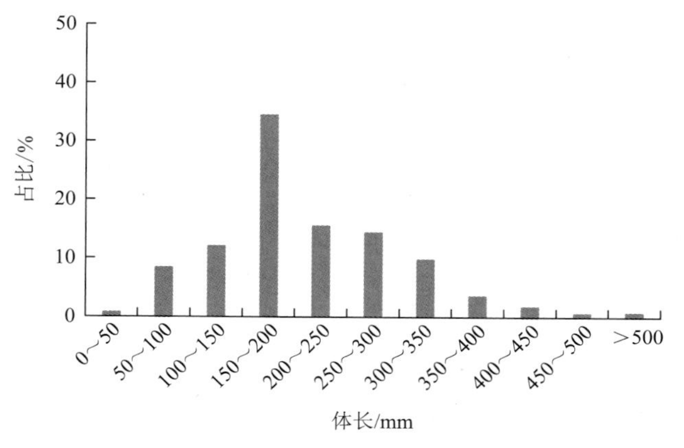

图 7-17　短须裂腹鱼体长分布图

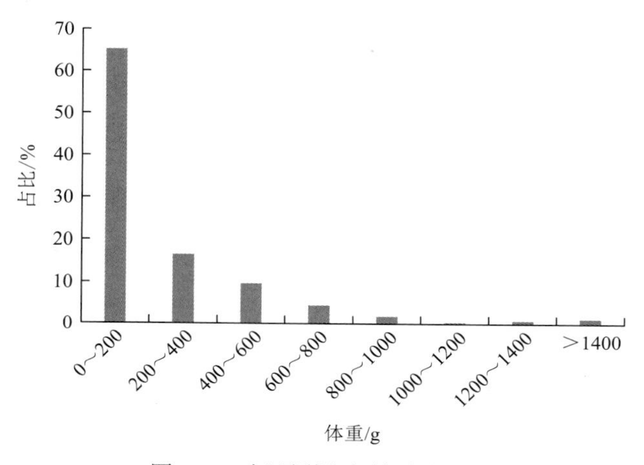

图 7-18　短须裂腹鱼体重分布图

3. 体长与体重关系

短须裂腹鱼的体长（SL）和体重（BW）关系符合幂函数 $BW = a \times SL^b$（图 7-19）。

种群总体：$BW = 2.0 \times 10^{-5} SL^{2.9289}$（$R^2 = 0.9771$，$n = 890$）

种群总体的 b 值与 3 存在显著性差异（$t = 2.322$，$p < 0.05$），说明短须裂腹鱼为异速生长。

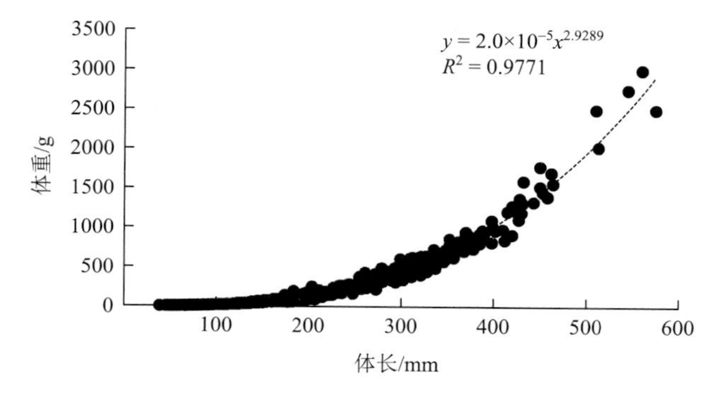

图 7-19　短须裂腹鱼体长与体重关系

4. 年龄与生长

1）年龄组成

年龄鉴定结果显示，短须裂腹鱼的优势年龄组集中在 4～7 龄，以 5 龄鱼为主，占总尾数的 20.3%，其次为 4 龄鱼和 6 龄鱼，分别占总尾数的 16.3%和 16.7%（图 7-20）。

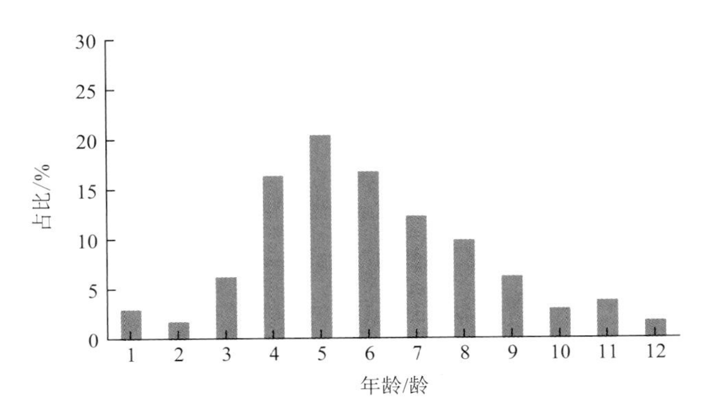

图 7-20　短须裂腹鱼年龄组成

2）生长方程

采用 von Bertalanffy 生长方程 $SL_t = L_\infty[1-e^{-k(t-t_0)}]$ 对短须裂腹鱼的生长特性进行描述。经计算，短须裂腹鱼的体长生长方程如下：

$$SL_t = 73.0[1-e^{-0.09(t+1.5153)}]$$

式中，SL_t 为 t 龄时的体长，cm；L_∞为渐进体长，cm；t_0 为理论上体长和体重等于零时的年龄；k 为生长曲线的平均曲率。

5. 繁殖

解剖的短须裂腹鱼中，性别可辨的雌性个体 68 尾，雄性个体 58 尾，性比为♀︰♂＝1.17︰1，符合 1︰1 的理论比值（$X^2=0.794$，$p=0.373$）。

短须裂腹鱼成熟个体极少，成熟个体体型较大。雌性最小性成熟个体体长为 398mm，体重为 813.7g，性腺重 6.7g，卵巢Ⅳ期；所采集到雌性最大性成熟个体体长为 520mm，体重为 2133.3g，性腺重 168.5g。雄性最小性成熟个体体长为 333mm，体重为 586.8g，性腺重 19.1g，精巢Ⅳ期；所采集到雄性最大性成熟个体体长为 369mm，体重为 710.1g，性腺重 24.7g。

测量了 2 尾短须裂腹鱼性成熟的雌性个体，体长 398mm 和 520mm，体重 813.7g 和 2133.3g。卵径相对较大，卵粒饱满（图 7-21）。随机测量了 100 粒卵黄沉积卵粒的卵径。卵径分布范围为 1.8～3.4mm，其平均值为（2.71±0.42）mm，卵径分布呈双峰型（图 7-22）。经计算，其绝对繁殖力分别为 6428.0 粒和 9728.5 粒，相对繁殖力分别为 7.90 粒/g 和 4.56 粒/g。

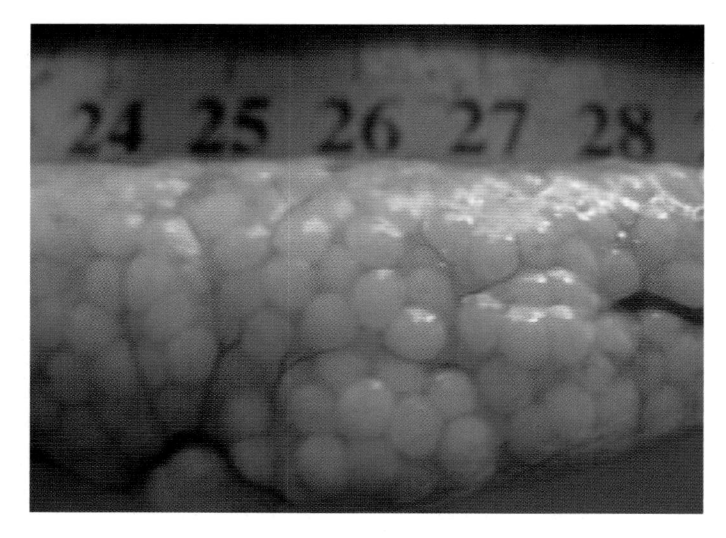

图 7-21 短须裂腹鱼雌性IV期卵巢

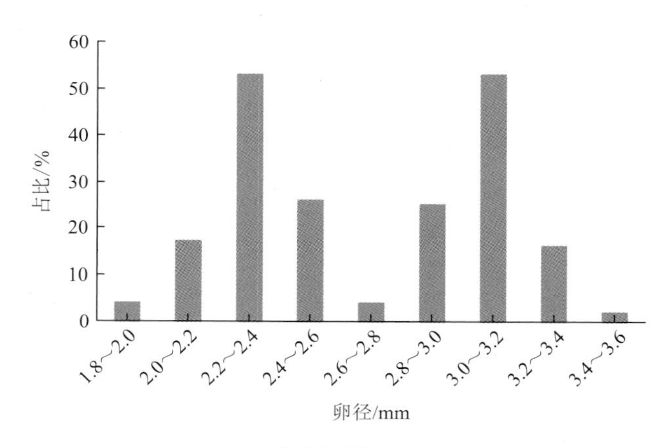

图 7-22 短须裂腹鱼卵径分布

7.4 四川裂腹鱼

7.4.1 物种描述

Schizothorax kozlovi Nikolsky，1903：91（金沙江）；曹文宣和邓中粦，1962：32（金沙江、雅砻江）。

Oreinus tungchuanensis Fang（方炳文），1936：442（云南东川以礼河）。

Schizothorax（*Schizopyge*）*kozlovi*：曹文宣，1964（伍献文，1964）：154（四川岗拖、乡城、会东、雅江和道孚；云南下桥头）；吕克强，1989（伍律等，1989）：191（贵阳、关岭、织金）。

Schizothorax davidi fumingensis Huang（黄顺友），1985：213（云南富民）。

Schizothorax（*Racoma*）*kozlovi* 莫天培，1989（褚新洛等，1989）：302（盐津、宁蒗、富民）；陈毅锋和曹文宣，2000（乐佩琦等，2000）：327（云南宁蒗、富民；四川雅江、冕宁、道孚、雅安、甘孜、下桥头和会东；西藏岗拖等地）。

测量标本 15 尾，体长 165.9～284mm，金沙江上游采自岗托、白玉、波罗等地（图 7-23）。

图 7-23　四川裂腹鱼[*Schizothorax kozlovi*]

形态特征：背鳍iii –7～8；胸鳍i –17～20；腹鳍i –8～10；臀鳍iii –5。侧线鳞 $97\frac{20-26}{18-22}107$ 。

体长为体高的 3.3～4.3 倍，为头长的 3.5～4.1 倍，为尾柄长的 6.8～8.2 倍。头长为头宽的 1.8～2.2 倍，为吻长的 2.2～2.5 倍，为眼径的 6.0～8.3 倍，为眼间距的 2.8～3.5 倍，为吻须长的 2.4～4.4 倍，为口角须长的 2.2～4.0 倍，为背鳍刺长的 1.3～1.4 倍。尾柄长为尾柄高的 1.1～1.3 倍。

体延长，略侧扁，背、腹缘均隆起。头锥形，吻部略尖，大个体吻部突出。口下位，弧形；下颌前缘无角质，内侧有薄的角质；下唇发达，分 3 叶，较大个体的左右下唇叶相互接触，将中间叶掩盖；下唇表面无乳突，具皱褶；唇后沟连续。须 2 对，口角须略长；吻须长为眼径的 1.5～2.5 倍，末端后伸约达眼前缘垂直下方或更厚；口角须长为眼径的 1.9～2.9 倍，末端后伸达眼后缘垂直下方或延伸至前鳃盖骨。全身被细鳞，峡部之后的胸腹部具明显鳞片。侧线完全，较平直，沿尾柄正中后延至尾鳍基部。

背鳍外缘内凹，末根不分枝鳍条为较强壮的硬刺，后缘具强锯齿；背鳍起点距吻端较距尾鳍基部的距离相等或略大。腹鳍起点与背鳍末根不分枝鳍条或第一根分支鳍条基部相对，末端向后伸达腹鳍起点至臀鳍起点的 2/3 处，不达肛门。臀鳍末端后伸不达尾鳍基部。尾鳍叉形，叶端略钝，肛门紧位于臀鳍起点之前。

福尔马林固定标本背部呈灰褐色，具若干黑褐色斑点，腹侧灰白；各鳍呈浅黄色。

7.4.2　生物学特征

1. 体长结构

四川裂腹鱼的体长分布见图7-24。325尾样本的平均体长为222.5mm，范围为52～528mm。体长在150～200mm的个体占总数的36.3%，体长在200～250mm的个体占总数的20.9%，体长在250～300mm的个体占总数的17.9%，体长在300～350mm的个体占总数的8.6%，体长低于100mm的个体占总数的5.5%，体长大于350mm的个体占总数的6.2%。

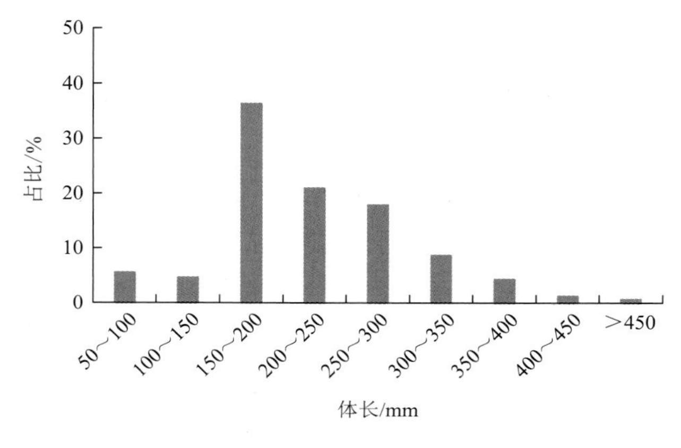

图7-24　四川裂腹鱼体长分布图

2. 体重结构

四川裂腹鱼的体重分布见图7-25。325尾样本的平均体重为232.2g，范围为2.7～1919.4g。体重主要集中200g以下，个体数占总数的62.5%，体重在200～400g的个体占总数的24.0%，体重在400～600g的个体占总数的6.5%，体重大于600g的个体占总数的7.0%。

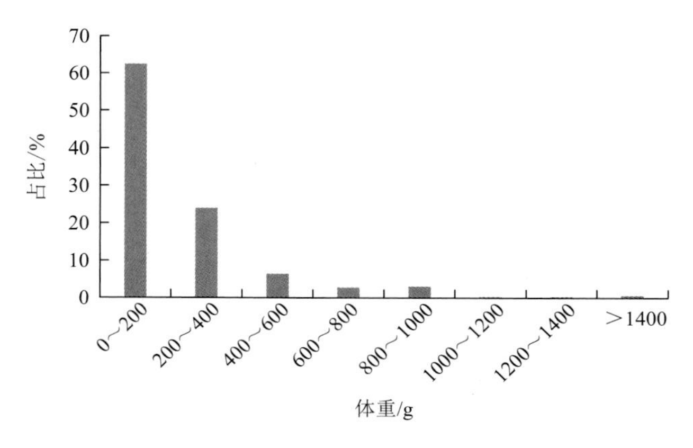

图7-25　四川裂腹鱼体重分布图

3. 体长与体重关系

四川裂腹鱼的体长（SL）和体重（BW）关系符合幂函数 $BW = a \times SL^b$（图 7-26）。

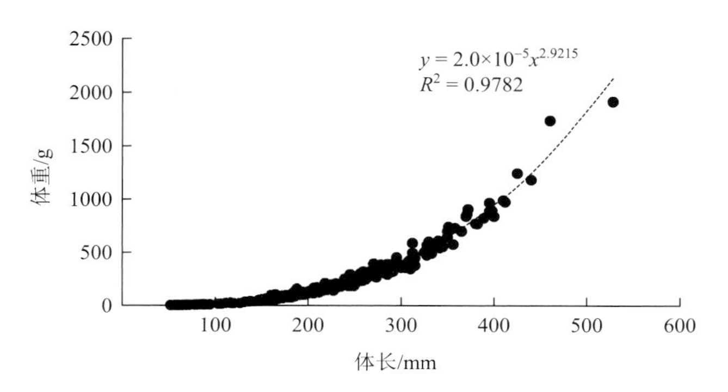

图 7-26　四川裂腹鱼体长与体重关系

种群总体：$BW = 2.0 \times 10^{-5} SL^{2.9215}$（$R^2 = 0.9782$，$n = 325$）

种群总体的 b 值与 3 存在显著性差异（$t = 2.333$，$p < 0.05$），说明四川裂腹鱼为异速生长。

4. 年龄与生长

1）年龄组成

年龄鉴定结果显示，四川裂腹鱼的优势年龄组集中在 3～4 龄，以 3 龄鱼为主，占总尾数的 36.0%，其次为 2 龄鱼和 4 龄鱼，分别占总尾数的 21.6%和 24.0%（图 7-27）。

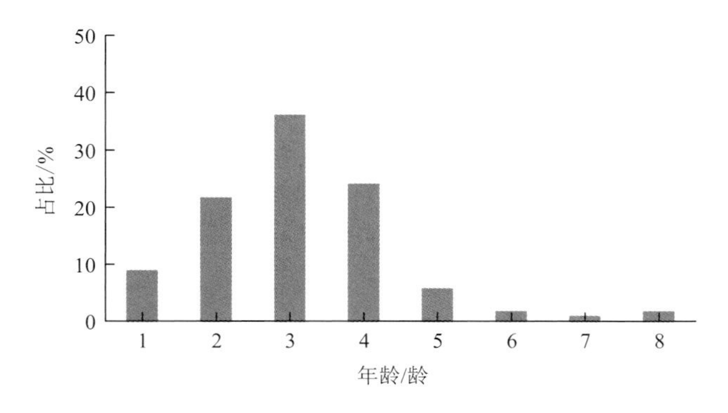

图 7-27　四川裂腹鱼年龄组成

2）生长方程

采用 von Bertalanffy 生长方程 $SL_t = L_\infty[1 - e^{-k(t-t_0)}]$ 对四川裂腹鱼的生长特性进行描述。经计算，四川裂腹鱼的体长生长方程如下：

$$SL_t = 57.6[1 - e^{-0.15(t + 0.9518)}]$$

式中，SL_t 为 t 龄时的体长，cm；L_∞为渐进体长，cm；t_0 为理论上体长和体重等于零时的年龄；k 为生长曲线的平均曲率。

5. 繁殖

解剖的四川裂腹鱼中，性别可辨的雌性个体 31 尾，雄性个体 23 尾，性比为♀∶♂＝1.35∶1，符合 1∶1 的理论比值（$X^2 = 1.185$，$p = 0.276$）。

四川裂腹鱼成熟个体极少，成熟个体体型较大。雌性最小性成熟个体体长为 528mm，体重为 1919.4g，性腺重 103.9g，卵巢Ⅳ期。雄性最小性成熟个体体长为 160mm，体重为 78g，性腺重 1.9g，精巢Ⅳ期；所采集到雄性最大性成熟个体体长为 325mm，体重为 391g，性腺重 4.5g。雌鱼体长 528mm，体重 1919.4g，绝对繁殖力为 14859.6 粒，相对繁殖力为 7.74 粒/g。

测量了 1 尾性成熟的雌性个体Ⅳ期卵巢的 100 粒卵黄沉积卵粒的卵径。卵径分布范围为 1.9～2.6mm，平均值为（2.25±0.149）mm，卵径分布呈单峰型（图 7-28）。

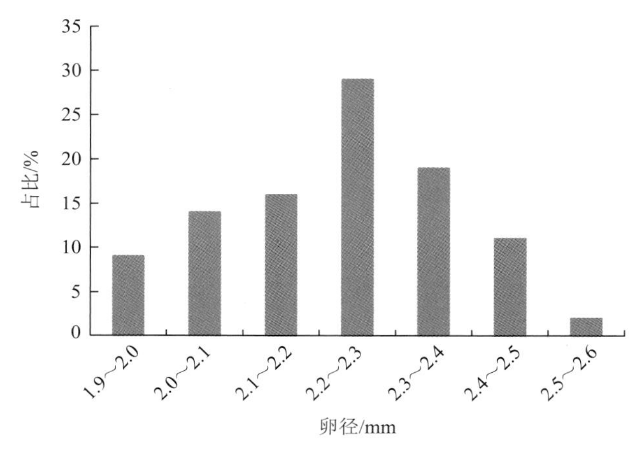

图 7-28 四川裂腹鱼卵径分布

7.5 长丝裂腹鱼

7.5.1 物种描述

Schizothorax dolichonema Herzenstein，1888：178（金沙江）；曹文宣和邓中粦，1962：37（金沙江、雅砻江）。

Schizothorax（*Schizothorax*）*dolichonema* 曹文宣，1964（伍献文，1964）：141（四川岗拖、巴塘、奔子栏、乡城、甘孜、雅江、道孚和新都桥）；陈毅锋和曹文宣，2000（乐佩琦等，2000）：294（云南维西；四川道孚、奔子栏、巴塘和西藏岗拖）。

Racoma（*Schizopyge*）*dolichonema*（Herzenstein）武云飞和吴翠珍，1982：371～373（青海玉树直门达和四川江达、巴塘）。

测量标本 15 尾，体长 166.28～334mm，采自金沙江上游岗托、白玉、波罗等地（图 7-29）。

图 7-29　长丝裂腹鱼[*Schizothorax dolichonema*]

形态特征：背鳍iii –8；胸鳍i –18～20；腹鳍i –9～10；臀鳍iii –5。侧线鳞 $96\frac{23-26}{18-22}104$。

体长为体高的 3.5～4.0 倍，为头长的 4.0～4.4 倍，为尾柄长的 6.8～8.0 倍。头长为头宽的 1.6～1.8 倍，为吻长的 2.3～2.6 倍，为眼径的 5.1～8.7 倍，为眼间距的 2.4～2.7 倍，为吻须长的 2.3～3.3 倍，为口角须长的 2.4～3.5 倍，为背鳍刺长的 1.1～1.4 倍。尾柄长为尾柄高的 1.0～1.3 倍。

体延长，略侧扁，背缘隆起，腹部略显平坦。头锥形，吻部圆钝。口下位，近横裂；下颌前缘有锐利的角质；下唇完整，呈弧形，表面具发达的乳突，唇后沟连续。须 2 对，均较发达，等长或吻须略长；吻须长为眼径的 1.6～3.1 倍，末端后伸约达眼球中部或后缘下方；口角须长为眼径的 1.5～3.0 倍，末端后伸达眼后缘下方或延伸至前鳃盖骨。全身被细鳞，峡部之后的胸腹部具明显鳞片。侧线完全，较平直，沿尾柄正中后延至尾鳍基部。

背鳍外缘内凹，末根不分枝鳍条为较强壮的硬刺，后缘具强锯齿；背鳍起点距吻端较距尾鳍基部的距离略大。腹鳍起点与背鳍末根不分枝鳍条或第一根分支鳍条基部相对，末端向后伸达腹鳍起点与臀鳍起点的 2/3 处或略后，不达肛门。臀鳍末端后伸不达尾鳍基部，尾鳍叉形，叶端略钝，肛门紧位于臀鳍起点之前。

福尔马林固定标本背部呈青灰色，腹侧灰白；各鳍呈浅黄色。

7.5.2　生物学特征

1. 体长结构

长丝裂腹鱼的体长分布见图 7-30。624 尾样本的平均体长为 226.4mm，范围为 53～466mm。体长在 200～250mm 的个体占总数的 36.5%，体长在 150～200mm 的个体占总数的 20.5%，体长在 250～300mm 的个体占总数的 14.6%，体长在 300～350mm 的个体占总数的 7.7%，体长低于 150mm 的个体占总数的 13.0%，体长大于 350mm 的个体占总数的 7.7%。

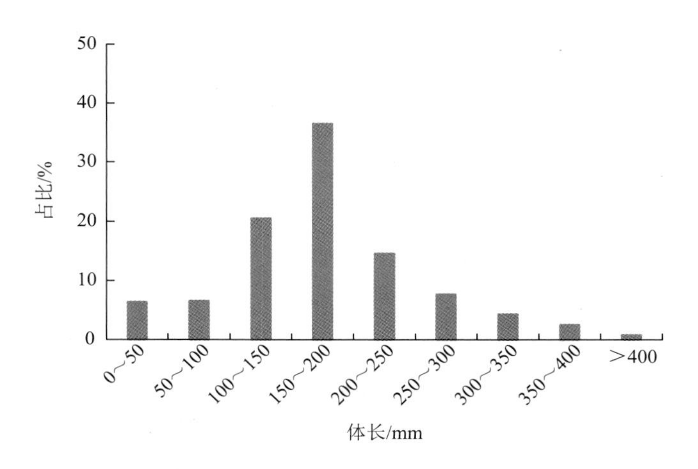

图 7-30　长丝裂腹鱼体长分布图

2. 体重结构

长丝裂腹鱼的体重分布见图 7-31。624 尾样本的平均体重为 255.1g，范围为 2.4～1750.0g。体重主要集中 200g 以下，个体数占总数的 61.7%，体重在 200～400g 的个体占总数的 21.5%，体重在 400～600g 的个体占总数的 7.0%，体重大于 600g 的个体占总数的 9.8%。

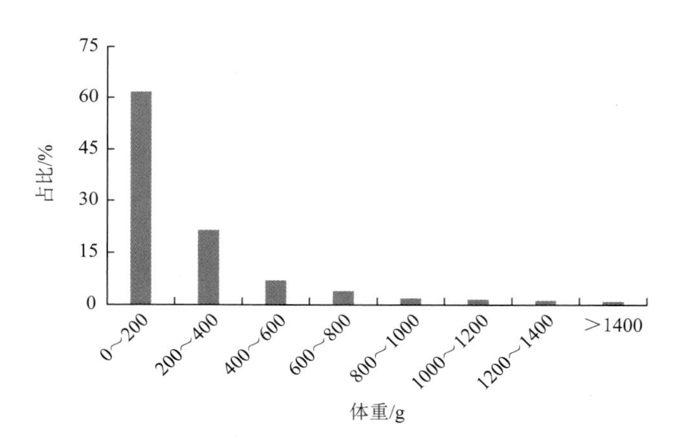

图 7-31　长丝裂腹鱼体重分布图

3. 体长与体重关系

长丝裂腹鱼的体长（SL）和体重（BW）关系符合幂函数 $BW = a \times SL^b$（图 7-32）。

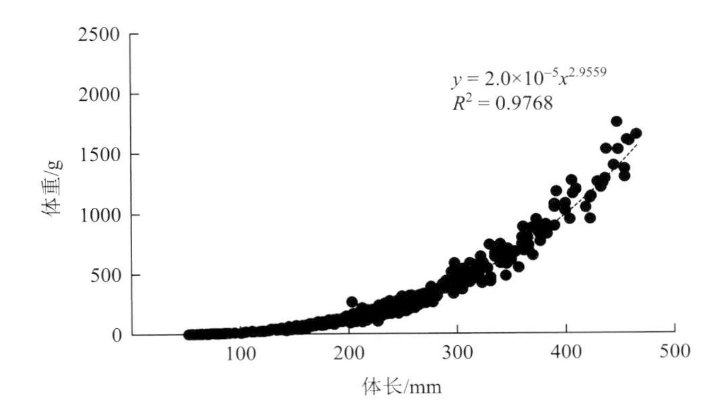

图 7-32　长丝裂腹鱼体长与体重关系

种群总体：$BW = 2.0\times10^{-5}SL^{2.9559}$（$R^2 = 0.9768$，$n = 334$）

种群总体的 b 值与 3 存在显著性差异（$t = 4.877$，$p<0.05$），说明长丝裂腹鱼为异速生长。

4. 年龄与生长

1）年龄组成

年龄鉴定结果显示，长丝裂腹鱼的优势年龄组集中在 4～6 龄，以 5 龄鱼为主，占总尾数的 32.7%，其次为 4 龄鱼，占总尾数的 27.3%（图 7-33）。

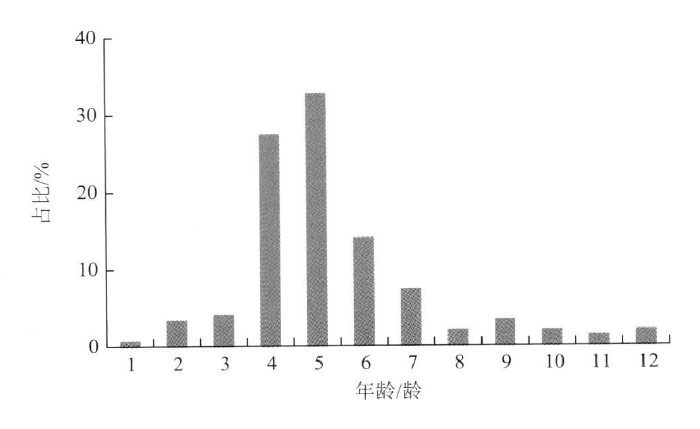

图 7-33　长丝裂腹鱼年龄组成

2）生长方程

采用 von Bertalanffy 生长方程 $SL_t = L_\infty[1-e^{-k(t-t_0)}]$ 对长丝裂腹鱼的生长特性进行描述。经计算，长丝裂腹鱼的体长生长方程如下：

$$SL_t = 61.6[1-e^{-0.14(t+1.004)}]$$

5. 繁殖

解剖的长丝裂腹鱼中，性别可辨的雌性个体 76 尾，雄性个体 66 尾，性比为♀ ∶♂ = 1.15 ∶1，符合 1 ∶1 的理论比值（$X^2 = 0.704$，$p = 0.401$）。

7.6　细尾高原鳅

7.6.1　物种描述

Nemachilus stenura Herzenstein，1891：64（通天河）；武云飞和陈瑗，1979：293（玉树的通天河和囊谦的扎曲河）。

Nemachilus lhasae Regan，1905：300（拉萨）；Hora，1922：75（多钦湖、梁马塘河、帕里）；张春霖等，1963：627（日喀则、康马、帕里和打隆）；曹文宣，1974：87（定日绒布河）。

Nemachilus stoliczkae Lloyd，1908：341（年楚河）；Annandale & Hora，1920：178（锡斯坦）。

Nemachilus tenuis Hora，1922：77（锡斯坦和木尔加布河）。

Triplophysa stenura 朱松泉，1989：117-119（雅鲁藏布江及其支流，通天河上游）。

测量标本 15 尾，体长 75.3～139.7mm，采自金沙江上游藏曲、欧曲、热曲（图 7-34）。

图 7-34　细尾高原鳅（*Triplophysa stenura*）

形态特征：背鳍iii –7～8；胸鳍i –10～11；腹鳍i –7～8；臀鳍iii –4～5。

体长为体高的 6.7～10 倍，为头长的 4.5～5.1 倍，为尾柄长的 4.1～4.8 倍。头长为头宽的 1.5～1.9 倍，为吻长的 2.1～2.3 倍，为眼径的 4.6～8.3 倍，为眼间距的 3.6～4.7 倍，为内侧吻须长的 4.5～6.8 倍，为外侧吻须长的 2.7～4.0 倍，为口角须的 2.5～4.0 倍。尾柄长为尾柄高的 3.7～5.8 倍。

体延长，近圆筒形；尾柄高度自其起点向尾鳍方向逐渐降低，尾柄细圆，仅在尾鳍基部处侧扁。头部锥状，稍平扁，吻部较尖，口下位，弧形。唇厚，上唇中央无缺刻，唇面有褶皱；下唇中央具一“V”形缺刻，缺刻两侧各一长条形肉突，表面具褶皱。下颌突出唇外，铲状，边缘锐利。须3对，内吻须长为眼径的0.9～1.6倍，末端后伸几达口角；外侧吻须长为眼径的1.4～2.5倍，末端后伸达眼前缘垂直下方；口角须为眼径的1.3～2.5倍，末端后伸达到或超过眼后缘垂直下方。全身裸露无鳞，侧线完全。

背鳍外缘平截，末根不分枝鳍条软；背鳍起点距吻端的距离大于距尾鳍基部的距离。腹鳍起点与背鳍起点相对或略前，末端后伸超过肛门，臀鳍末端后伸不达尾鳍基部，尾鳍深凹。

固定标本呈浅灰色，体背部具有6～8块黑褐色横斑，背鳍和尾鳍具有黑褐色小斑点。

7.6.2 生物学特征

1. 体长结构

细尾高原鳅的体长分布见图7-35。532尾样本的平均体长为93.2mm，范围为23～134mm。体长主要集中在80～120mm，个体数量占总数的76.9%，体长在60～80mm的个体占总数的13.3%，体长低于60mm的个体占总数的6.8%，体长大于120mm的个体占总数的3.0%。

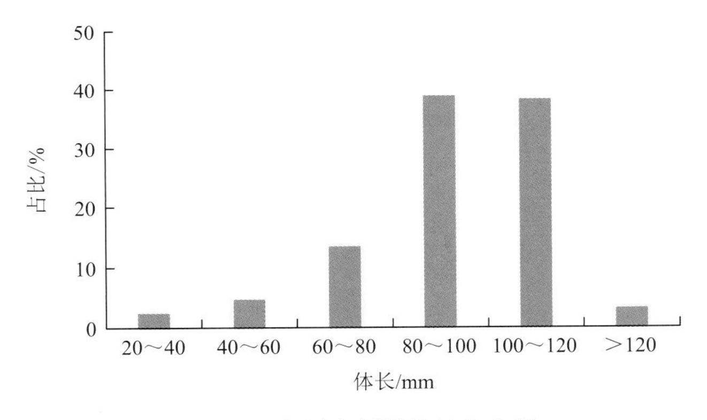

图7-35 细尾高原鳅体长分布图

2. 体重结构

细尾高原鳅的体重分布见图7-36。532尾样本的平均体重为7.7g，范围为0.1～23.1g。体重主要集中在5～10g，个体数占总数的47.0%，体重小于5g的个体占总数的26.5%，体重在10～15g的个体占总数的23.7%，体重大于15g的个体占总数的2.8%。

3. 体长体重关系

细尾高原鳅的体长（SL）和体重（BW）关系符合幂函数 $BW = a \times SL^b$（图7-37）。

种群总体：$BW = 6.0 \times 10^{-5} SL^{3.0623}$（$R^2 = 0.9166$，$n = 532$）

种群总体的 b 值与3无显著性差异，表明细尾高原鳅为等速生长。

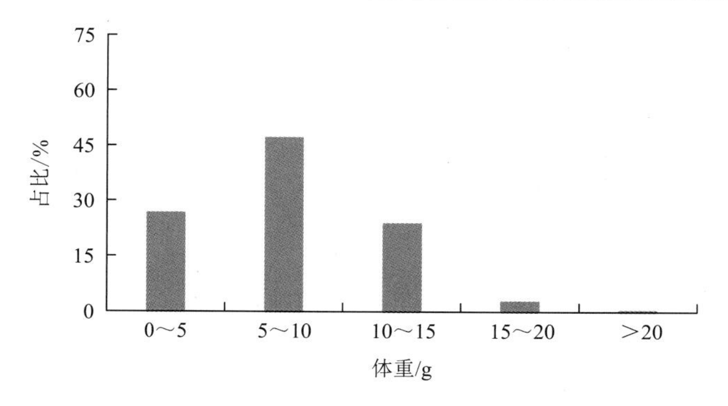

图 7-36　细尾高原鳅体重分布图

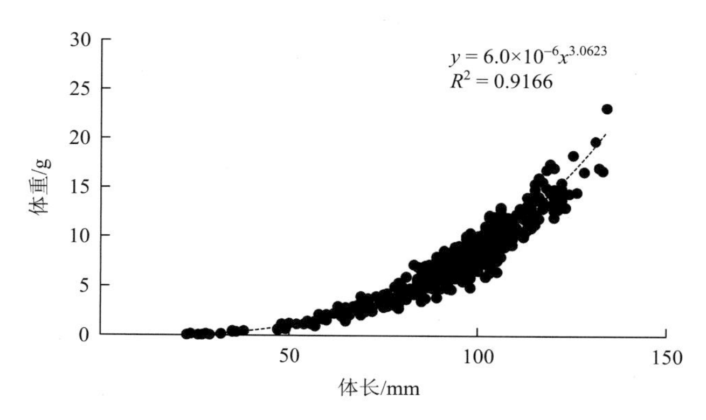

图 7-37　细尾高原鳅体长与体重关系

7.7　斯氏高原鳅

7.7.1　物种描述

Cobitis stoliczkae Steindachner，1866：793（措姆瑞利湖）。

Nemachilus stoliczkae Gunther，1868：360（依 Steindachner）；Day，1876：795（列城、拉达克和印度河上游）；Herzenstein，1888：620（措姆瑞利湖）；Zugmayer，1913：15（天山中部温泉）；Annandale & Hora，1920：178（锡斯坦）；Fang（方炳文），1935：764（西藏西部）；Hora，1936：306（印度河上游和班公湖支流）；武云飞和朱松泉，1979：26（新疆的喀拉喀什河、西藏的普兰河、班公湖和象泉河等地）。

Nemachilus zaidamensis Kessler，1876：34（柴达木）。

Nemachilus dorsonotatus Kessler，1879：236（巩乃斯河）。

Nemachilus bertini Fang（方炳文），1941：253（内蒙古高原）。

Babatula stoliczkae Nichols，1943：217（陕西）。

Nemachilus akhtari Vijayalakshmanan，1941：219（巴基斯坦的斯瓦特）。

Nemachilus naziri Ahmad & Mirza，1963：76（赫尔曼德河的 Farakhollum）。

Triplophysa stoliczkae dorsonotatus 陕西省动物研究所等，1987：25（渭河、洮河和嘉陵江水系）。

Triplophysa stoliczkae 朱松泉，1989：113-116（西藏阿里地区的孔雀河、拉昂错、玛旁雍错、象泉河、狮泉河、班公湖、龙木措温泉；西藏东部芒康的澜沧江支流；四川的雅砻江上游；青海柴达木盆地的自流水体、青海湖、湟水；甘肃武都的西大河；新疆的喀拉喀什河、伊犁河上游；内蒙古的艾不盖河）。

Triplophysa stoliczkae（Steindachner）武云飞和吴翠珍，1982：212-225（西藏阿里象泉河、阿里普兰孔雀河、班公湖及其支流、芒康岩曲、那曲；青海的青海湖、西宁、民和、久治麻尔它麻河；甘肃的华亭、酒泉、张掖、武威；新疆的希迪拉，喀拉什河；四川的龙日坝、西昌、昭觉以及内蒙古的百灵庙）。

测量标本 15 尾，体长 79.8～105.8mm，采自金沙江上游白曲、欧曲（图 7-38）。

图 7-38　斯氏高原鳅（*Triplophysa stoliczkae*）

形态特征：背鳍iii -5～7；胸鳍i -10～12；腹鳍i -7～8；臀鳍iii -4～5。

体长为体高的 7.6～9.9 倍，为头长的 4.3～4.9 倍，为尾柄长的 6.3～9.5 倍。头长为头宽的 1.7～2.0 倍，为吻长的 2.3～2.6 倍，为眼径的 6.4～8.4 倍，为眼间距的 3.7～4.5 倍，为内侧吻须长的 4.2～7.1 倍，为外侧吻须长的 3.1～5.4 倍，为口角须的 3.0～4.8 倍。尾柄长为尾柄高的 1.4～2.3 倍。

体延长，前躯近圆筒形，后躯略侧扁。头部锥状，稍平扁，吻部略圆钝。口下位，弧形，唇厚，上唇中央无缺刻，唇面有褶皱；下唇分两叶，表面具褶皱。上、下颌均突出唇外；下颌铲状，边缘锐利。须 3 对，较短，内吻须长为眼径的 1.1～1.7 倍，末端后伸不达口角；外侧吻须长为眼径的 1.5～2.3 倍，末端后伸达鼻孔下方；口角须为眼径的 1.5～2.3 倍，末端后伸达眼中部垂直下方。全身裸露无鳞，侧线完全。

背鳍外缘平截，末根不分枝鳍条软；背鳍起点距吻端的距离大于距尾鳍基部的距离。腹鳍起点与背鳍起点相对，末端向后伸达腹鳍起点至臀鳍起点的 2/3 处，不达或刚达肛门。臀鳍末端后伸不达尾鳍基部，尾鳍浅凹。

固定标本呈浅灰色，背鳍前后各有 3～5 块黑褐色横斑，体侧具有许多不规则黑褐色斑点；各鳍均有成列的黑褐色小斑点。

7.7.2 生物学特征

1. 体长结构

斯氏高原鳅的体长分布见图 7-39。492 尾样本的平均体长为 83.3mm，范围为 25～153mm。体长主要集中在 60～80mm 和 100～120mm，个体数量分别占总数的 24.2% 和 26.8%，体长在 80～100mm 的个体占总数的 22.8%，体长低于 60mm 的个体占总数的 21.7%，体长大于 120mm 的个体占总数的 4.5%。

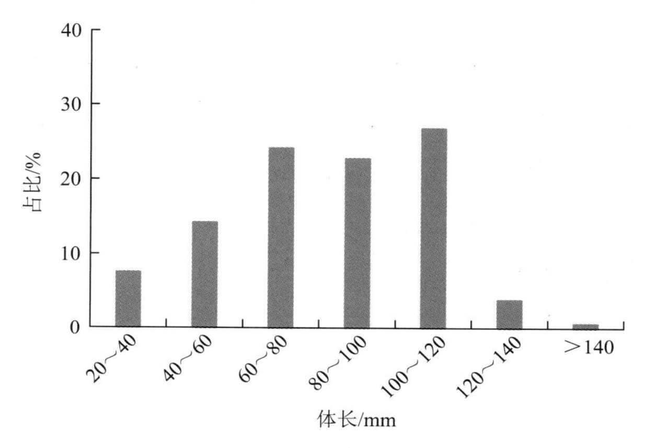

图 7-39 斯氏高原鳅体长分布图

2. 体重结构

斯氏高原鳅的体重分布见图 7-40。492 尾样本的平均体重为 6.6g，范围为 0.1～34.5g。体重主要集中在 5g 以下，个体数占总数的 47.9%，体重在 5～10g 的个体数占总数的 28.0%，体重在 10～15g 的个体占总数的 16.9%，体重大于 15g 的个体占总数的 7.2%。

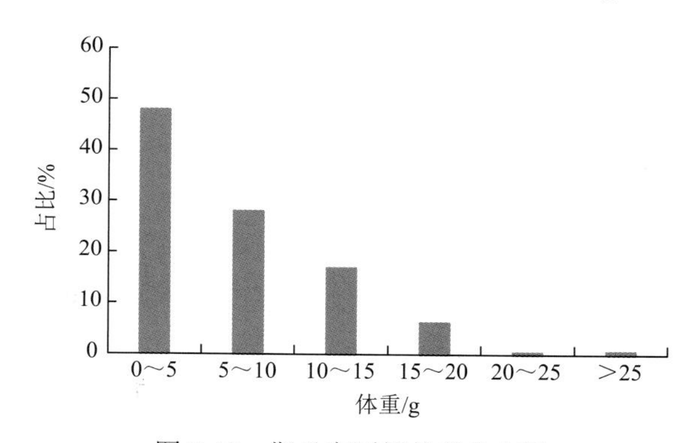

图 7-40 斯氏高原鳅体重分布图

3. 体长与体重关系

斯氏高原鳅的体长（SL）和体重（BW）关系符合幂函数 $BW = a \times SL^b$（图 7-41）。
种群总体：$BW = 1.0 \times 10^{-5} SL^{2.89}$（$R^2 = 0.9435$，$n = 492$）
种群总体的 b 值与 3 存在显著性差异，表明斯氏高原鳅为异速生长。

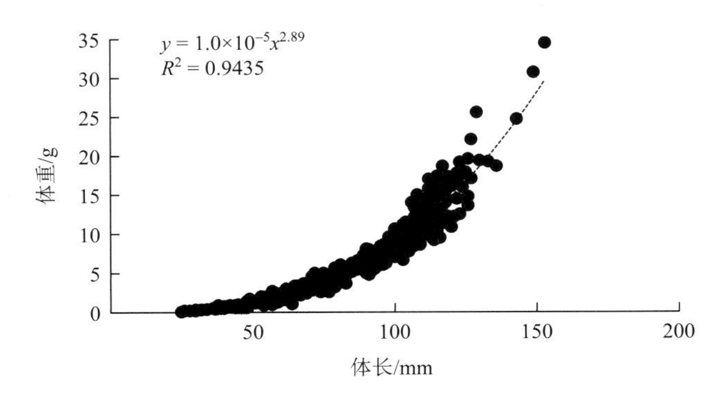

图 7-41　斯氏高原鳅体长与体重关系

7.8　黄石爬鮡

7.8.1　物种描述

Euchiloglanis kishinouyei Kimura, 1934：178-180（灌县）；丁瑞华，1994：487（金沙江）；褚新洛等，1989：487（金沙江）；中国科学院西北高原生物所，1989：123（青海通天河和麻尔柯河）；武云飞和吴翠珍，1982：544（青海玉树直门达）；褚新洛等，1999：162（青海通天河；四川灌县、青衣江、白水河；云南丽江巨甸；西藏江达）。

Coraglanis kishinouyei Horn & Silas，1951：12（藏东、云南、四川）；褚新洛，1979：77（四川、云南、西藏、青海）；武云飞和陈瑗，1979：293（青海通天河和班玛麻尔柯河）。

Glyptosternon kishinouyei 张春霖，1960：50（四川万县[①]）。

测量标本 10 尾，体长 129.0～177.1mm，采自金沙江上游卡松渡、岗托、河坡等地（图 7-42）。

形态特征：背鳍i –6；胸鳍i –13～14；腹鳍i –6；臀鳍i –5。

体长为体高的 4.6～7.4 倍，为头长的 2.8～4.4 倍，为尾柄长的 4.4～7.6 倍，为尾柄高的 12.4～14.0 倍。头长为吻长的 1.8～2.0 倍，为眼径的 13.2～28.8 倍，为眼间距的 3.4～3.9 倍。尾柄长为尾柄高的 1.7～2.5 倍。

① 今重庆市万州区。

图 7-42　黄石爬鮡（*Euchiloglanis kishinouyei*）

体粗壮，背缘微隆起，腹面平直。背鳍以前宽而纵扁，脂鳍起点以后逐渐侧扁。头大而宽扁，吻端圆。眼小，有皮膜覆盖。口下位，宽且横裂；上颌齿带弧形，两侧端向后延伸，中央有一节痕，两侧各有一节痕；左右各一块下颌齿带。齿尖锥形，密生。唇肉质，较厚，具小乳突，上唇与下唇由皮膜相连，向口角两侧延伸，与上颌须愈合；唇后沟不连续。须 4 对，鼻须几达或略超过眼前缘；颌须末端尖，延长，可伸达或超过鳃孔上角；下颌外须达到或略超过胸鳍起点，下颌内须较短。鳃孔下角与胸鳍第一根分支鳍条相对。

背鳍外缘平截，无硬刺，起点距吻端的距离较距尾鳍基部近。脂鳍长而低，后缘不与尾鳍基部相连。胸鳍圆，宽大，平卧时显著不及腹鳍起点。腹鳍盖过肛门，起点至臀鳍起点的距离小于或等于至鳃孔下角的距离。臀鳍短，位于脂鳍中部下方。肛门至腹鳍基部后端的距离等于或略小于其至臀鳍起点的距离。尾鳍近于平截。体无鳞，体表有细小的疣状颗粒，上下唇、前胸具小乳突，腹部光滑。

福尔马林固定标本呈灰黄色，腹部色略浅；各鳍均为灰黄色，尾鳍边缘淡黄色。

7.8.2　生物学特征

调查期间采集的黄石爬鮡样本量较少，未对其开展较为系统的生物学研究。本书仅对其体长、体重结构作简要的概述。

共测量 26 尾黄石爬鮡，体长范围为 123～223mm，平均体长为 173.5mm；体重范围为 29.5～223.4g，平均体重为 88.7g。

黄石爬鮡的体长（SL）和体重（BW）关系符合幂函数 $BW = a \times SL^{b}$（图 7-43），关系式为：$BW = 3.0 \times 10^{-5} SL^{2.885}$（$R^2 = 0.86$，$n = 26$）。

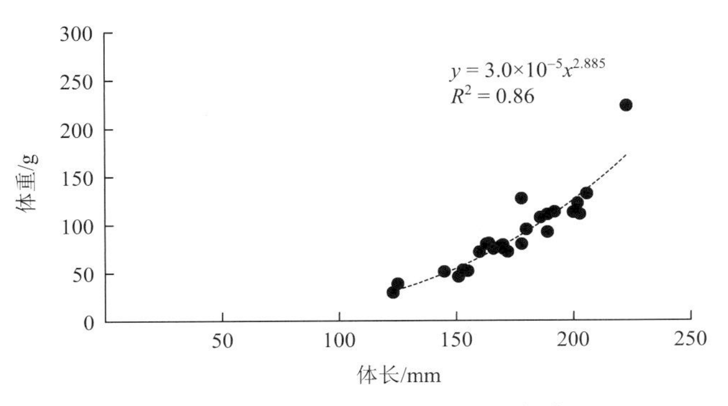

图 7-43　黄石爬鮡体长与体重关系

7.9　青石爬鮡

7.9.1　物种描述

Chimarrichthys davidi Sauvage，1874：332-333（四川宝兴硗碛）。

Euchiloglanis davidi Regan，1907：158；Norman，1925：574-575；Hora & Silas，1951，*Rec. Indian. Mus.* 49：17；褚新洛，1979：77（四川青衣江）；褚新洛，1981：26-27（四川宝兴）；丁瑞华，1994：485（宝兴硗碛、盐井、峨眉、雅安、丹巴、灌县、彭县、安县[①]）；褚新洛等，1999：161（四川宝兴）。

Glyptosternon davidi Hora，1923：37（）。

Euchiloglanis davidi Sauvage 武云飞和吴翠珍，1982：543（四川芦山青衣江）。

测量标本 1 尾，体长 158.0mm，采自金沙江上游白玉（图 7-44）。

图 7-44　青石爬鮡（*Euchiloglanis davidi*）

① 今四川省绵阳市安州区。

形态特征：背鳍i –6；胸鳍i –14；腹鳍i –6；臀鳍i –5。

体长为体高的 7.4 倍，为头长的 4.4 倍，为尾柄长的 4.4 倍，为尾柄高的 22 倍。头长为吻长的 1.8 倍，为眼径的 18.3 倍，为眼间距的 3.9 倍。尾柄长为尾柄高的 4.9 倍。

背缘微隆起，腹面平直。背鳍以前宽而纵扁，脂鳍起点以后逐渐侧扁。头大而宽扁，吻端圆。眼小，有皮膜覆盖。口下位，宽且横裂；上颌齿带有一缺刻，两侧端不向后延伸；左右各一块下颌齿带。齿尖锥形，密生。唇肉质，较厚，具小乳突，上唇与下唇由皮膜相连，向口角两侧延伸，与上颌须愈合；唇后沟不连续。须 4 对，鼻须几乎达到眼前缘；颌须末端尖，延长，可伸达鳃孔上角；下颌外须显著不达胸鳍起点，下颌内须较短。鳃孔下角大致与胸鳍基的中部相对。

背鳍外缘平截，无硬刺，起点距吻端的距离较距尾鳍基部近。脂鳍长而低，后缘不与尾鳍基部相连。胸鳍圆，宽大，平卧时达到腹鳍起点。腹鳍刚达到肛门，起点至臀鳍起点的距离小于至鳃孔下角的距离。臀鳍短，位于脂鳍中部下方。肛门至腹鳍基部后端的距离短于其至臀鳍起点的距离。尾柄细长，尾鳍近于平截。体无鳞，体表有细小的疣状颗粒，上下唇、前胸具小乳突，腹部光滑。

福尔马林固定标本呈灰褐色，腹部色略浅；各鳍均为灰褐色，尾鳍上叶有淡黄色色斑。

7.9.2　生物学特征

共测量 17 尾青石爬鮡，体长范围为 145～206mm，平均体长为 179.8mm；体重范围为 47.0～139.8g，平均体重为 87.7g。

青石爬鮡的体长（SL）和体重（BW）关系符合幂函数 $BW = a \times SL^b$（图 7-45），关系式为：$BW = 6.0 \times 10^{-5} SL^{2.7368}$（$R^2 = 0.8108$，$n = 17$）。

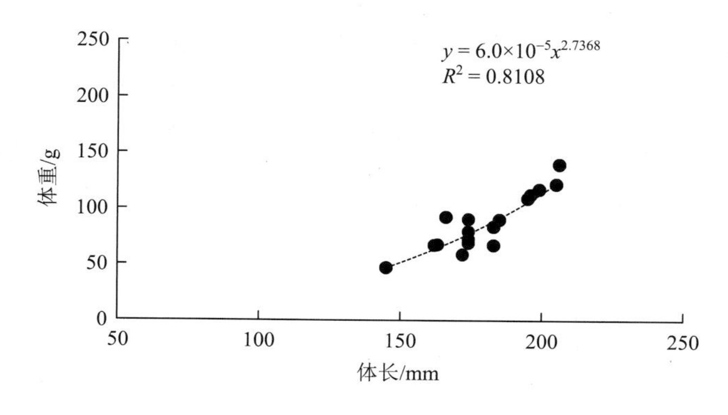

图 7-45　青石爬鮡体长与体重关系

7.10　金沙江上游主要鱼类生物学特征

金沙江上游鱼类生物学有关的研究工作较早见于曹文宣和伍献文（1962）对四川西

部甘孜阿坝地区鱼类的系统报道。他们利用臀鳞分析长江上游水系齐口裂腹鱼、长丝裂腹鱼、厚唇重唇鱼、软刺裸裂尻鱼和大渡软刺裸裂尻鱼等经济鱼类的年龄与生长。后续黄寄夔等（2003）、沈丹舟等（2007）、胡睿等（2012）、李飞等（2016）及史晋绒等（2019）对金沙江上游和大渡河上游的软刺裸裂尻鱼、裸腹叶须鱼和黄石爬鮡的生物学进行了研究。如沈丹舟等（2007）比较了海子山国家级自然保护区水域软刺裸裂尻鱼的年龄鉴定材料，认为微耳石更适合用于年龄鉴定。四川裂腹鱼的生物学研究主要见于乌江上游，但其年龄结构明显低于我们在金沙江上游的调查结果（李忠利等，2015）。

总体来看，金沙江上游的几种裂腹鱼年龄结构较为复杂，年龄组成均在 8 龄以上，且生长速度较为缓慢，表现出较为典型的高原鱼类生长特征。但与邻近的雅鲁藏布江水系相比，金沙江上游主要裂腹鱼的年龄结构偏低，如在雅鲁藏布江水系采集的异齿裂腹鱼样本最大年龄可达 50 龄，拉萨裂腹鱼最大年龄可达 40 龄，双须叶须鱼最大年龄可达 24 龄（谢从新等，2019），表明金沙江上游的鱼类资源可能受到了一定的捕捞影响，不利于其生长潜力的发挥。随着金沙江上游水资源开发利用的逐渐推进以及“十年禁渔”等保护政策的执行，流域生态环境和鱼类资源将发生一定的变化，有必要加强后续的监测，进一步分析鱼类多样性的演变趋势及鱼类生物学特征，识别重点保护鱼类，为其人工保育提供针对性的措施。

主要参考文献

Ahmad，Nud-D，Mirza M R，1963. Loaches of genus *Noemacheilus* Hasselt from Swat State，West Pakistan[J]. Pakistan Journal of Science，15（2）：75-81.

Annandale N，Hora S L，1920. The fish of Seistan[J]. Records of the Zoological Survey of India，18（4）：151-191.

Day F，1876. On the Fishes of Yarkand. In Proceedings of the Zoological Society of London[M]. Oxford，UK：Blackwell Publishing Ltd：781-807.

Fang P W，1935. On some *Nemacheilus* fishes of northwestern China and adjacent territory in the Berlin Zoological Museum's collections，with descriptions of two new species[J]. Sinensia，6：749-767.

Fang P W，1936. On some schizothoracid fishes from western China preserved in the National Research Institute of Biology，Academia Sinica[J]. Sinensia，7（4）：421-458.

Fang P W，1941. Deux nouveaux *Nemacheilus*（Cobitidés）de Chine[J]. Bulletin du Muséum National d'Histoire Naturelle（Série 2），13（4）：253-258.

Günther A，1868. Catalogue of the fishes in the British Museum. Volume 7. London：Trustees of the British Museum，512.

Herzenstein S M，1888. Fische. In：Wissenschaftliche Resultate der von N. M. Przewalski nach Central-Asien unternommenen Reisen. Zoologischer Theil，St. Petersburg v. 3（2 abt.）（1）：1-91.

Herzenstein S M，1889. Fische. In：Wissenschaftliche Resultate der von N. M. Przewalski nach Central-Asien unternommenen Reisen. Zoologischer Theil，St. Petersburg v. 3（2 abt.）（2）：91-180.

Hora S L，1922. Notes on fishes in the Indian Museum. III. On fishes belonging to the Family Cobitidae from high altitudes in Central Asia[J]. Records of the Zoological Survey of India，24（1）：63-83.

Hora S L，1923. Notes on fishes in the Indian Museum-On the composite genus *Glyptosternon* McClelland[J]. Records of the Zoological Survey of India，25（1）：1-44.

Hora S L，1936. Report on fishes. Part I：Cobitidae[J]. Memoirs of the Connecticut Academy of Arts and Sciences，10：299-321.

Hora S L，Silas E G，1952. Notes on fishes in the Indian Museum. XLVII.--Revision of the glyptosternoid fishes of the family Sisoridae，with descriptions of new genera and species[J]. Records of the Zoological Survey of India，49（1）：5-29.

Kessler K F，1876. Fishes，in Mongoliya i strana tangutov. Trekhletnee puteshestvie v vostochnoi Nagornoi Azii N. Przheval'skogo（Mongolia and the Tangut Country：The Three-Year Expedition of N. Przewalski to the Mountain Asia）. Moscow：Imperat. Russ. Geogr. O-vo，2：1-36.

Kessler K F，1879. Beiträge zur Ichthyologie von Central-Asien[J]. Bulletin de l'Académie Impériale des Sciences de St. Pétersbourg，25：282-310.

Kimura S，1934. Description of the fishes collected from the Yangtze-kiang，China，by the late Dr. K. Kishinouye and his party in 1927-1929[J]. Journal of the Shanghai Science Institute Section，1（3）：178-180.

Lloyd R E，1908. Report on the fish collected in Tibet by Capt. F. H. Stewart，I.M.S[J]. Records of the Indian Museum，2（4）：341-344.

Nichols J T，1943. The fresh-water fishes of China[M]. New York：American Museum of Natural History，322.

Nikolskii A M，1903. Three New Fish Species from Central Asia（*Schizothorax kozlovi* sp. n.，*Ptychobarbus kaznakowi* sp. n.，*Nemachilus fedtschenkoae* sp. n.）[J]. Ezhegodnik. Zoologicheskogo Muzeya Akademii Nauk SSSR，8：90-94.

Norman J R，1925. Two new fishes from Tonkin，with notes on the siluroid genera *Glyptosternum*，*Exostoma*，etc[J]. Annals and Magazine of Natural History，Series 9，15（89）：570-575.

Regan C T，1905. Descriptions of two new cyprinid fishes from Tibet[J]. Annals and Magazine of Natural History，15（87）：300-301.

Regan C T，1907. Reports on a collection of batrachia，reptiles and fish from Nepal and the western Himalayas-Fishes[J]. Records of the Zoological Survey of India，1（2）：149-158.

Sauvage H E，1874. Notices ichthyologiques. Revue et Magasin de Zoologie，3（2）：332-340.

Steindachner F，1866. Ichthyologische Mittheilungen.（Ⅵ）. Zur fisch-fauna Kaschmirs und der benachbarten Landerstriche. Verhandlungen der K.-K[J]. Zoologisch-botanischen Gesellschaft in Wien，5（16）：761-796.

Tchang T L，1933. The study of Chinese cyprinoid fishes，Part I[J]. Zoologica Sinica（B），2（1）：1-247.

Vijayalakshmanan M A，1950. A note on the fishes from the Helmund River in Afghanistan，with the description of a new loach[J]. Records of the Zoological Survey of India，47（2）：217-224.

Zugmayer E，1913. Wissenschaftliche Ergebnisse der Reise von Prof. Dr. G. Merzbacher im zentralen und östlichen Thian-Schan 1907/8[J]. Abh. bayer. Akad. Wiss.，26B（14）：1-18.

曹文宣，1974. 珠穆朗玛峰地区的鱼类. 珠穆朗玛峰地区科学考察报告 1966-1968 生物与高山生理[M]. 北京：科学出版社：75-91.

曹文宣，伍献文，1962. 四川西部甘孜阿坝地区鱼类生物学及渔业问题[J]. 水生生物学集刊，2：79-112.

曹文宣，邓中粦，1962. 四川西部及其邻近地区的裂腹鱼类[J]. 水生生物学集刊，2：27-53.

褚新洛，1979. 鮡鳅鱼类的系统分类及演化谱系，包括一新属和一新亚种的描述[J]. 动物分类学报，4（1）：72-82.

褚新洛，1981. 鮡属和石爬鮡属的订正包括一新种的描述[J]. 动物学研究，2（1）：25-31.

褚新洛，陈银瑞，等，1989. 云南鱼类志（上册）[M]. 北京：科学出版社.

褚新洛，陈银瑞，等，1990. 云南鱼类志（下册）[M]. 北京：科学出版社.

褚新洛，郑葆珊，戴定远，1999. 中国动物志·硬骨鱼纲 鲇形目[M]. 北京：科学出版社.

丁瑞华，1994. 四川鱼类志[M]. 成都：四川科学技术出版社.

胡睿，王剑伟，谭德清，等，2012. 金沙江上游软刺裸裂尻鱼年龄和生长的研究[J]. 四川动物，31（5）：719，849.

黄顺友，1985. 云南裂腹鱼类三新种及二新亚种[J]. 动物学研究，6（3）：209-217.

黄寄夔，杜军，王春，等，2003. 黄石爬鮡的繁殖生境、两性系统和繁殖行为研究[J]. 西南农业学报，16（4）：119-121.

李飞，杨德国，何勇凤，等，2016. 赠曲裸腹叶须鱼的年龄与生长[J]. 淡水渔业，46（6）：39-44，63.

李忠利，胡思玉，陈永祥，等，2015. 乌江上游四川裂腹鱼的年龄结构与生长特性[J]. 水生态学杂志，36（2）：75-80.

乐佩琦，2000. 中国动物志硬骨鱼纲鲤形目（下卷）[M]. 北京：科学出版社.

伍律，金大雄，郭振中，1989. 贵州鱼类志[M]. 贵阳：贵州人民出版社.

伍献文，1964. 中国鲤科鱼类志（上卷）[M]. 上海：上海科学技术出版社.

陕西省动物研究所，1987. 秦岭鱼类志[M]. 北京：科学出版社.

沈丹舟，何春林，宋昭彬，2007. 软刺裸裂尻鱼的年龄鉴定[J]. 四川动物，26（1）：124-125，241.
史晋绒，罗冬梅，梁灵玥，等，2019. 足木足河黄石爬鮡个体生殖力研究[J]. 四川动物，38（3）：305-310.
武云飞，吴翠珍，1982. 青藏高原鱼类[M]. 成都：四川科学技术出版社.
武云飞，陈瑗，1979. 青海省果洛和玉树地区的鱼类[J]. 动物分类学报，4（3）：287-296.
武云飞，朱松泉，1979. 西藏阿里鱼类分类、区系研究及资源概况. 西藏阿里地区动植物考察报告[M]. 北京：科学出版社.
谢从新，霍斌，魏开建，等，2019. 雅鲁藏布江中游裂腹鱼类生物学与资源保护[M]. 北京：科学出版社.
张春霖，1959. 中国系统鲤类志[M]. 北京：高等教育出版社.
张春霖，1960. 中国鲇类志[M]. 北京：人民教育出版社.
张春霖，岳佐和，黄宏金，1963. 西藏南部的条鳅属（*Nemachilus*）鱼类[J]. 动物学报，9（4）：624-632.
朱松泉，1989. 中国条鳅志[M]. 南京：江苏科学技术出版社.

第8章　金沙江上游鱼类群落结构特征及构建机制

群落结构的形成与维持机制一直是群落生态学研究的核心论题。群落构建是带有时间轴的动态过程，在物种逐渐替代、更新的过程中，不同时期可能有不同的构建机制。历史事件、气候变化、各种现实的生物因素（如竞争、捕食和食物可利用度等）和非生物因素（如环境稳定性、栖息地复杂度等）都会影响河流鱼类多样性与群落结构，且不同因素的影响作用具有空间和尺度依赖性。研究金沙江上游鱼类群落结构的形成与维持机制，分析影响鱼类群落结构的生态因子，对流域鱼类资源的保护以及栖息地的修复均具有重要意义。

8.1　金沙江上游干支流鱼类群落结构特征

8.1.1　干流鱼类群落结构

1. 多样性指数

2013～2017年，对金沙江上游干流9个河段的鱼类群落进行调查。土著鱼类物种数变化范围为4～9，平均值为6.7，以卡松渡、赠曲汇口和岗托河段最高，热曲汇口、叶巴滩河段最低；Simpson指数变化范围为0.53～0.80，平均值为0.70，以赠曲汇口最高，叶巴滩河段最低；Shannon-Wiener指数变化范围为0.95～1.73，平均值为1.41，以赠曲汇口和岗托河段最高，叶巴滩河段最低；Evenness指数变化范围为0.51～0.86，平均值为0.64，以热曲汇口最高，欧曲汇口最低（图8-1）。

2. 优势物种及群落结构

1）洛须

在金沙江上游干流洛须江段采集鱼类7种，合计199尾，9936.9g。其中，长丝裂腹鱼、短须裂腹鱼和裸腹叶须鱼为该江段的优势种。从数量来看，长丝裂腹鱼最多（51.8%），其次为短须裂腹鱼（18.6%）、裸腹叶须鱼（15.1%），其余种类共占14.5%。从体重来看，长丝裂腹鱼的体重占比最多，为53.4%，其次为短须裂腹鱼（35.8%），其他种类共占10.8%（表8-1）。

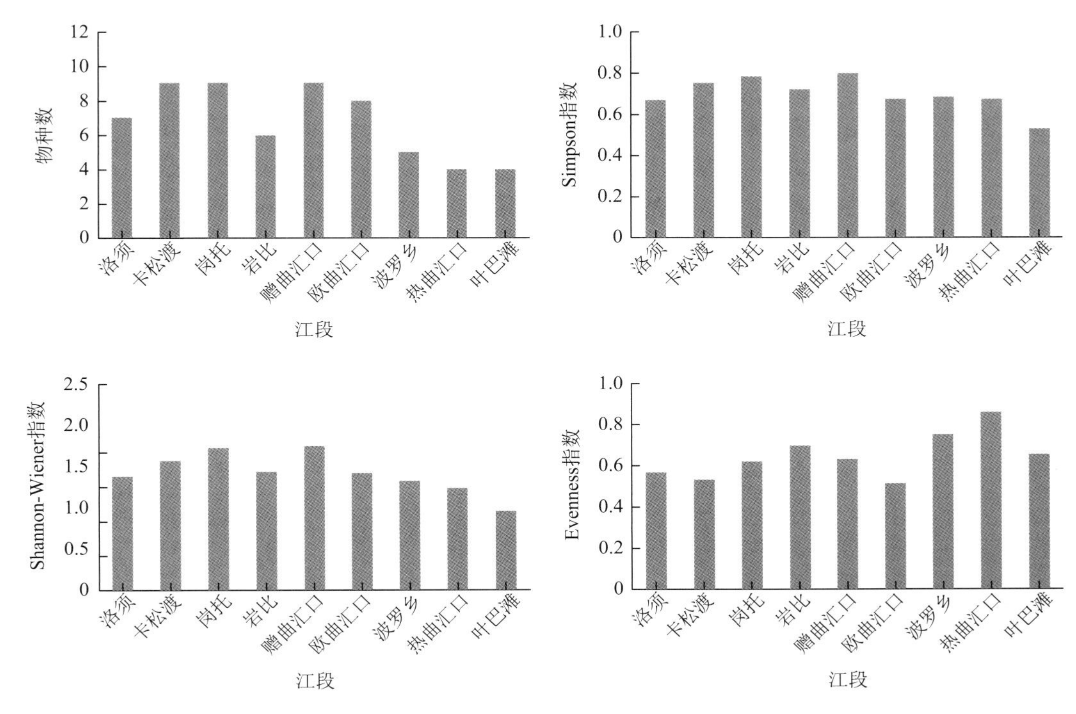

图 8-1　金沙江上游干流江段鱼类多样性指数

表 8-1　金沙江上游干流洛须河段鱼类群落结构

种类	尾数	尾数百分比/%	体重/g	体重百分比/%	尾均重/g	体长范围/mm
长丝裂腹鱼	103	51.8	5307.0	53.4	51.5	56～271
短须裂腹鱼	37	18.6	3556.1	35.8	96.1	145～264
裸腹叶须鱼	30	15.1	467.6	4.7	15.6	73～209
细尾高原鳅	15	7.5	37.7	0.4	2.5	47～87
软刺裸裂尻鱼	10	5.0	342.6	3.4	34.3	58～164
斯氏高原鳅	3	1.5	2.5	<0.1	0.8	34～55
黄石爬鮡	1	0.5	223.4	2.2	223.4	223

注：表中计算数据均有四舍五入。

2）卡松渡

在金沙江上游干流卡松渡江段采集鱼类 9 种，合计 147 尾，3273.6g。其中，长丝裂腹鱼、裸腹叶须鱼和软刺裸裂尻鱼为该江段的优势种。从数量来看，软刺裸裂尻鱼最多（32.7%），其次为裸腹叶须鱼（32.0%）、长丝裂腹鱼（15.6%），其余种类共占 19.7%。从体重来看，裸腹叶须鱼的体重占比最多，为 43.2%，其次为软刺裸裂尻鱼（23.7%），长丝裂腹鱼的体重百分比为 17.9%，其他种类共占 15.3%（表 8-2）。

表 8-2　金沙江上游干流卡松渡河段鱼类群落结构

种类	尾数	尾数百分比/%	体重/g	体重百分比/%	尾均重/g	体长范围/mm
长丝裂腹鱼	23	15.6	584.5	17.9	25.4	53～203
裸腹叶须鱼	47	32.0	1413.2	43.2	30.1	64～198
软刺裸裂尻鱼	48	32.7	774.3	23.7	16.1	50～187
斯氏高原鳅	19	12.9	88.1	2.7	4.6	70～125
四川裂腹鱼	4	2.7	86.3	2.6	21.6	69～138
青石爬鮡	3	2.0	199.8	6.1	66.6	145～174
黄石爬鮡	1	0.7	122.3	3.7	122.3	—
四川爬岩鳅	1	0.7	3.4	0.1	3.4	—
细尾高原鳅	1	0.7	1.7	0.1	1.7	—

注：表中计算数据均有四舍五入。

3）岗托

在金沙江上游干流岗托江段采集鱼类 9 种，合计 518 尾，87258.1g。其中，长丝裂腹鱼、裸腹叶须鱼和短须裂腹鱼为该江段的优势种。从数量来看，长丝裂腹鱼和裸腹叶须鱼最多，分别占总尾数的 29.5%，其次为短须裂腹鱼（15.4%）和软刺裸裂尻鱼（12.0%），其余种类共占 13.4%。从体重来看，长丝裂腹鱼的体重占比最多，为 35.8%，其次为短须裂腹鱼（19.7%），裸腹叶须鱼和软刺裸裂尻鱼的体重百分比分别为 17.7%和 14.5%，其他种类共占 12.5%（表 8-3）。

表 8-3　金沙江上游干流岗托河段鱼类群落结构

种类	尾数	尾数百分比/%	体重/g	体重百分比/%	尾均重/g	体长范围/mm
长丝裂腹鱼	153	29.5	31221.4	35.8	204.1	111～445
裸腹叶须鱼	153	29.5	15425.8	17.7	100.8	70～298
短须裂腹鱼	80	15.4	17212.8	19.7	215.2	112～335
软刺裸裂尻鱼	62	12.0	12658.3	14.5	204.2	142～455
四川裂腹鱼	34	6.6	8600.1	9.9	252.9	147～410
黄石爬鮡	12	2.3	965.6	1.1	80.5	72～203
青石爬鮡	12	2.3	1109.7	1.3	92.5	162～206
细尾高原鳅	11	2.1	61.6	<0.1	5.6	54～157
四川爬岩鳅	1	0.2	2.8	<0.1	2.8	—

注：表中计算数据均有四舍五入。

4）赠曲汇口

在金沙江上游干流赠曲汇口附近水域采集鱼类 9 种，合计 910 尾，65622.9g。其中，长丝裂腹鱼、软刺裸裂尻鱼和裸腹叶须鱼为该江段的优势种。从数量来看，高原鳅的数量最多，占总尾数的 51.3%，其次为软刺裸裂尻鱼（23.0%）和裸腹叶须鱼（11.6%），其余种类共占 14.1%。从体重来看，长丝裂腹鱼的体重占比最多，为 32.1%；其次为软刺裸裂尻鱼（25.1%），裸腹叶须鱼和短须裂腹鱼的体重百分比分别为 17.0%、10.7%，其他种类共占 15.1%（表 8-4）。

表 8-4 金沙江上游干流赠曲汇口鱼类群落结构

种类	尾数	尾数百分比/%	体重/g	体重百分比/%	尾均重/g	体长范围/mm
长丝裂腹鱼	62	6.8	21089.4	32.1	340.2	156～457
软刺裸裂尻鱼	209	23.0	16499.7	25.1	78.9	53～329
裸腹叶须鱼	106	11.6	11186.8	17.0	105.5	129～316
短须裂腹鱼	30	3.3	7052.1	10.7	235.1	162～345
四川裂腹鱼	36	4.0	6443.3	9.8	179.0	156～356
细尾高原鳅	243	26.7	1545.1	2.4	6.4	49～129
斯氏高原鳅	220	24.2	1789.3	2.7	8.1	55～136
贝氏高原鳅	3	0.3	9.6	<0.1	3.2	67～77
大鳞副泥鳅	1	0.1	7.6	<0.1	7.6	—

注：表中计算数据均有四舍五入。

5）欧曲汇口

在金沙江上游干流欧曲汇口附近水域采集鱼类 8 种，合计 219 尾，42957.1g。其中，长丝裂腹鱼、软刺裸裂尻鱼和裸腹叶须鱼为该江段的优势种。从数量来看，软刺裸裂尻鱼的数量最多，占总尾数的 50.7%，其次为长丝裂腹鱼（18.3%）和裸腹叶须鱼（16.0%），其余种类共占 15.1%。从体重来看，长丝裂腹鱼的体重占比最多，为 39.5%，其次为裸腹叶须鱼（17.7%），软刺裸裂尻鱼和四川裂腹鱼的体重百分比分别为 16.0%和 13.7%，其他种类共占 3.4%（表 8-5）。

表 8-5 金沙江上游干流欧曲汇口鱼类群落结构

种类	尾数	尾数百分比/%	体重/g	体重百分比/%	尾均重/g	体长范围/mm
长丝裂腹鱼	40	18.3	16986.0	39.5	424.7	176～493
裸腹叶须鱼	35	16.0	7621.3	17.7	217.8	176～327
软刺裸裂尻鱼	111	50.7	6859.8	16.0	61.8	101～240
四川裂腹鱼	18	8.2	5899.5	13.7	327.8	254～425
短须裂腹鱼	9	4.1	4150.2	9.7	461.1	194～464
黄石爬鮡	4	1.8	381	0.9	95.3	163～194
青石爬鮡	1	0.5	59	0.1	59.0	—
齐口裂腹鱼	1	0.5	1000.3	2.3	1000.3	—

注：表中计算数据均有四舍五入。

6）波罗

在金沙江上游干流波罗河段采集鱼类 5 种，合计 116 尾，31988.9g。其中，长丝裂腹鱼和四川裂腹鱼为该江段的优势种。从数量来看，四川裂腹鱼的数量最多，占总尾数的 45.7%，其次为长丝裂腹鱼（25.9%）和裸腹叶须鱼（14.7%），其余种类共占 13.8%。从体重来看，长丝裂腹鱼的体重占比最多，为 51.8%，其次为四川裂腹鱼（26.2%），短须裂腹鱼的体重百分比分别为 13.0%，其他种类共占 9.0%（表 8-6）。

表 8-6　金沙江上游干流波罗河段鱼类群落结构

种类	尾数	尾数百分比/%	体重/g	体重百分比/%	尾均重/g	体长范围/mm
长丝裂腹鱼	30	25.9	16583.9	51.8	552.8	164～455
四川裂腹鱼	53	45.7	8382	26.2	158.2	70～358
短须裂腹鱼	14	12.1	4155.9	13.0	296.9	129～399
裸腹叶须鱼	17	14.7	2861	8.9	168.3	187～310
斯氏高原鳅	2	1.7	6.1	<0.1	3.1	39

注：表中计算数据均有四舍五入。

7）热曲汇口

在金沙江上游干流热曲汇口附近水域采集鱼类 4 种，合计 28 尾，7915g。其中，长丝裂腹鱼和四川裂腹鱼为该江段的优势种。从数量来看，四川裂腹鱼最多，占总尾数的 46.4%，其次为长丝裂腹鱼（28.6%）和裸腹叶须鱼（14.3%），短须裂腹鱼的尾数百分比为 10.7%。从体重来看，长丝裂腹鱼的体重占比最多，为 49.5%，其次为四川裂腹鱼（37.7%），裸腹叶须鱼和短须裂腹鱼的体重百分比分别为 6.7%和 6.1%（表 8-7）。

表 8-7　金沙江上游干流热曲汇口鱼类群落结构

种类	尾数	尾数百分比/%	体重/g	体重百分比/%	尾均重/g	体长范围/mm
长丝裂腹鱼	8	28.6	3915	49.5	489.4	164～455
四川裂腹鱼	13	46.4	2986	37.7	229.7	165～330
裸腹叶须鱼	4	14.3	530	6.7	132.5	186～240
短须裂腹鱼	3	10.7	484	6.1	161.3	213～220

注：表中计算数据均有四舍五入。

8）叶巴滩

在金沙江上游干流叶巴滩江段采集鱼类 4 种，合计 48 尾，3664.7g。其中，软刺裸裂尻鱼为该江段的优势种。从数量来看，软刺裸裂尻鱼最多，占总尾数的 62.5%，其次为短须裂腹鱼（27.1%）和裸腹叶须鱼（6.3%），长丝裂腹鱼的尾数百分比为 4.2%。从体重来看，软刺裸裂尻鱼的体重占比最多，为 61.3%，其次为长丝裂腹鱼（31.3%），短须裂腹鱼和裸腹叶须鱼的体重百分比分别为 5.0%和 2.4%（表 8-8）。

表 8-8　金沙江上游干流叶巴滩河段鱼类群落结构

种类	尾数	尾数百分比/%	体重/g	体重百分比/%	尾均重/g	体长范围/mm
软刺裸裂尻鱼	30	62.5	2246.1	61.3	74.9	22～171
长丝裂腹鱼	2	4.2	1147.7	31.3	573.9	367～397
短须裂腹鱼	13	27.1	184.3	5.0	14.2	46～145
裸腹叶须鱼	3	6.3	86.6	2.4	28.9	94～168

注：表中计算数据均有四舍五入。

8.1.2 支流鱼类群落结构

1. 多样性指数

2013～2017 年，对金沙江上游白曲、丁曲、赠曲、欧曲、藏曲、热曲及降曲等 7 个主要支流的鱼类群落进行调查。土著鱼类物种数变化范围为 1～10，平均值为 5.7，以藏曲和赠曲鱼类物种数最多，降曲鱼类物种数最低，多次调查仅采集到软刺裸裂尻鱼一种；Simpson 指数变化范围为 0～0.78，平均值为 0.54，以藏曲下游最高，降曲最低；Shannon-Wiener 指数变化范围为 0～1.71，平均值为 1.07，以藏曲下游最高，降曲最低；Evenness 指数变化范围为 0.34～1，平均值为 0.62，以降曲最高，藏曲同普乡最低（图 8-2）。

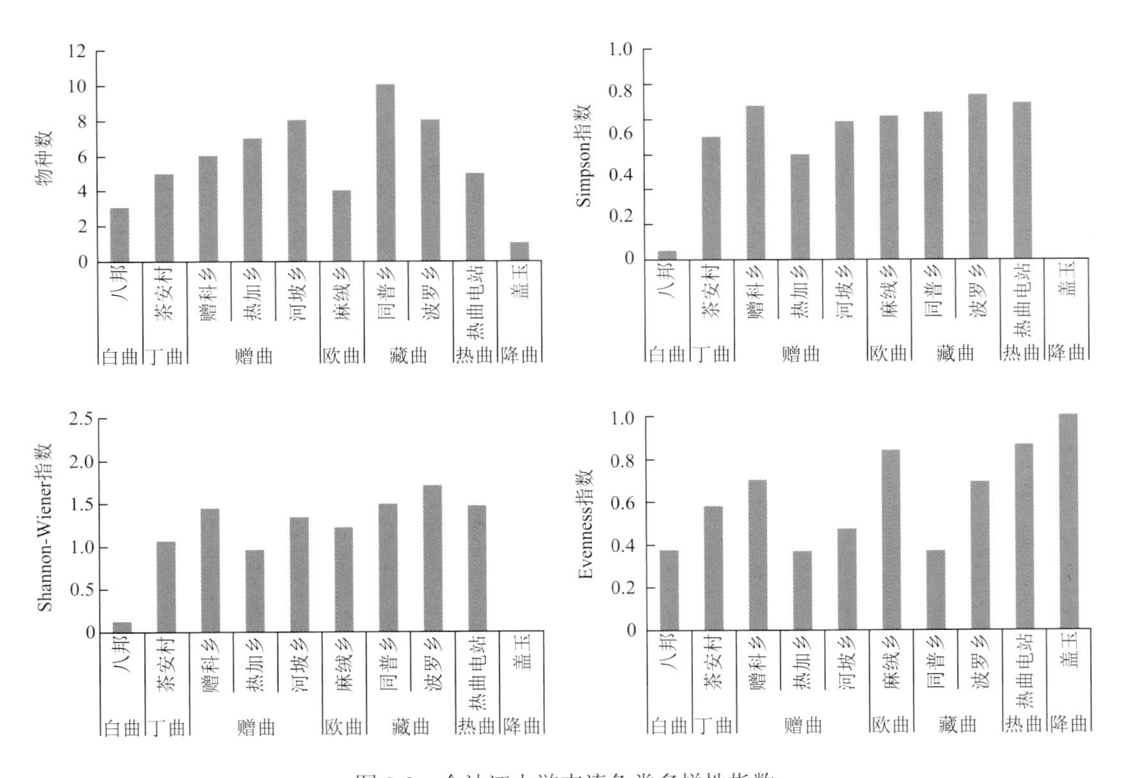

图 8-2　金沙江上游支流鱼类多样性指数

2. 优势物种及群落结构

在白曲、丁曲、赠曲、欧曲、藏曲、热曲及降曲共采集鱼类样本 5041 尾，合计 395292.71g。总体来看，金沙江上游支流鱼类以软刺裸裂尻鱼、短须裂腹鱼、裸腹叶须鱼和高原鳅属鱼类为优势物种。其中，数量较多的种类依次为：软刺裸裂尻鱼、短须裂腹鱼、裸腹叶须鱼，共占渔获物数量百分比的 72%（表 8-9）。

表 8-9　金沙江上游支流鱼类群落结构

种类	尾数	尾数百分比/%	体重/g	体重百分比/%	尾均重/g
软刺裸裂尻鱼	2363	46.9	104923.4	26.5	44.4
短须裂腹鱼	653	13.0	155909.3	39.4	238.8
裸腹叶须鱼	611	12.1	65828.1	16.7	107.7
斯氏高原鳅	598	11.9	6308.35	1.6	10.5
细尾高原鳅	574	11.4	4827.66	1.2	8.4
四川裂腹鱼	136	2.7	37134.3	9.4	273.0
长丝裂腹鱼	88	1.7	18947.6	4.8	215.3
东方高原鳅	6	0.1	48.7	＜0.1	8.1
姚氏高原鳅	4	0.1	19.7	＜0.1	4.9
黄石爬鮡	3	＜0.1	204.5	＜0.1	68.2
戴氏山鳅	1	＜0.1	4.1	＜0.1	4.1
鲫	3	＜0.1	552	0.1	184.0
鲤	1	＜0.1	585	0.1	585.0

注：表中计算数据均有四舍五入。

1）白曲

在白曲采集到鱼类 3 种，均为高原鳅属鱼类。其中，斯氏高原鳅为白曲的优势种，占总尾数的 98.0%，占总体重的 97.6%；细尾高原鳅和东方高原鳅的资源量均较少（表 8-10）。

表 8-10　金沙江上游白曲鱼类群落结构

种类	尾数	尾数百分比/%	体重/g	体重百分比/%	尾均重/g
斯氏高原鳅	194	98.0	2964	97.6	3.5
细尾高原鳅	2	1.0	9.2	1.3	4.6
东方高原鳅	2	1.0	7.6	1.1	3.8

2）丁曲

在丁曲采集到鱼类 5 种，合计 67 尾，3793.7g。其中，裸腹叶须鱼、软刺裸裂尻鱼为优势种，分别占总尾数的 56.7%和 28.4%，占总体重的 65.9%和 31.6%。短须裂腹鱼、斯氏高原鳅和细尾高原鳅的资源量相对较少（表 8-11）。

表 8-11　金沙江上游丁曲鱼类群落结构

种类	尾数	尾数百分比/%	体重/g	体重百分比/%	尾均重/g
裸腹叶须鱼	38	56.7	2501.5	65.9	65.8
软刺裸裂尻鱼	19	28.4	1197.1	31.6	63.0

续表

种类	尾数	尾数百分比/%	体重/g	体重百分比/%	尾均重/g
斯氏高原鳅	8	11.9	5.3	0.1	0.7
短须裂腹鱼	1	1.5	87.7	2.3	87.7
细尾高原鳅	1	1.5	2.1	0.1	2.1

3）赠曲

在赠曲共调查了赠科乡、热加乡和河坡乡三个河段，累计采集鱼类 9 种，合计 915 尾，78774.14g。其中，赠科乡、热加乡和河坡乡鱼类物种数分别为 6 种、7 种和 8 种，有沿程增加的趋势（表 8-12）。

在上游赠科乡河段，裸腹叶须鱼、短须裂腹鱼和软刺裸裂尻鱼为该江段的优势种。从数量来看，裸腹叶须鱼最多，占总尾数的 34.7%，其次为软刺裸裂尻鱼（27.9%）和短须裂腹鱼（25.8%），其余种类共占 11.6%。从体重来看，裸腹叶须鱼的体重占比最多，为 39.2%，其次为短须裂腹鱼（31.1%），软刺裸裂尻鱼和长丝裂腹鱼的体重百分比分别为 17.4%和 12.1%。

在中游热加乡河段，软刺裸裂尻鱼、裸腹叶须鱼和长丝裂腹鱼为该江段的优势种。从数量来看，软刺裸裂尻鱼最多，占总尾数的 67.9%，其次为裸腹叶须鱼（18.9%）和长丝裂腹鱼（9.1%），其余种类共占 4.0%。从体重来看，软刺裸裂尻鱼的体重占比最多，为 37.8%，其次为裸腹叶须鱼（35.0%），长丝裂腹鱼和短须裂腹鱼的体重百分比分别为 19.1%和 7.2%。在该河段采集到黄石爬鮡 2 尾，占总尾数的 0.3%，总体重的 0.4%。

在下游河坡乡河段，裸腹叶须鱼、软刺裸裂尻鱼和短须裂腹鱼为该江段的优势种。从数量来看，裸腹叶须鱼最多，占总尾数的 48.0%，其次为软刺裸裂尻鱼（31.7%）和短须裂腹鱼（9.8%），其余种类共占 10.5%。从体重来看，裸腹叶须鱼的体重占比最多，为 59.0%，其次为软刺裸裂尻鱼（25.2%）和长丝裂腹鱼（12.4%），其余种类共占 3.4%。在该河段采集到黄石爬鮡 1 尾，占总尾数的 0.8%，总质量的 0.3%。

表 8-12　金沙江上游赠曲鱼类群落结构

河段	种类	尾数	尾数百分比/%	体重/g	体重百分比/%	尾均重/g
赠科乡	裸腹叶须鱼	66	34.7	7802.8	39.2	118.2
	短须裂腹鱼	49	25.8	6188.2	31.1	126.3
	软刺裸裂尻鱼	53	27.9	3466.5	17.4	65.4
	长丝裂腹鱼	12	6.3	2409.7	12.1	200.8
	细尾高原鳅	7	3.7	31.4	0.2	4.5
	斯氏高原鳅	3	1.6	1.24	<0.1	0.4
热加乡	软刺裸裂尻鱼	409	67.9	18809.9	37.8	46.0

续表

河段	种类	尾数	尾数百分比/%	体重/g	体重百分比/%	尾均重/g
热加乡	裸腹叶须鱼	114	18.9	17432.7	35.0	152.9
	长丝裂腹鱼	55	9.1	9500.5	19.1	172.7
	短须裂腹鱼	19	3.2	3589	7.2	188.9
	四川裂腹鱼	1	0.2	212.8	0.4	212.8
	黄石爬鮡	2	0.3	175	0.4	87.5
	东方高原鳅	2	0.3	17.6	＜0.1	8.8
河坡乡	裸腹叶须鱼	59	48.0	5394.8	59.0	91.4
	软刺裸裂尻鱼	39	31.7	2299.7	25.2	59.0
	短须裂腹鱼	12	9.8	174.1	1.9	14.5
	长丝裂腹鱼	6	4.9	1131.2	12.4	188.5
	四川裂腹鱼	2	1.6	85.1	0.9	42.6
	细尾高原鳅	3	2.4	19.5	0.2	6.5
	斯氏高原鳅	1	0.8	2.9	＜0.1	2.9
	黄石爬鮡	1	0.8	29.5	0.3	29.5

注：表中计算数据均有四舍五入。

4）欧曲

在欧曲采集到鱼类 4 种，合计 482 尾，13879.1g。其中，斯氏高原鳅、细尾高原鳅在数量上占优势，分别占总尾数的 36.5%和 37.3%，裸腹叶须鱼和软刺裸裂尻鱼在体重上占优势，分别占总体重的 37.6%和 25.1%（表 8-13）。

表 8-13　金沙江上游欧曲鱼类群落结构

种类	尾数	尾数百分比/%	体重/g	体重百分比/%	尾均重/g
裸腹叶须鱼	22	4.6	3485.7	25.1	158.4
软刺裸裂尻鱼	104	21.6	5215.8	37.6	50.2
斯氏高原鳅	176	36.5	3046.9	22.0	17.3
细尾高原鳅	180	37.3	2130.7	15.4	11.8

注：表中计算数据均有四舍五入。

5）藏曲

对藏曲同普乡和波罗乡两个河段进行了调查，累计采集鱼类 12 种，合计 2939 尾，277247.5g。其中，同普乡和波罗乡鱼类物种数分别为 12 种和 8 种。

在上游同普乡河段，软刺裸裂尻鱼、短须裂腹鱼和裸腹叶须鱼为该江段的优势种。从数量来看，软刺裸裂尻鱼最多，占总尾数的 48.9%，其次为短须裂腹鱼（18.6%）、细尾高原鳅（11.9%）和裸腹叶须鱼（10.3%），其余种类共占 10.3%。从体重来看，短须裂腹鱼的体重占比最多，为 52.0%，其次为软刺裸裂尻鱼（21.4%），四川裂腹鱼和裸腹叶须鱼的体重百分比分别为 13.2%和 10.4%，其余种类共占 3.0%。此外，在该水域采集到外来鱼类鲫、鲤 2 种（表 8-14）。

在下游波罗乡河段，短须裂腹鱼、软刺裸裂尻鱼和四川裂腹鱼为该江段的优势种。从数量来看，软刺裸裂尻鱼最多，占总尾数的 34.0%，其次为短须裂腹鱼（26.2%）、斯氏高原鳅（13.5%）和四川裂腹鱼（11.3%），其余种类共占 14.9%。从体重来看，短须裂腹鱼的体重占比最多，为 43.8%，其次为长丝裂腹鱼（17.3%）和四川裂腹鱼（14.8%），软刺裸裂尻鱼和裸腹叶须鱼的体重百分比分别为 11.7%和 11.4%，其余种类共占 1.0%（表 8-14）。

表 8-14　金沙江上游藏曲鱼类群落结构

河段	种类	尾数	尾数百分比/%	体重/g	体重百分比/%	尾均重/g
同普乡	短须裂腹鱼	520	18.6	138283.6	52.0	265.9
	软刺裸裂尻鱼	1368	48.9	56940.15	21.4	41.6
	四川裂腹鱼	117	4.2	35144.4	13.2	300.4
	裸腹叶须鱼	289	10.3	27752	10.4	96.0
	长丝裂腹鱼	8	0.3	3923.2	1.5	490.4
	细尾高原鳅	332	11.9	2421.46	0.9	7.3
	斯氏高原鳅	155	5.5	162.51	0.1	1.0
	姚氏高原鳅	2	0.1	13.6	<0.1	6.8
	东方高原鳅	2	0.1	23.5	<0.1	11.8
	戴氏山鳅	1	<0.1	4.1	<0.1	4.1
	鲫	3	0.1	552	0.2	184.0
	鲤	1	0.0	585	0.2	585.0
波罗乡	短须裂腹鱼	37	26.2	5014.6	43.8	135.5
	长丝裂腹鱼	7	5.0	1983	17.3	283.3
	软刺裸裂尻鱼	48	34.0	1338.1	11.7	27.9
	四川裂腹鱼	16	11.4	1692	14.8	105.8
	裸腹叶须鱼	4	2.8	1301.7	11.4	325.4
	斯氏高原鳅	19	13.5	72.7	0.6	3.8
	细尾高原鳅	8	5.7	33.8	0.3	4.2
	姚氏高原鳅	2	1.4	6.1	0.1	3.1

注：表中计算数据均有四舍五入。

6）热曲

在热曲采集到鱼类 5 种，合计 190 尾，5148.1g。其中，软刺裸裂尻鱼、斯氏高原鳅和细尾高原鳅在数量上占优势，分别占总尾数的 38.4%、22.1%和 21.6%；短须裂腹鱼和软刺裸裂尻鱼在体重上占优势，分别占总体重的 50.0%和 42.3%（表 8-15）。

表 8-15　金沙江上游热曲鱼类群落结构

种类	尾数	尾数百分比/%	体重/g	体重百分比/%	尾均重/g
短须裂腹鱼	15	7.9	2572.1	50.0	171.5
软刺裸裂尻鱼	73	38.4	2177.6	42.3	29.8
裸腹叶须鱼	19	10.0	156.9	3.0	8.3
细尾高原鳅	41	21.6	179.5	3.5	4.4
斯氏高原鳅	42	22.1	62.0	1.2	1.5

7）降曲

多次调查仅在降曲采集到软刺裸裂尻鱼一种，合计 250 尾，13478.5g（表 8-16）。

表 8-16　金沙江上游降曲鱼类群落结构

种类	尾数	尾数百分比/%	体重/g	体重百分比/%	尾均重/g
软刺裸裂尻鱼	250	100	13478.5	100	53.9

8.1.3　鱼类群落结构的空间差异

采用 PRIMER 6.0 并加载 PERMANOVA 进行等级聚类和非度量多维标度排序分析，研究金沙江上游不同江段鱼类群落结构的空间差异，在分析前对鱼类丰度进行 4 次方根转换；采用单因子相似性分析检验不同江段鱼类群落组成的差异显著性；采用相似性百分比分析不同江段鱼类群落组间差异性的贡献率。

结果显示，金沙江上游鱼类群落存在显著的空间差异。在 40%的相似度水平上，各江段的鱼类群落可划分为 3 组（One-Way ANOSIM，$R = 0.717$，$P = 0.001$）（图 8-3）。可用 Stress 系数检验 NMDS 结果的可信度：当 Stress＜0.1 时，结果具有较好的解释意义；0.1≤Stress＜0.2 时，结果具有一定的解释意义；Stress≥0.2 时，结果不具解释意义。本次检验的 Stress 值为 0.11，表明分析结果具有一定的解释意义。

SIMPER 分析表明（表 8-17），组 1 和组 2 平均差异性为 51.15%，特征种为长丝裂腹鱼、短须裂腹鱼、四川裂腹鱼、斯氏高原鳅、细尾高原鳅、裸腹叶须鱼和软刺裸裂尻鱼，累计贡献率为 88.4%。组 1 和组 3 平均差异性为 82.48%，特征种为斯氏高原鳅、短须裂腹鱼、软刺裸裂尻鱼、裸腹叶须鱼、长丝裂腹鱼、四川裂腹鱼和东方高原鳅，累计贡献率为 87.5%。组 2 和组 3 平均差异性为 67.06%，特征种为软刺裸裂尻鱼、斯氏高原鳅、裸腹叶须鱼和东方高原鳅，累计贡献率为 81.5%。

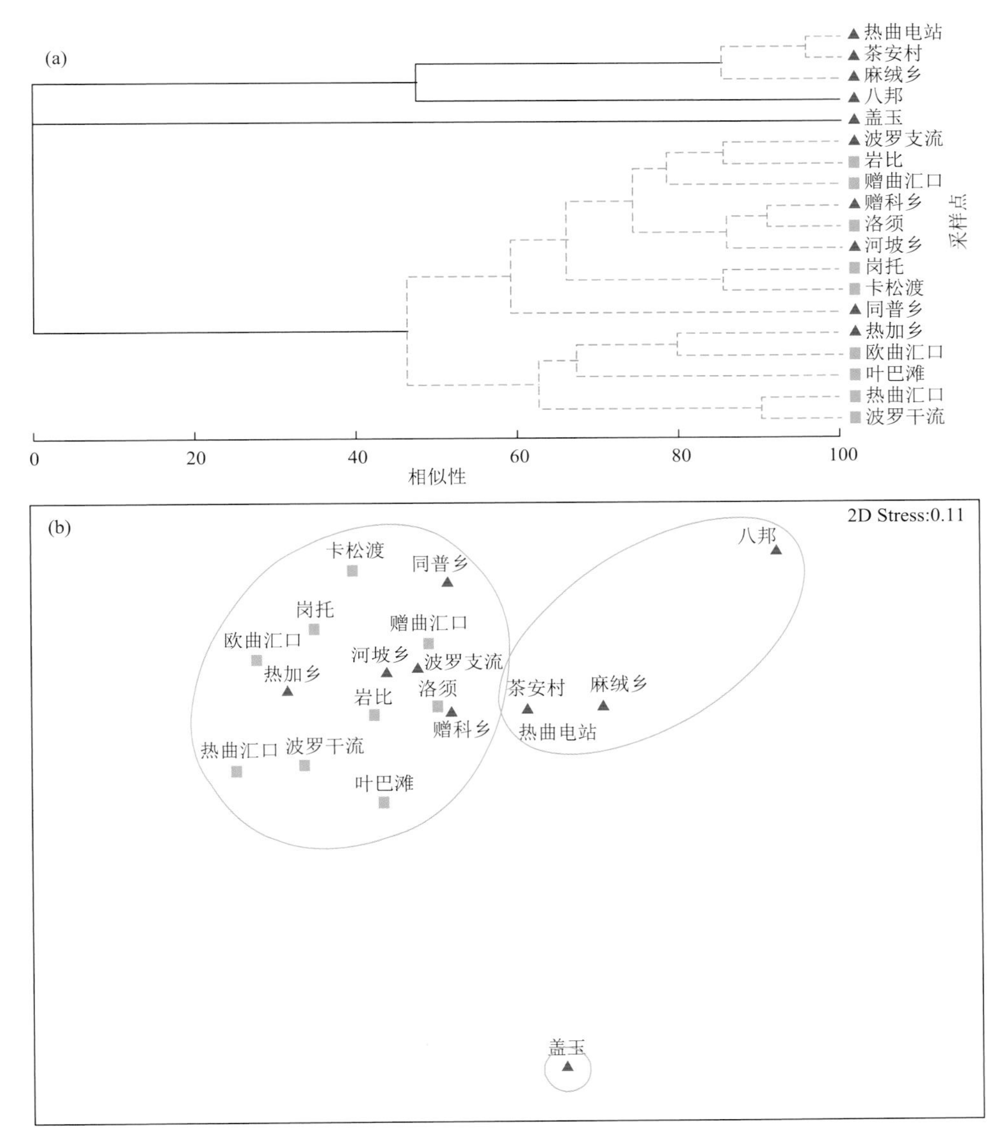

图 8-3　金沙江上游鱼类群落的聚类（a）和 NMDS 排序分析（b）

表 8-17　金沙江上游鱼类群落主要特征种的相对丰度及其对于组内相似性的贡献率

种类	平均丰度		平均差异性	累计贡献率
	组 1	组 2		
组 1 和组 2 平均差异性 = 51.15				
长丝裂腹鱼	1.76	0	9.3	18.2
短须裂腹鱼	1.99	0.7	7.4	32.7
四川裂腹鱼	1.31	0	6.9	46.1

续表

种类	平均丰度		平均差异性	累计贡献率
斯氏高原鳅	0.85	1.62	6.3	58.3
细尾高原鳅	0.96	1.43	5.7	69.5
裸腹叶须鱼	1.8	1.5	5.4	80.0
软刺裸裂尻鱼	2.03	2.53	4.3	88.4
黄石爬鮡	0.42	0	2.1	92.5
	组 1	组 3		
组 1 和组 3 平均差异性 = 82.48				
斯氏高原鳅	0.85	3.15	14.0	17.0
短须裂腹鱼	1.99	0	11.9	31.4
软刺裸裂尻鱼	2.03	0	11.8	45.7
裸腹叶须鱼	1.8	0	10.8	58.8
长丝裂腹鱼	1.76	0	10.5	71.6
四川裂腹鱼	1.31	0	7.7	80.9
东方高原鳅	0.09	1	5.4	87.5
细尾高原鳅	0.96	1	4.2	92.6
	组 2	组 3		
组 2 和组 3 平均差异性 = 67.06				
软刺裸裂尻鱼	2.53	0	21.5	32.1
斯氏高原鳅	1.62	3.15	14.6	53.8
裸腹叶须鱼	1.50	0	10.4	69.2
东方高原鳅	0	1	8.2	81.5
细尾高原鳅	1.43	1	7.8	93.1

8.2　金沙江上游鱼类群落结构与环境因子的关系

不同环境因子量纲不同，为消除量纲影响，先对除 pH 以外的环境因子进行 $\lg(x+1)$ 转化，再对转化后的数据进行标准化处理。采用基于距离的线性模型（distance-based linear models，DistLM）进行鱼类群落与环境因子的关系分析，拟合模型的可视化采用基于距离的冗余分析（distance-based redundancy analysis，dbRDA）。数据分析利用软件 PRIMER 6.0 完成（Anderson et al.，2008）。

8.2.1　干支流环境特征

相关性分析表明，电导率与透明度呈显著的负相关性，与河宽呈显著的正相关性，相关系数分别为–0.875 和 0.654（表 8-18 和图 8-4）。基于 8 个环境因子的主成分分析表明，第一主成分（PC1）与透明度呈正相关关系，与河宽、电导率呈负相关关系；第 2 主成分（PC2）与溶解氧含量呈正相关关系，与海拔呈负相关关系。前两个主成分的特征值分别为 3.16 和 1.82，方差解释率分别为 39.5%和 22.7%，一共解释了 62.2%的河流环境特征。因此，前 2 个主成分能够反映金沙江上游河流环境的整体特征，从而达到减少分析指标的目的。

表 8-18　金沙江上游河流环境因子的相关性

因子	海拔	水温	溶解氧含量	pH	电导	流速	河宽	透明度
海拔	1							
水温	–0.30931							
溶解氧含量	–0.63197	0.02234						
pH	0.01098	0.12376	–0.20208					
电导率	–0.28778	0.12029	–0.21696	0.59267				
流速	0.48096	0.14868	–0.18282	–0.08295	–0.32911			
河宽	–0.29009	–0.15245	0.04913	0.42781	0.65403	–0.51774		
透明度	0.36930	–0.05310	–0.02946	–0.41067	–0.87542	0.290061	–0.51362	1

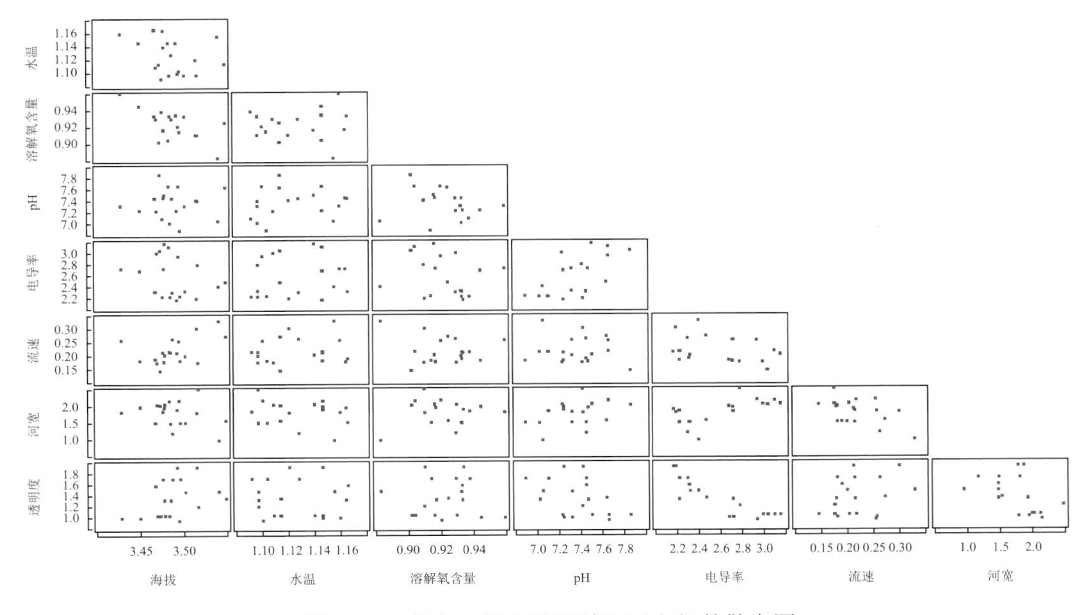

图 8-4　金沙江上游河流环境因子之间的散点图

由图 8-5 可知，干支流河流环境在海拔、电导率、河宽、透明度等方面具有明显的差别，如干流河段的平均海拔为 2985m，支流的平均海拔为 3173m；干流的河宽均值为 125m，支流的河宽均值为 37m；干流的透明度（11cm）低于支流的透明度（45cm）。

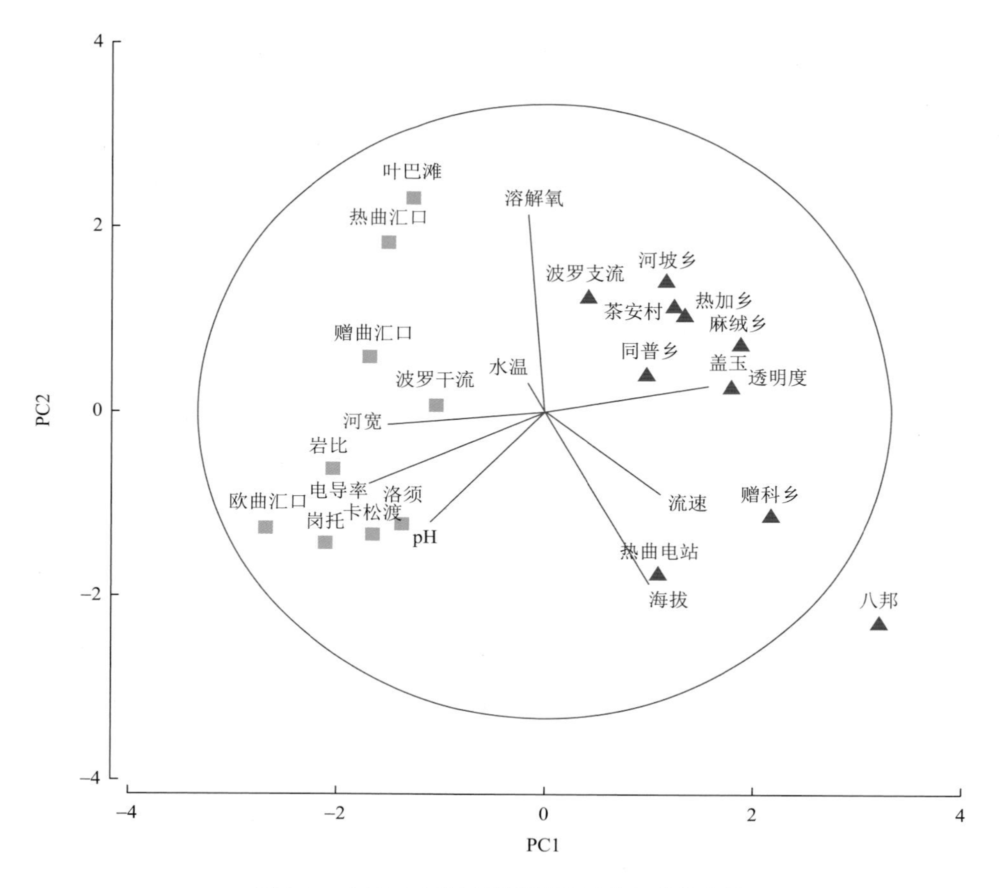

图 8-5　金沙江上游河流环境因子的主成分分析

8.2.2　鱼类群落结构与环境因子的关系

db-RDA 分析是一种基于距离的冗余分析，适用于任何距离矩阵，能够反映群落与环境因子之间的关系。结果表明，横、纵坐标对各河段鱼类群落组成差异的贡献值分别为 43.1%和 9.1%，两者共解释 52.2%的方差变异。由图 8-6 可知，第二轴是金沙江上游鱼类群落空间的分界线：第二轴的左侧即二、三象限，主要分布着支流的样方；第二轴的右侧即一、四象限，主要分布着干流的样方。该结果与图 8-3 的分析结果基本一致。进一步可以看出，与第一轴相关的因子（即海拔、河宽）是影响鱼类分布的关键环境因子。

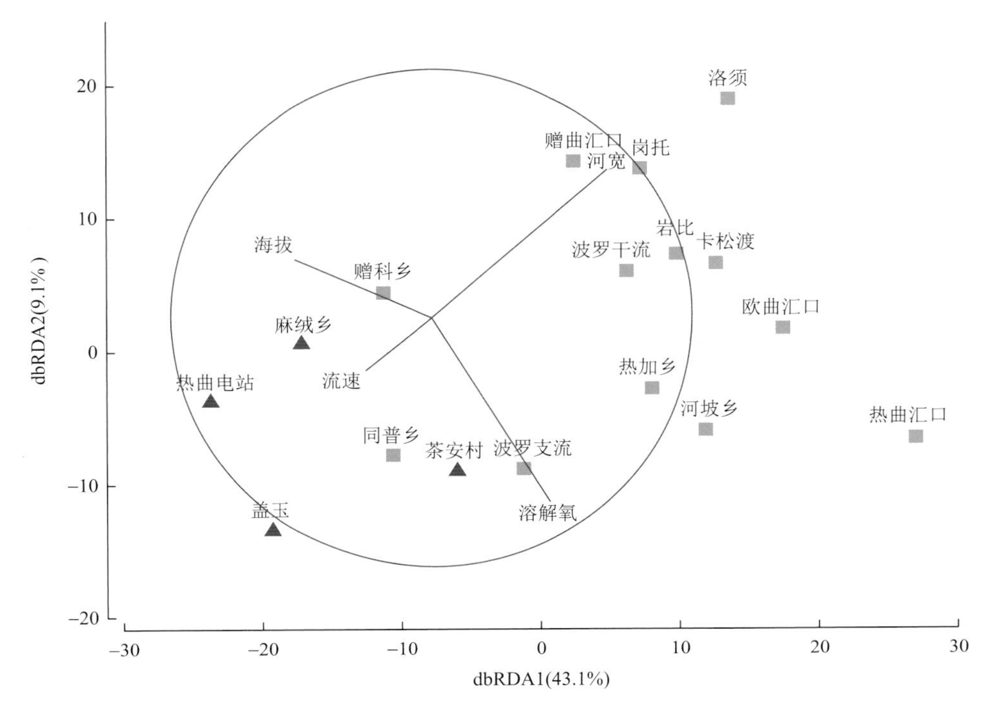

图 8-6　金沙江上游鱼类群落与环境因子基于距离的冗余分析（db-RDA）

8.3　金沙江上游鱼类群落构建机制

基于生态位理论的环境选择作用和基于中性理论的扩散作用是决定河流生物空间分布和群落结构的两个重要作用因子，但二者在不同流域、不同尺度下对生物群落空间分布格局影响的生态学机制不同（Hubbell，2001；史赟荣等，2018；赵坤，2018；刘振元等，2020）。海拔既是直接影响生物分布的空间因子，同时也可以通过影响温度、湿度、植被和光照条件等因素进而影响生物的分布与组成（祖奎玲和王志恒，2022）。崔永德等（2021）对西藏湖泊底栖动物的研究结果显示，沿海拔梯度，双壳纲多样性呈指数下降，最高多样性出现在低海拔区域；而腹足纲呈先平缓后下降的格局；寡毛纲和昆虫纲则呈单调下降格局。与海拔相关的气候因子（如温度）及气候控制下的盐度等局域环境因子是主要的驱动因素。秦强（2021）认为，海拔、河宽、流速和电导率是影响长江上游赤水河流域鱼类群聚的关键环境驱动因子，且不同栖息地环境因子对不同江段鱼类群落结构的影响不同。其中，赤水河源头及上游江段的鱼类群落组成与海拔和流速呈正相关关系，而中游及下游江段的鱼类群落组成则与河宽和电导率呈正相关关系。

在金沙江上游流域，海拔、河宽等环境因子是导致干支流鱼类群落空间差异的主要因素，与上述研究的结果相符。也有研究指出，物种间的进化关系以及历史事件也会影响物种分布和群落结构（Chase，2003；宋坤，2007；Cavender-Bares et al.，2009；任秋，2011）。群落系统发育结构概念从进化的角度为分析群落物种组成现状，有效推测影响群落构建的不同生态学机制提供了新的视角（Vamosi et al.，2009）。杨婷越等（2020）指出，长江中游干流鱼类群落构建机制表现了区域环境和空间尺度的共同作用，由于水流湍急，宜昌江段的鱼类群聚在采样点尺度和宏观尺度始终表现为环境过滤作用，而其他江段在采样点尺度多数表现为环境过滤作用，在宏观尺度上，因空间异质性的增加容纳了更多的远缘物种而表现为竞争作用。我们在金沙江上游的调查也发现，降曲、白曲等支流分布物种相对较少，可能与河流下段形成的物理阻隔有关。综合来看，河流的自然环境以及水系形成的历史事件可能是造成金沙江上游鱼类群落空间差异的主要原因。同时，建议在后续的研究工作中，结合更为翔实的调查数据以及群落系统发育结构、β 多样性分析等多种方法进一步阐明不同类型生态和生物因子对鱼类等水生生物群落结构时空格局的影响及相对效率。

主要参考文献

崔永德，王宝强，王洪铸，2021. 西藏湖泊底栖动物研究[M]. 北京：科学出版社.

刘振元，孟星亮，李正飞，等，2020. 南洞庭湖区软体动物物种多样性评估及保护对策[J]. 生物多样性，28（2）：155-165.

秦强，2021. 赤水河鱼类群落空间格局、群聚形成机制及时间动态研究[D]. 北京：中国科学院大学.

任秋，2011. 高原鳅属 *Triplophysa* 部分类群的谱系地理学和形态学研究[D]. 北京：中国科学院大学.

史赟荣，晁敏，沈新强，2018. 主导长江口鱼类群落物种时间共存格局的环境过滤机制研究[J]. 应用海洋学学报，37（4）：525-533.

宋坤，2007. 天童常绿阔叶林米槠—木荷群落历史动态及干扰事件的重建[D]. 上海：华东师范大学.

杨婷越，俞丹，高欣，等，2020. 长江中游干流鱼类群落构建机制分析[J]. 水生生物学报，44（5）：1045-1054.

赵坤，2018. 淮河流域浮游动物分布格局及群落形成机制[D]. 上海：华东师范大学.

祖奎玲，王志恒，2022. 山地物种海拔分布对气候变化响应的研究进展[J]. 生物多样性，30（4）：21451.

Anderson M J，Gorley R N，Clarke K R，2008. PERMANOVA + for PRIMER：guide to software and statistical methods[M]. Plymouth：PRIMER-E Ltd.

Cavender-Bares J，Kozak K H，Fine P V A，et al.，2009. The merging of community ecology and phylogenetic biology[J]. Ecology letters，12（7）：693-715.

Chase J M，2003. Community assembly：when should history matter？[J]. Oecologia，136（4）：489-498.

Hubbell S P，2001. The Unified Neutral Theory of Biodiversity and Biogeography[M]. Oxford：Princeton University Press.

Vamosi S M，Heard S B，Vamosi J C，et al.，2009. Emerging patterns in the comparative analysis of phylogenetic community structure[J]. Molecular Ecology，18（4）：572-592.

第 9 章　金沙江上游主要鱼类遗传多样性

生物多样性包括遗传多样性、物种多样性和生态系统多样性，其中遗传多样性是物种多样性和生态系统多样性的基础，也是生物多样性的核心和重要组成部分。物种或种群的遗传多样性水平是生物长期进化的产物，也是适应和进化的前提，因此遗传多样性是评估生物资源现状的重要指标。本章以线粒体 *Cyt b* 基因为分子标记，对金沙江上游的土著鱼类进行分子鉴定，同时分析 5 种代表性鱼类的种群遗传多样性、遗传分化及历史动态，为分析其进化潜力、制定鱼类资源保护措施提供依据。

9.1　基于 *Cyt b* 基因的鱼类物种种内与种间遗传差异

本次分析共获得金沙江上游 9 个物种 327 条线粒体 *Cyt b* 基因序列，各物种的单倍型数为 1～37 个。物种内的遗传距离范围为 0.0000～0.0419，其中软刺裸裂尻鱼的种内遗传距离最大，为 0.0419；其次是长丝裂腹鱼，为 0.0261；黄石爬鮡和细尾高原鳅的种内遗传距离最小，为 0.0009（表 9-1）。所有物种 A + T 的含量显著高于 G + C 的含量，碱基组成存在强烈的偏倚，G 的含量尤其在密码子第三位的含量最低（表 9-1）。

表 9-1　金沙江上游鱼类的 *Cyt b* 基因序列基本信息及种内遗传距离

物种名	样本量	A 的含量/%	T 的含量/%	C 的含量/%	G 的含量/%	单倍型	种内遗传距离
黄石爬鮡	5	30.4	27.4	29.5	12.7	2	0.0000～0.0009
青石爬鮡	4	30.5	27.3	29.5	12.7	3	0.0000～0.0018
斯氏高原鳅	3	26.2	30.3	27.2	16.4	1	0.0000
细尾高原鳅	6	25.3	29.8	27.3	17.6	2	0.0000～0.0009
长丝裂腹鱼	15	26.3	28.6	27.8	17.3	6	0.0000～0.0261
四川裂腹鱼	31	26.4	28.7	27.8	17.1	8	0.0000～0.0071
短须裂腹鱼	100	26.5	28.6	27.6	17.2	11	0.0000～0.0070
软刺裸裂尻鱼	112	25.8	30.8	26.5	17.0	37	0.0000～0.0419
裸腹叶须鱼	51	25.0	28.6	29.1	17.3	11	0.0000～0.0018
合计	327						

基于 Kimura 2-parameter 模型的物种间遗传距离在 0.001～0.361，黄石爬鮡和青石爬鮡之间的遗传距离最小，为 0.001；黄石爬鮡和细尾高原鳅及青石爬鮡和细尾高原鳅的遗传距离最大，均为 0.361（表 9-2）。除了黄石爬鮡和青石爬鮡，其他物种间遗传距离显著大于物种内遗传距离。基于 9 个物种 327 条 *Cyt b* 基因序列构建的系统发育树发现，黄石爬鮡和青石

爬鮡这两个物种之间的遗传距离较小，甚至具有共享单倍型，两个物种的 *Cyt b* 基因序列在系统发育树上相互聚为一支，其他物种各自形成单系。4 尾青石爬鮡和 7 尾黄石爬鮡具有共享单倍型（图 9-1），推测这两个物种分化时间较短，可能属于新近分化物种。

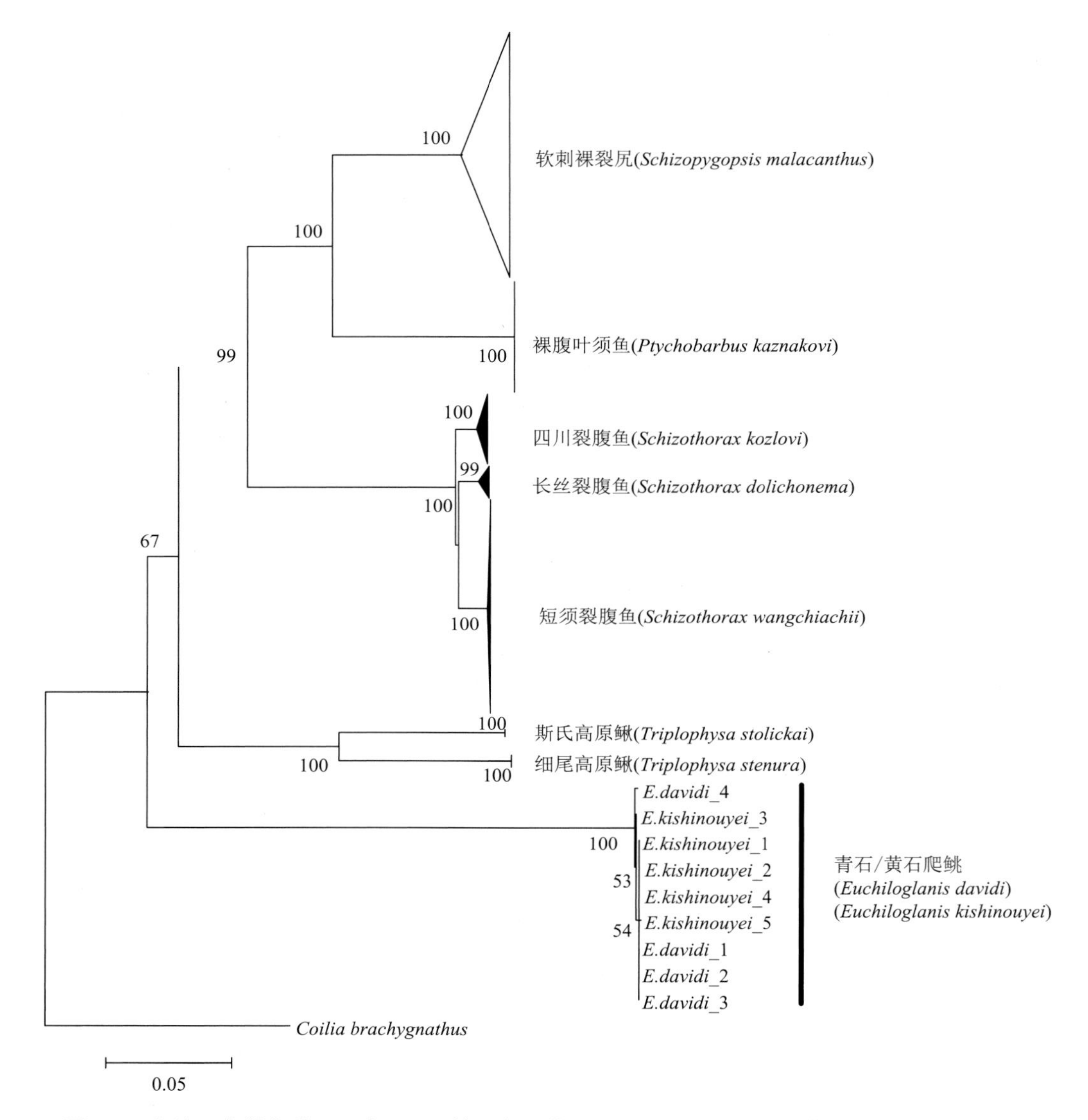

图 9-1　金沙江上游鱼类 327 条 *Cyt b* 基因序列基于 Kimura 2-parameter 模型构建的系统发育树

表 9-2　基于 Kimura 2-parameter 模型的物种间遗传距离

	黄石爬鮡	青石爬鮡	斯氏高原鳅	细尾高原鳅	长丝裂腹鱼	四川裂腹鱼	短须裂腹鱼	软刺裸裂尻鱼	裸腹叶须鱼
黄石爬鮡									
青石爬鮡	0.001								

续表

	黄石爬鮡	青石爬鮡	斯氏高原鳅	细尾高原鳅	长丝裂腹鱼	四川裂腹鱼	短须裂腹鱼	软刺裸裂尻鱼	裸腹叶须鱼
斯氏高原鳅	0.343	0.343							
细尾高原鳅	0.361	0.361	0.135						
长丝裂腹鱼	0.327	0.327	0.255	0.255					
四川裂腹鱼	0.326	0.326	0.257	0.256	0.023				
短须裂腹鱼	0.322	0.322	0.255	0.260	0.025	0.027			
软刺裸裂尻鱼	0.349	0.349	0.257	0.261	0.196	0.194	0.200		
裸腹叶须鱼	0.346	0.346	0.256	0.254	0.205	0.204	0.202	0.141	

9.2　代表性物种的遗传多样性及种群分化

9.2.1　短须裂腹鱼

1. 种群遗传多样性

共获得 10 个采样点 122 尾短须裂腹鱼的 *Cyt b* 基因序列，序列长 1141bp，变异位点 77 个，其中包含 20 个单突变位点和 57 个简约信息位点。所有序列的转换和颠换均未达饱和，转换数明显大于颠换数，其平均 Ti/Tv 值为 6.35。所有个体平均碱基组成：A = 26.5%，T = 28.6%，C = 27.7%，G = 17.2%。A + T 的含量（55.1%）高于 G + C 的含量（44.9%），碱基组成存在强烈的偏倚，G 的含量尤其在密码子第三位的含量最低（12.4%）。

所有样本共检测到 25 个单倍型，整体单倍型多样性和核苷酸多样性分别为 0.798 和 0.01017，不同采样点的单倍型多样性在 0.378～0.905，核苷酸多样性在 0.00070～0.01596（表 9-3）。其中，字曲种群的单倍型多样性最高，为 0.905；岗托的核苷酸多样性最高，为 0.01596；白曲的单倍型多样性和核苷酸多样性最低，分别为 0.378 和 0.00070。从单倍型分布情况来看，除白曲、丁曲、字曲、藏曲、热曲外，其他地点均有特有单倍型，特有单倍型共有 16 个，其中岗托含有 12 个特有单倍型。另外，不同采样点之间具有共享单倍型，例如，除丁曲和波罗外，其他所有都共享单倍型 Hap_2。

表 9-3　金沙江上游短须裂腹鱼的种群遗传多样性

地点	种群大小	单倍型数	单倍型分布	单倍型多样性	核苷酸多样性
洛须	5	4	Hap_1、Hap_2、Hap_3、Hap_4	0.900±0.161	0.00298±0.00103
岗托	37	17	Hap_2、Hap_3、Hap_4、Hap_5、Hap_6、Hap_7、Hap_8、Hap_9、Hap_10、Hap_11、Hap_12、Hap_13、Hap_14、Hap_15、Hap_16、Hap_17、Hap_18	0.877±0.044	0.01596±0.00164
白曲	10	3	Hap_2、Hap_3、Hap_19	0.378±0.181	0.00070±0.00041

续表

地点	种群大小	单倍型数	单倍型分布	单倍型多样性	核苷酸多样性
丁曲	1	1	Hap_6	—	—
白玉	10	4	Hap_2、Hap_3、Hap_4、Hap_20	0.684±0.096	0.00885±0.00308
字曲	15	8	Hap_2、Hap_3、Hap_4、Hap_6、Hap_9、Hap_21、Hap_22、Hap_23	0.905±0.050	0.01034±0.00332
藏曲	22	8	Hap_2、Hap_3、Hap_4、Hap_6、Hap_9、Hap_21、Hap_22、Hap_23	0.848±0.047	0.00769±0.00270
波罗	1	1	Hap_24	—	—
热曲	9	3	Hap_2、Hap_4、Hap_19	0.639±0.126	0.00063±0.00017
董曲	12	4	Hap_2、Hap_4、Hap_6、Hap_25	0.682±0.102	0.00443±0.00306
合计	122	25		0.798±0.029	0.01017±0.00122

采用厚唇裸重唇鱼（*Gymnodiptychus pachycheilus*）为外类群，利用邻接（neighbor joining，NJ）法构建短须裂腹鱼25个单倍型之间的系统发育树。结果显示，所有的单倍型聚为一个单系，但在系统树上不按照地理分布聚类，各结点支持率较低，存在多歧分支（图9-2）。单倍型进化网络关系图显示，单倍型的网络进化关系呈星状分布，部分单倍型之间通过缺失的中间单倍型相互连接，不存在显著的地理分布格局（图9-3）。

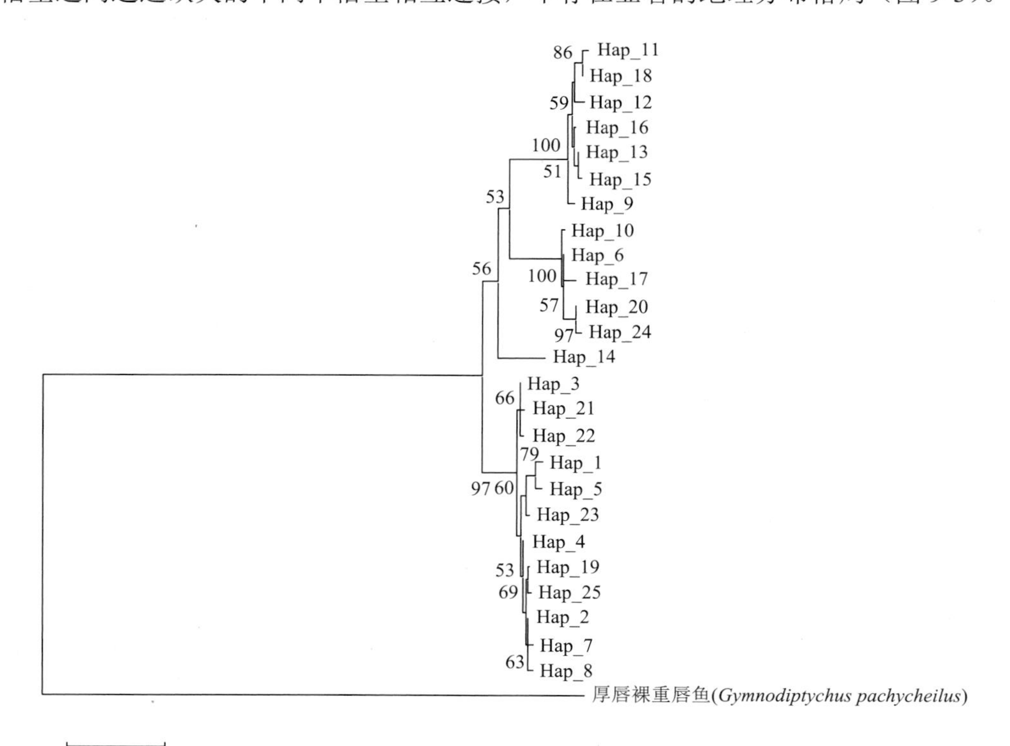

图9-2　基于 *Cyt b* 基因单倍型构建的金沙江上游短须裂腹鱼的系统发育树

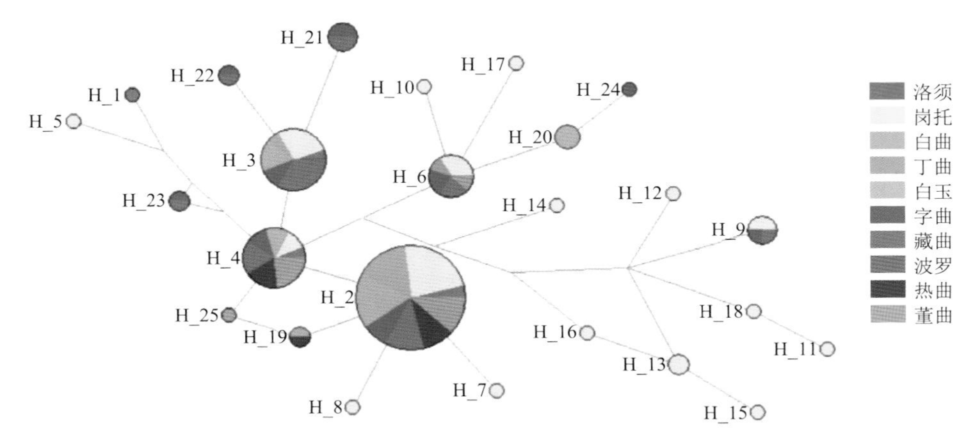

图 9-3　基于线粒体 *Cyt b* 基因构建的金沙江上游短须裂腹鱼单倍型网络图

2. *种群遗传分化与种群历史动态*

基于 Kimura 2-parameter 模型计算短须裂腹鱼 10 个采样点（此处视为不同地理种群）间的遗传距离。结果表明，10 个种群之间的遗传距离距离较小，为 0.0007～0.0286，种群内平均遗传距离较小，在 0.0006～0.0164（表 9-4）。

表 9-4　基于线粒体 *Cyt b* 基因短须裂腹鱼金沙江上游不同种群间及种群内的遗传距离

种群	洛须	岗托	白曲	丁曲	白玉	字曲	藏曲	波罗	热曲	种群内
洛须										0.0030
岗托	0.0124									0.0164
白曲	0.0019	0.0116								0.0007
丁曲	0.0250	0.0216	0.0244							/
白玉	0.0065	0.0138	0.0055	0.0205						0.0091
字曲	0.0071	0.0140	0.0065	0.0215	0.0095					0.0106
藏曲	0.0056	0.0133	0.0050	0.0225	0.0084	0.0088				0.0079
波罗	0.0286	0.0252	0.0281	0.0035	0.0232	0.0251	0.0261			/
热曲	0.0018	0.0114	0.0007	0.0241	0.0054	0.0063	0.0048	0.0277		0.0006
董曲	0.0037	0.0122	0.0027	0.0219	0.0067	0.0075	0.0062	0.0256	0.0025	0.0045

基于 *Cyt b* 基因序列的两种群之间的遗传分化指数（F_{ST}）范围为–0.04858～0.15600（表 9-5）。岗托种群与白曲种群之间的 F_{ST} 最大（0.15600），岗托种群与热曲种群之间的 F_{ST} 次之（0.14416），岗托种群与董曲种群之间的 F_{ST} 为 0.09826，藏曲种群与岗托种群、白曲种群之间的 F_{ST} 分别为 0.07739、0.07499。对短须裂腹鱼样本数量较多的 7 个地理种群（岗托、白曲、白玉、字曲、藏曲、热曲、董曲）进行分子方差分析（analysis of molecular variance，AMOVA）发现，遗传变异主要来自种群内的遗传变异（种群内的变异百分比占 93.37%），种群间的遗传变异相对较小（6.63%）。空间分子方差分析（spatial analysis of molecular variance，SAMOVA）结果显示，当分组数 $K=2$ 时，即岗托种群单独为一组，其他 6 个种群（白曲、白玉、字曲、藏曲、热曲、董曲）为一组，组间 F_{CT} 最大。遗传变异主

要来自于种群内的遗传差异（种群内的变异百分比占 86.88%），种群间的遗传变异相对较小（14.35%），表明金沙江上游短须裂腹鱼不存在地理种群分化（表 9-6）。

表 9-5　金沙江上游不同地理种群短须裂腹鱼遗传分化指数（F_{ST}）

种群	岗托	白曲	白玉	字曲	藏曲	热曲	董曲
岗托		*	NS	NS	*	**	*
白曲	0.15600		NS	NS	*	NS	NS
白玉	0.06417	0.07118		NS	NS	NS	NS
字曲	0.02526	0.09072	−0.03192		NS	NS	NS
藏曲	0.07739	0.07499	−0.00757	−0.04858		NS	NS
热曲	0.14416	0.07439	0.05493	0.06654	0.05499		NS
董曲	0.09826	0.04496	−0.01941	−0.00418	0.00190	−0.04271	

注：表中对角线下为不同种群间成对 F_{ST} 值；对角线上为对应 P 值，NS 表示无显著差异，*表示 $P<0.05$，**表示 $P<0.01$。

表 9-6　金沙江上游不同地理种群短须裂腹鱼的遗传变异

变异来源	自由度	平方和	变异组分	变异百分数/%
组间	1	50.037	0.91002	14.35
种群间	2	22.100	−0.07836	−1.24
种群内	115	633.453	5.50829	86.88
总计	121	705.590	6.33995	

核苷酸错配分析发现，除白曲种群和热曲种群外，其他种群均呈现多峰分布，表明这些种群近期没有经历扩张。偏差平方和检验（sum of squared deviation，SSD）结果显示 4 个种群（岗托、藏曲、白曲、董曲）显著偏离了种群扩张模型；Raggerness 指数检验（harpending's raggedness index，Hri）结果显示 3 个短须裂腹鱼种群（岗托、藏曲、董曲）显著偏离种群扩张模型。中性检验（Tajima's *D* 和 Fu's *Fs*）显示，除了白曲种群和董曲种群的 Tajima's *D* 值呈显著的负值，说明近期可能经历过种群扩张，其他种群均符合中性进化的假设，未检测到种群扩张（表 9-7）。Fu's *Fs* 检验显示，所有种群的 Fu's *Fs* 值均为正值，表明各地理种群之间未发生明显的种群扩张。利用贝叶斯天际线（Bayesian Skyline Plot，BSP）分析有效种群大小随溯祖时间的动态变化曲线，白玉种群于 0.05Ma 发生了种群扩张，白玉种群于 0.08Ma 发生了种群收缩，字曲种群与藏曲种群于 0.18Ma 发生了收缩，热曲与岗托种群于 0.04Ma 发生了种群扩张，董曲种群于 0.11Ma 发生了收缩，由所有个体组成的种群约在 0.06Ma 发生了种群收缩（图 9-4）。该结果显示第四纪冰期事件可能对金沙江上游短须裂腹鱼种群历史动态产生影响。

表 9-7　金沙江上游不同地理种群短须裂腹鱼的中性检验和错配分析

种群	Tajima's *D*（*P*）	Fu's *Fs*（*P*）	SSD（*P*）	Hri（*P*）
岗托	0.36936	2.54602	0.04388**	0.03917**
白曲	−1.66706*	0.05793	0.03193*	0.28543
白玉	0.27537	9.45294	0.13579	0.28293
字曲	−0.86544	2.63536	0.05725	0.08345

续表

种群	Tajima's D（P）	Fu's Fs（P）	SSD（P）	Hri（P）
藏曲	−1.31530	3.59065	0.05567*	0.11673*
热曲	−0.06382	0.73592	0.06680	0.24460
董曲	−1.04353**	4.03738	0.21450*	0.68756*
合计	−0.58977	2.74078	0.05225	0.08380

注：*表示 $P<0.05$；**表示 $P<0.01$。

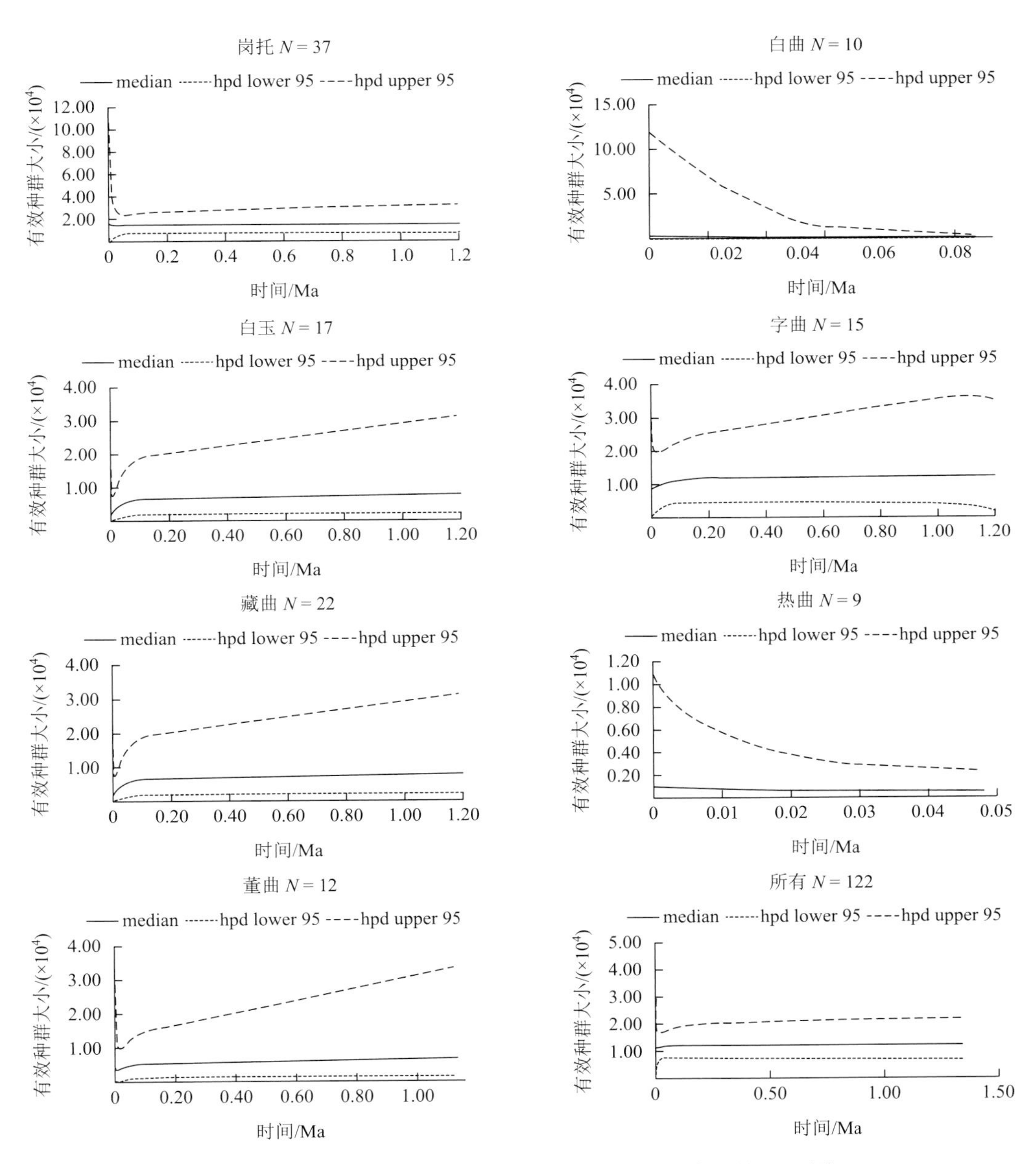

图 9-4　金沙江上游短须裂腹鱼种群动态随时间变化的 BSP 图

9.2.2　裸腹叶须鱼

1. 种群遗传多样性

共获得 9 个采样点 51 尾裸腹叶须鱼的 *Cyt b* 基因序列，序列长 1140bp，变异位点 10 个，其中包含 8 个单突变位点和 2 个简约信息位点。所有序列的转换和颠换（Ti/Tv）值为 0.57。所有个体平均碱基组成：A = 25.0%，T = 28.6%，C = 29.1%，G = 17.3%。A + T 的含量（53.6%）高于 G + C 的含量（46.4%）。碱基组成存在强烈的偏倚，G 的含量尤其在密码子第三位的含量最低（11.6%）。

所有样本共检测到 11 个单倍型，整体单倍型多样性和核苷酸多样性分别为 0.629 和 0.00077，不同采样点的单倍型多样性在 0.500～1.000，核苷酸多样性在 0.00044～0.00176（表 9-8）。其中，赠曲的单倍型多样性和核苷酸多样性均最高，分别为 1.000 和 0.00176；岗托的单倍型多样性和核苷酸多样性均最低，分别为 0.500 和 0.00044。从单倍型分布情况来看，除热曲外，其他位点共享 Hap_1，共有 8 个特有单倍型。

表 9-8　金沙江上游裸腹叶须鱼的种群遗传多样性

种群	样本量	单倍型数	单倍型分布	单倍型多样性	核苷酸多样性
董曲	1	1	Hap_1	/	/
热曲	1	1	Hap_2	/	/
藏曲	14	4	Hap_1、Hap_3、Hap_4、Hap_5	0.582±0.137	0.00064±0.00017
独曲	4	3	Hap_1、Hap_6、Hap_7	0.833±0.222	0.00175±0.00059
字曲	15	3	Hap_1、Hap_3、Hap_4	0.648±0.072	0.00067±0.00012
赠曲	2	2	Hap_1、Hap_8	1.000±0.500	0.00176±0.00088
岗托	4	2	Hap_1、Hap_9	0.500±0.265	0.00044±0.00023
卡松渡	6	1	Hap_1	/	/
洛须	4	4	Hap_1、Hap_4、Hap_10、Hap_11	1.000±0.177	0.00132±0.00032
合计	51	11	/	0.629±0.070	0.00077±0.00013

采用尖裸鲤（*Oxygymnocypris stewartii*）为外类群，利用 NJ 法构建裸腹叶须鱼 11 个单倍型之间的系统发育树。结果显示，所有的单倍型可以聚为一个单系，但在系统树上不按照地理分布聚类（图 9-5）。单倍型进化网络关系图显示，单倍型的网络进化关系呈星状分布，除了热曲外，其他所有位点共享单倍型 Hap_1，Hap_1 属于原始单倍型和进化中心，部分单倍型之间通过缺失的中间单倍型相互连接，不存在显著的地理分布格局（图 9-6）。

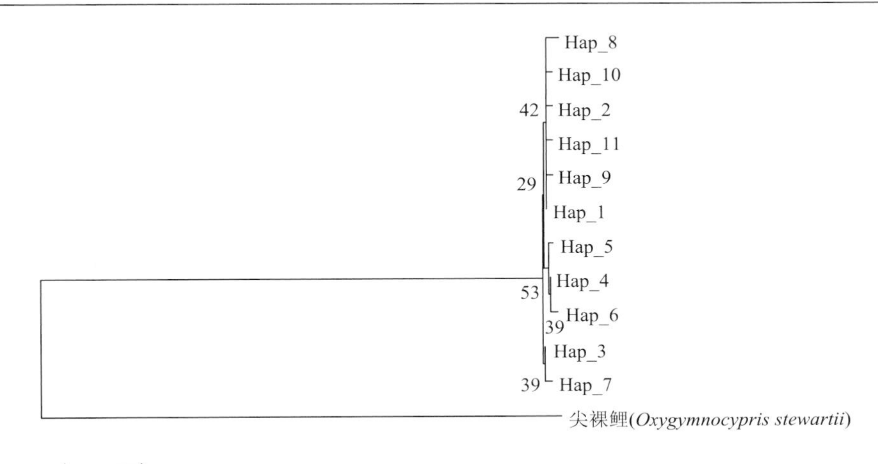

图 9-5　基于 *Cyt b* 基因单倍型构建的金沙江上游裸腹叶须鱼的系统发育树

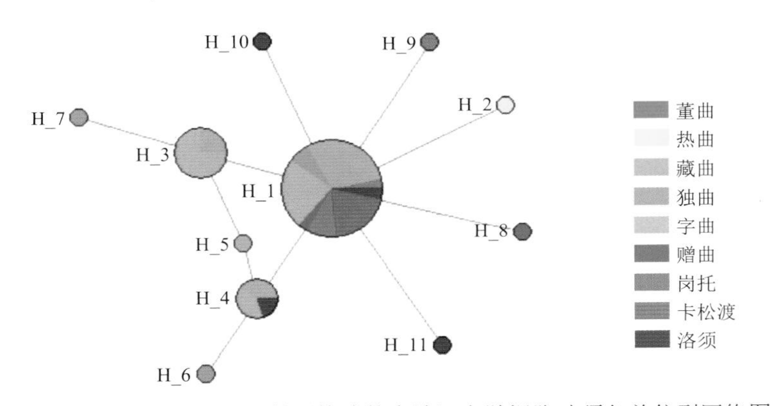

图 9-6　基于线粒体 *Cyt b* 基因构建的金沙江上游裸腹叶须鱼单倍型网络图

2. 种群遗传分化与种群历史动态

基于 Kimura 2-parameter 模型计算裸腹叶须鱼 9 个采样点（此处视为不同地理种群）间的遗传距离。结果表明，9 个种群之间的遗传距离较小，为 0.0000～0.0018，种群内的平均遗传距离为 0.0000～0.0018（表 9-9）。

表 9-9　基于线粒体 *Cyt b* 基因裸腹叶须鱼金沙江上游不同种群间及种群内的遗传距离

种群	董曲	热曲	藏曲	独曲	字曲	赠曲	岗托	卡松渡	种群内
董曲									0.0006
热曲	0.0009								0.0018
藏曲	0.0004	0.0013							0.0006
独曲	0.0009	0.0018	0.0011						0.0018
字曲	0.0005	0.0013	0.0006	0.0011					0.0007
赠曲	0.0009	0.0018	0.0013	0.0018	0.0013				0.0018
岗托	0.0002	0.0011	0.0006	0.0011	0.0007	0.0011			0.0004

续表

种群	董曲	热曲	藏曲	独曲	字曲	赠曲	岗托	卡松渡	种群内
卡松渡	0.0000	0.0009	0.0004	0.0009	0.0005	0.0009	0.0002		0.0000
洛须	0.0007	0.0015	0.0009	0.0014	0.0011	0.0015	0.0009	0.0007	0.0013

基于 *Cyt b* 基因序列的裸腹叶须鱼藏曲种群与字曲种群之间的遗传分化指数（F_{ST}）为–0.014，差异性检验未达到显著性水平（$P>0.05$），表明裸腹叶须鱼藏曲种群与字曲种群之间不具有遗传分化。

核苷酸错配分析发现，藏曲种群与字曲种群均呈现单峰分布，表明这两个种群近期经历了扩张。SSD 检验结果和 Hri 检验结果显示，所有种群均未偏离种群扩张模型。中性检验（Tajima's *D* 和 Fu's *Fs*）显示所有种群均符合中性进化的假设，未检测到种群扩张（表 9-10）。利用 BSP 分析有效种群大小随溯祖时间的动态变化曲线（图 9-7），其中，字曲种群大致于 0.008Ma 发生了种群扩张，藏曲种群大致于 0.014Ma 发生了种群扩张，由所有个体组成的种群大致于 0.008Ma 发生了种群扩张。该结果显示，末次冰期结束可能对金沙江上游裸腹叶须鱼种群历史动态产生影响。

表 9-10 金沙江上游不同地理种群裸腹叶须鱼的中性检验和错配分析

种群	Tajima's *D*（*P*）	Fu's *Fs*（*P*）	SSD（*P*）	Hri（*P*）
藏曲	0.41580	0.62806	0.00588	0.10892
字曲	–1.11799	0.36530	0.03225	0.22141
合计	0.93323	–0.34789	0.02134	0.17678

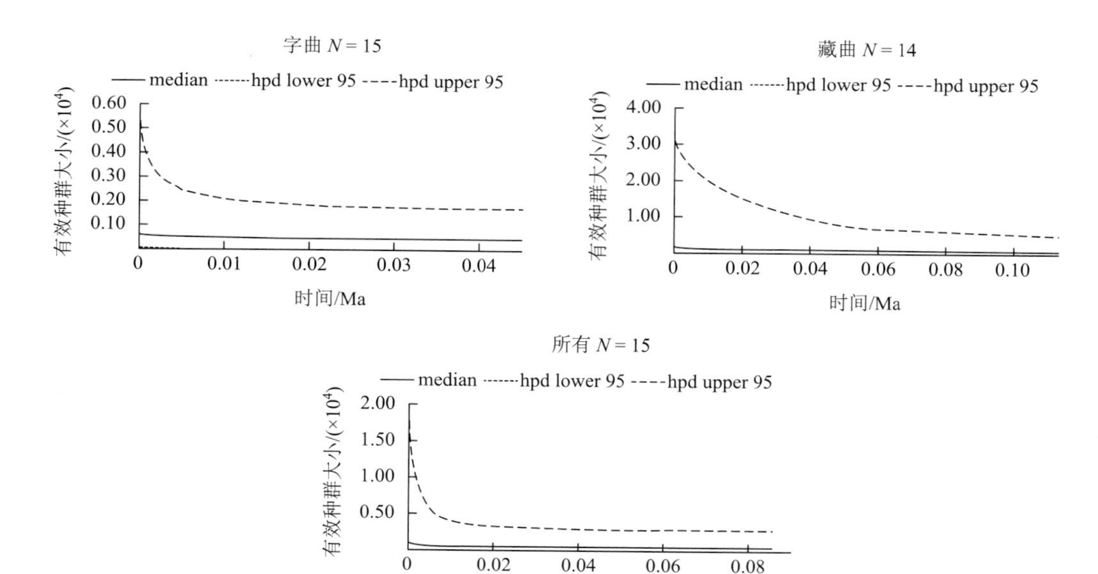

图 9-7 金沙江上游裸腹叶须鱼种群动态随时间变化的 BSP 图

9.2.3　软刺裸裂尻鱼

1. 种群遗传多样性

共获得 13 个采样点 112 尾软刺裸裂尻鱼的 *Cyt b* 基因序列，序列长 1141bp，变异位点 77 个，其中包含 22 个单突变位点和 55 个简约信息位点。所有序列的转换和颠换均未达饱和，转换数明显大于颠换数，其平均 Ti/Tv 值为 6.23。所有个体平均碱基组成：A = 25.7%，T = 30.8%，C = 26.5%，G = 17.0%。A + T 的含量（56.5%）高于 G + C 的含量（43.5%）。碱基组成存在强烈的偏倚，G 的含量尤其在密码子第三位的含量最低（11.1%）。

所有样本共检测到 37 个单倍型，整体单倍型多样性和核苷酸多样性分别为 0.820 和 0.00863，不同采样点的单倍型多样性在 0.275～1.000，核苷酸多样性在 0.00038～0.01008（表 9-11）。其中，白曲的单倍型多样性最高，为 1.000；赠曲的核苷酸多样性最高，为 0.01008；字曲的单倍型多样性和核苷酸多样性最低，分别为 0.275 和 0.00038。从单倍型分布情况来看，除了洛须、卡松渡，其他位点均含有特有单倍型，共有 32 个特有单倍型，其中白玉含有 7 个特有单倍型。

表 9-11　金沙江上游软刺裸裂尻鱼的种群遗传多样性

种群	种群大小	单倍型数	单倍型分布	单倍型多样性	核苷酸多样性
降曲	10	2	Hap_1、Hap_2	0.467±0.132	0.00041±0.00012
董曲	1	1	Hap_3	/	/
热曲	7	5	Hap_4、Hap_5、Hap_6、Hap_7、Hap_8	0.905±0.103	0.00326±0.00061
藏曲	14	7	Hap_4、Hap_9、Hap_10、Hap_11、Hap_12、Hap_13、Hap_14	0.758±0.116	0.00157±0.00049
独曲	5	2	Hap_4、Hap_15	0.400±0.237	0.00105±0.00062
字曲	14	3	Hap_4、Hap_13、Hap_16	0.275±0.148	0.00038±0.00023
白玉	22	11	Hap_4、Hap_17、Hap_18、Hap_19、Hap_20、Hap_21、Hap_22、Hap_23、Hap_24、Hap_25、Hap_26	0.861±0.055	0.00753±0.00369
欧曲	8	6	Hap_4、Hap_17、Hap_20、Hap_25、Hap_27、Hap_28	0.929±0.084	0.00169±0.00036
赠曲	8	5	Hap_4、Hap_29、Hap_30、Hap_31、Hap_32	0.786±0.151	0.01008±0.00580
丁曲	17	3	Hap_4、Hap_33、Hap_34	0.588±0.062	0.00067±0.00018
白曲	3	3	Hap_35、Hap_36、Hap_37	1.000±0.272	0.00292±0.00091
卡松渡	1	1	Hap_4	/	/
洛须	2	1	Hap_4	/	/
合计	112	37		0.820±0.036	0.00863±0.00161

采用裸腹叶须鱼（*Ptychobarbus kaznakovi*）为外类群，利用 NJ 法构建的软刺裸裂尻鱼 37 个单倍型之间的系统发育树。结果显示，所有的单倍型可以聚为 2 个大支（Clade A、B），其中降曲仅含有 2 个单倍型（Hap_1 和 Hap_12），均分布于 Clade B 中；此外，白玉（Hap_19 和 Hap_23）、赠曲（Hap_30）共有 3 个单倍型分布于 Clade B 中。其余样本均聚在分支 Clade A 中（图 9-8）。单倍型进化网络关系图显示，单倍型的网络进化关系呈星状分布，

除了降曲、董曲、白曲外，其他所有位点共享单倍型 Hap_4，Hap_4 属于原始单倍型和进化中心，部分单倍型之间通过缺失的中间单倍型相互连接，不存在显著的地理分布格局（图 9-9）。

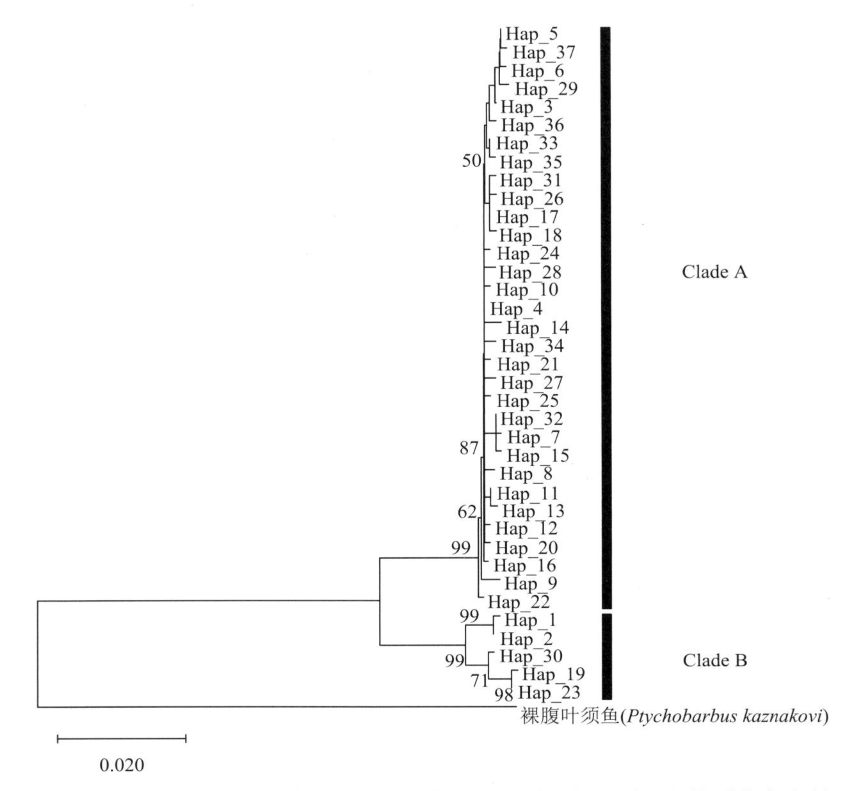

图 9-8 基于 *Cyt b* 基因单倍型构建的金沙江上游软刺裸裂尻鱼的系统发育树

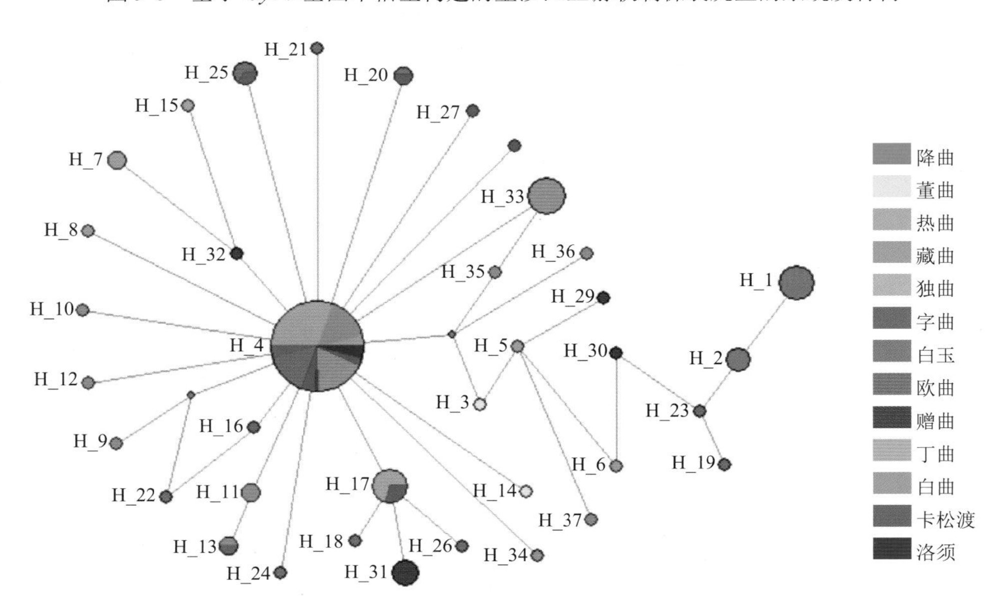

图 9-9 基于线粒体 *Cyt b* 基因构建的金沙江上游软刺裸裂尻鱼单倍型网络图

2. 种群遗传分化与种群历史动态

基于 Kimura 2-parameter 模型计算软刺裸裂尻鱼 13 个采样点（此处视为不同地理种群）间的遗传距离。结果表明，13 个种群之间的遗传距离为 0.0000～0.0372，种群内的平均遗传距离在 0.0000～0.0104（表 9-12）。

表 9-12　基于线粒体 *Cyt b* 基因软刺裸裂尻鱼金沙江上游不同地理种群间及种群内的遗传距离

种群	降曲	董曲	热曲	藏曲	独曲	字曲	白玉	欧曲	赠曲	丁曲	白曲	卡松渡	种群内
降曲													0.0004
董曲	0.0359												—
热曲	0.0363	0.0026											0.0033
藏曲	0.0361	0.0026	0.0027										0.0016
独曲	0.0365	0.0023	0.0022	0.0013									0.0011
字曲	0.0360	0.0019	0.0021	0.0010	0.0007								0.0004
白玉	0.0340	0.0057	0.0059	0.0049	0.0047	0.0043							0.0078
欧曲	0.0366	0.0026	0.0028	0.0017	0.0014	0.0011	0.0048						0.0017
赠曲	0.0332	0.0069	0.0074	0.0068	0.0065	0.0062	0.0089	0.0066					0.0104
丁曲	0.0365	0.0023	0.0024	0.0013	0.0010	0.0007	0.0047	0.0014	0.0066				0.0007
白曲	0.0372	0.0018	0.0034	0.0032	0.0029	0.0025	0.0064	0.0032	0.0077	0.0026			0.0029
卡松渡	0.0359	0.0018	0.0019	0.0008	0.0005	0.0002	0.0041	0.0009	0.0061	0.0005	0.0023		—
洛须	0.0359	0.0018	0.0019	0.0008	0.0005	0.0002	0.0041	0.0009	0.0061	0.0005	0.0023	0.0000	0.0000

基于 *Cyt b* 基因序列，对两种群进行比较分析，两种群之间的遗传分化指数（F_{ST}）范围为–0.02370～0.98883（表 9-13），表明不同种群之间存在有不同程度的遗传分化。其中降曲种群与其他种群之间的 F_{ST} 最大（0.61083～0.98883），且差异性检验均达到显著性水平；丁曲种群与其他种群之间的 F_{ST} 次之（0.07897～0.983707），且差异性检验均达到显著性水平；白玉种群与其他种群之间的 F_{ST} 最小（–0.02370～0.8420），其中除丁曲、降曲种群外，白玉种群与其他种群之间的差异性检验均未达到显著性水平。对软刺裸裂尻鱼 8 个地理种群进行 AMOVA 分析，结果显示，种群内和种群间的遗传变异百分比相近，种群内的变异百分比占 47.25%，种群间的遗传变异百分比占 52.75%。SAMOVA 分析结果显示，当分组数 $K = 3$ 时，组间 F_{CT} 达到最大值。此时，丁曲种群一组，降曲种群一组，其他 6 个种群（赠曲、欧曲、白玉、字曲、藏曲、热曲）为一组，遗传变异主要来自于组间的遗传差异（组间的变异百分比占 65.01%），种群内的遗传变异相对较小（31.76%），表明金沙江上游软刺裸裂尻鱼具有一定的地理种群分化，丁曲种群、降曲种群与其他种群之间具有显著分化（表 9-14）。

表 9-13　金沙江上游不同地理种群软刺裸裂尻鱼的遗传分化指数（F_{ST}）

种群	丁曲	赠曲	欧曲	白玉	字曲	藏曲	热曲	降曲
丁曲		**	**	**	**	**	**	**
赠曲	0.28110		**	NS	**	**	NS	**
欧曲	0.20117	0.09343		NS	**	NS	*	**
白玉	0.07897	-0.00313	-0.02370		NS	NS	NS	**
字曲	0.24910	0.23111	0.07552	0.02940		NS	**	**
藏曲	0.16699	0.18994	0.03795	0.02679	-0.00712		**	**
热曲	0.12199	0.00166	0.01387	0.08821	0.09161	0.08387		**
降曲	0.98370	0.85359	0.97260	0.84201	0.98883	0.96878	0.61083	

注：表中对角线下为不同种群间成对 F_{ST} 值；对角线上为对应 P 值，NS 表示无显著差异，*表示 $P<0.05$，**表示 $P<0.01$。

表 9-14　金沙江上游不同地理种群软刺裸裂尻鱼的遗传变异

变异来源	自由度	平方和	变异组分	变异百分数/%
组间	2	334.987	7.40340	65.01
种群间	5	39.966	0.36733	3.23
种群内	93	336.373	3.61692	31.76
总计	100	711.327	11.38765	

核苷酸错配分析发现，除欧曲种群、字曲种群、降曲种群外，其他所有种群均呈现多峰分布，表明这些种群近期没有经历扩张。SSD 检验结果显示，藏曲种群与所有个体组成的种群显著偏离了种群扩张模型；Hri 检验结果显示，所有种群均未显著偏离种群扩张模型。中性检验显示，4 个种群（赠曲、字曲、藏曲、热曲）的 Tajima's D 呈现显著的负值，2 个种群（欧曲、藏曲）的 Fu's Fs 值呈现显著的负值，其他种群均符合中性进化的假设，未检测到种群扩张（表 9-15）。利用 BSP 分析有效种群大小随溯祖时间的动态变化曲线（图 9-10），其中藏曲、欧曲种群大致于 0.09Ma 发生了种群扩张，白玉、赠曲、热曲及所有个体组成的种群大致于 0.11Ma 发生了种群收缩后的扩张，字曲种群大致于 0.015Ma 发生了种群扩张，该结果显示第四纪冰期事件可能对金沙江上游软刺裸裂尻鱼种群历史动态产生影响。

表 9-15　金沙江上游不同地理种群软刺裸裂尻鱼的中性检验和错配分析

种群	Tajima's D（P）	Fu's Fs（P）	SSD（P）	Hri（P）
丁曲	−0.39154	0.48563	0.02104	0.17647
赠曲	−1.55385*	2.74883	0.07077	0.16327
欧曲	−1.35929	−2.72627*	0.01922	0.11224
白玉	−1.47381	0.57589	0.01939	0.09183
字曲	−1.67053*	−0.76110	0.01048	0.36686
藏曲	−1.90037*	−2.42194*	0.16977*	0.05482

续表

种群	Tajima's *D*（*P*）	Fu's *Fs*（*P*）	SSD（*P*）	Hri（*P*）
热曲	−1.80323**	4.63212	0.04708	0.07908
降曲	0.81980	0.81801	0.01553	0.22222
合计	−2.2907**	0.41890	0.20959**	0.01993

注：*表示 $P<0.05$；**表示 $P<0.01$。

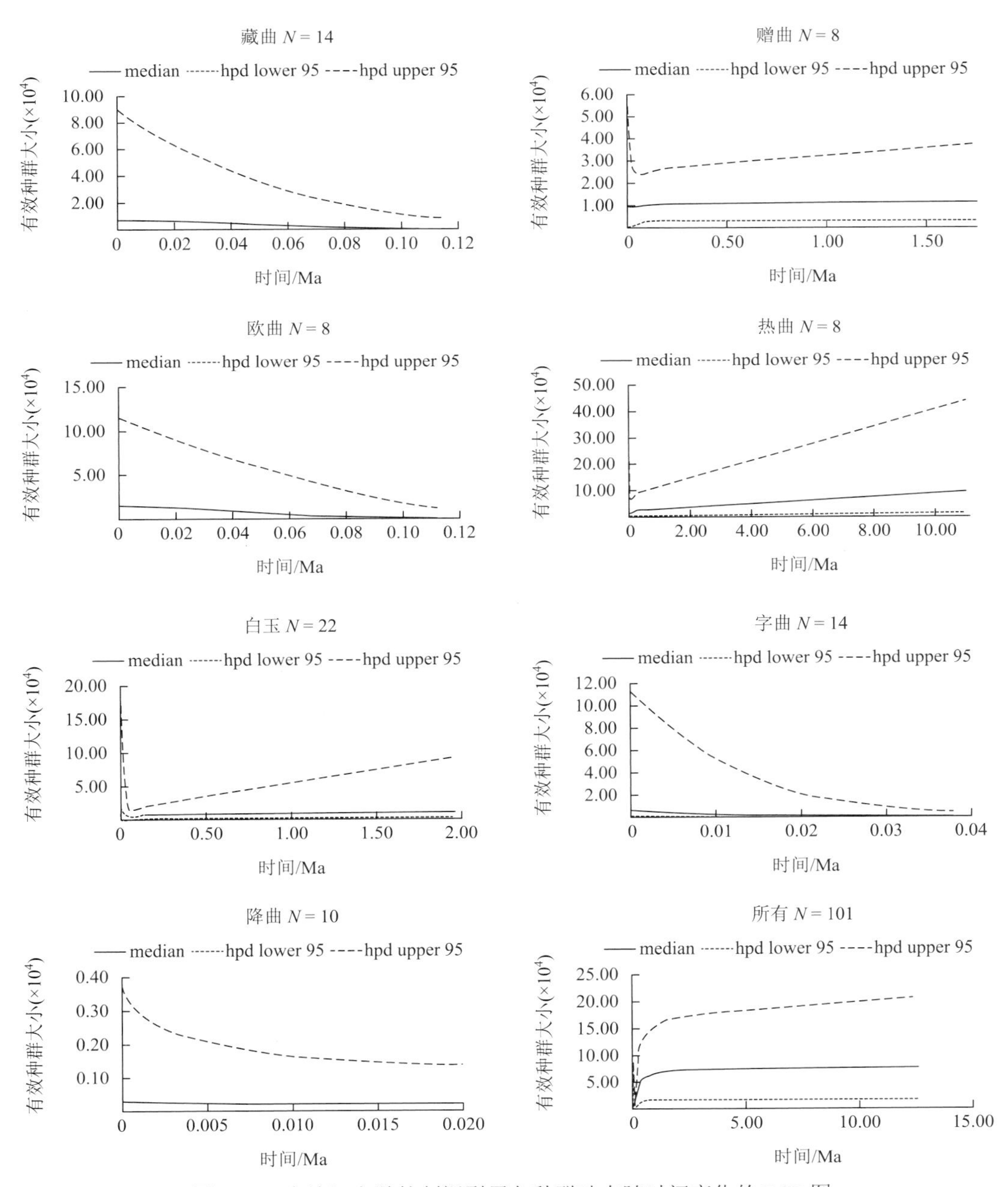

图 9-10　金沙江上游软刺裸裂尻鱼种群动态随时间变化的 BSP 图

9.2.4　四川裂腹鱼

1. 种群遗传多样性

共获得 6 个采样点 35 尾四川裂腹鱼的 *Cyt b* 基因序列，序列长 1141bp，变异位点 8 个，其中包含 2 个单突变位点和 6 个简约信息位点。所有序列的转换和颠换均未达饱和，转换数明显大于颠换数，其平均 Ti/Tv 值为 2.00。所有个体平均碱基组成：A = 26.4%，T = 28.7%，C = 27.8%，G = 17.1%。A + T 的含量（55.1%）高于 G + C 的含量（44.9%）。碱基组成存在强烈的偏倚，G 的含量尤其在密码子第三位的含量最低（12.2%）。

所有样本共检测到 7 个单倍型，整体单倍型多样性和核苷酸多样性分别为 0.679 和 0.00115，不同采样点的单倍型多样性在 0.464～0.795，核苷酸多样性在 0.00044～0.00115（表 9-16）。其中，藏曲的单倍型多样性和核苷酸多样性均最高，分别为 0.795 和 0.00115；白玉的单倍型多样性和核苷酸多样性最低，分别为 0.464 和 0.00044。从单倍型分布情况来看，岗托、波罗具有特有单倍型，共有 2 个特有单倍型。

表 9-16　金沙江上游四川裂腹鱼的种群遗传多样性

地点	种群大小	单倍型数	单倍型分布	单倍型多样性	核苷酸多样性
波罗	1	1	Hap_1	/	/
藏曲	13	5	Hap_2、Hap_3、Hap_4、Hap_5、Hap_6	0.795±0.076	0.00115±0.00027
字曲	1	1	Hap_3	/	/
白玉	8	3	Hap_2、Hap_3、Hap_5	0.464±0.200	0.00044±0.00021
岗托	12	4	Hap_3、Hap_4、Hap_6、Hap_7	0.652±0.133	0.00110±0.00032
合计	35	7		0.679±0.077	0.00115±0.00025

采用软刺裸裂尻鱼（*Schizopygopsis malacanthus*）为外类群，利用 NJ 法构建四川裂腹鱼 7 个单倍型之间的系统发育树。结果显示，所有的单倍型可以聚为一个单系，但在系统树上不按照地理分布聚类（图 9-11）。单倍型进化网络关系图显示，单倍型的网络进化关系呈星状分布，除了波罗以外的其他所有采样点共享单倍型 Hap_3，Hap_3 属于原始单倍型和进化中心，部分单倍型之间通过缺失的中间单倍型相互连接，不存在显著的地理分布格局（图 9-12）。

2. 种群遗传分化与种群历史动态

采用 Kimura 2-parameter 模型计算四川裂腹鱼 6 个采样点（此处视为不同地理种群）间的遗传距离。结果表明，6 个种群之间的遗传距离较小，为 0.0002～0.0046，种群内的平均遗传距离较小，为 0.0004～0.0011（表 9-17）。

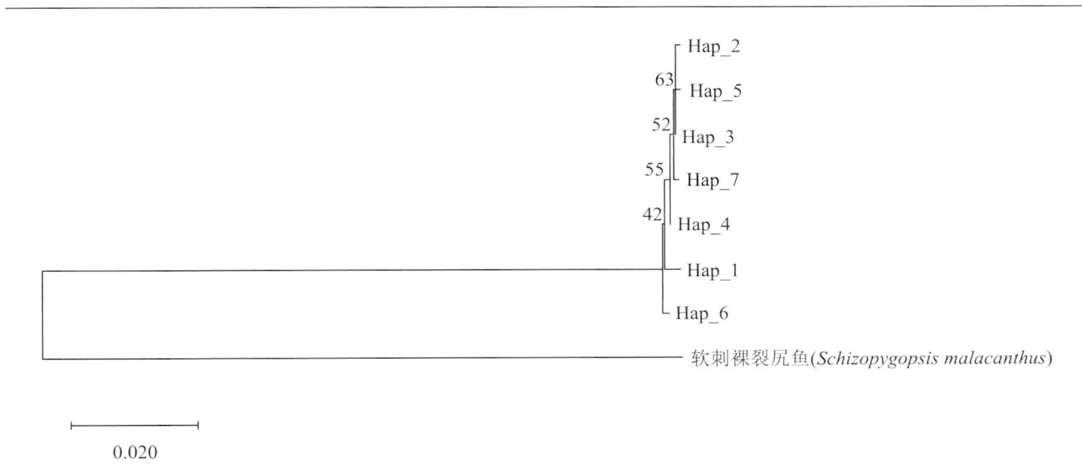

图 9-11　基于 *Cyt b* 基因单倍型构建的金沙江上游四川裂腹鱼的系统发育树

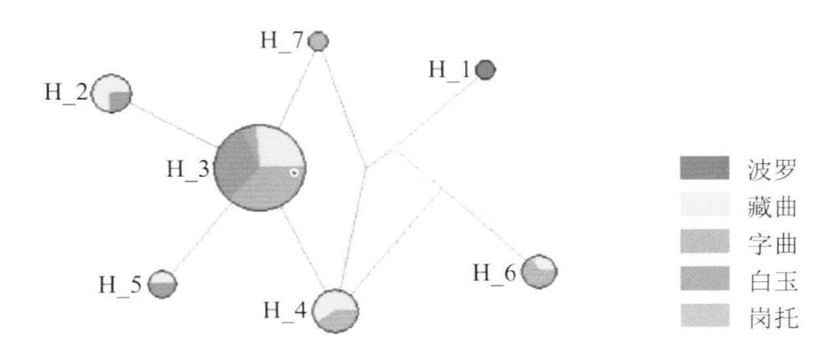

图 9-12　基于线粒体 *Cyt b* 基因构建的金沙江上游四川裂腹鱼的单倍型网络图

表 9-17　基于线粒体 *Cyt b* 基因四川裂腹鱼金沙江上游不同地理种群间及种群内的遗传距离

种群	波罗	藏曲	字曲	白玉	岗托	种群内
波罗						
藏曲	0.0044					0.0011
字曲	0.0044	0.0007				
白玉	0.0046	0.0008	0.0002			0.0004
岗托	0.0040	0.0011	0.0007	0.0009		0.0011

基于 *Cyt b* 基因序列，对两种群进行比较分析，两种群之间的遗传分化指数（F_{ST}）范围为–0.01581～0.09794（表 9-18）。其中岗托种群与白玉种群之间的 F_{ST} 最大，为 0.09794，其他种群之间的 F_{ST} 均小于 0.05，且差异性检验均未达到显著性水平。对四川裂腹鱼 3 个地理种群进行 AMOVA 分析，遗传变异主要来自于种群内的遗传差异（种群内的变异百分比占 97.82%），种群间的遗传变异相对较小（2.18%）。SAMOVA 分析结果显示，当分组数 $K=2$ 时，组间 F_{CT} 值最大（表 9-19）。此时，白玉种群一组，岗托种群、藏曲种群一组，遗传变异主要来自于种群内的遗传差异（种群内的变异百分比占 95.83%），组间的遗传变异相对较小（4.63%），表明金沙江上游四川裂腹鱼不存在地理种群分化。

表 9-18　金沙江上游不同地理种群四川裂腹鱼遗传分化指数（F_{ST}）

种群	岗托	白玉	藏曲
岗托		NS	NS
白玉	0.09794		NS
藏曲	−0.01581	0.01753	

注：表中对角线下为不同种群间成对 F_{ST} 值；对角线上为对应 P 值，NS 表示无显著差异。

表 9-19　金沙江上游不同地理种群四川裂腹鱼的遗传变异

变异来源	自由度	平方和	变异组分	变异百分数/%
组间	1	0.849	0.02661	4.63
种群间	1	0.517	−0.00266	−0.46
种群内	30	16.513	0.55043	95.83
总计	32	17.879	0.57438	

核苷酸错配分析发现，岗托种群、藏曲种群呈现单峰分布，表明这两个种群近期经历了种群扩张；白玉种群呈现多峰分布，表明其近期没有经历扩张。SSD 检验结果显示，岗托种群显著偏离了种群扩张模型；Hri 检验结果显示，所有种群均未显著偏离种群扩张模型。中性检验（Tajima's D 和 Fu's Fs）显示，所有种群均符合中性进化的假设，未检测到种群扩张（表 9-20）。利用 BSP 分析有效种群大小随溯祖时间的动态变化曲线，其中岗托种群大致于 0.03Ma 发生了种群扩张，藏曲种群大致于 0.04Ma 发生了种群扩张，白玉种群大致于 0.02Ma 发生了种群扩张，由所有个体组成的种群大致于 0.03Ma 发生了种群扩张，该结果显示第四纪冰期事件可能对金沙江上游四川裂腹鱼种群历史动态产生影响（图 9-13）。

表 9-20　金沙江上游不同地理种群四川裂腹鱼的中性检验和错配分析

种群	Tajima's D（P）	Fu's Fs（P）	SSD（P）	Hri（P）
岗托	−0.17785	−0.12728	0.23859**	0.10124
白玉	−1.31009	−0.99899	0.01357	0.16709
藏曲	−0.67165	−1.09034	0.01473	0.13741
合计	−0.68081	−1.19139	0.00969	0.09535

注：**表示 P<0.01。

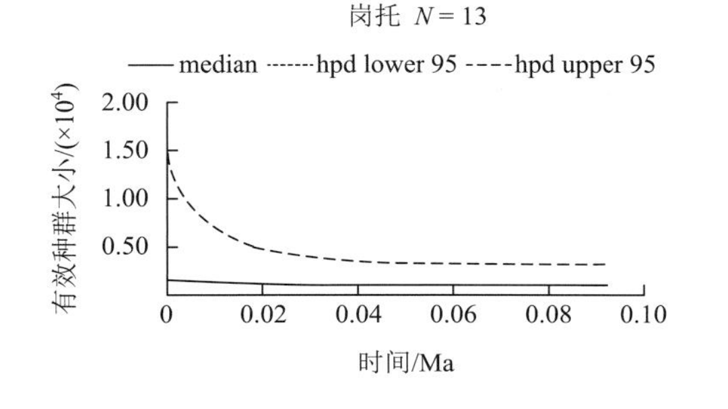

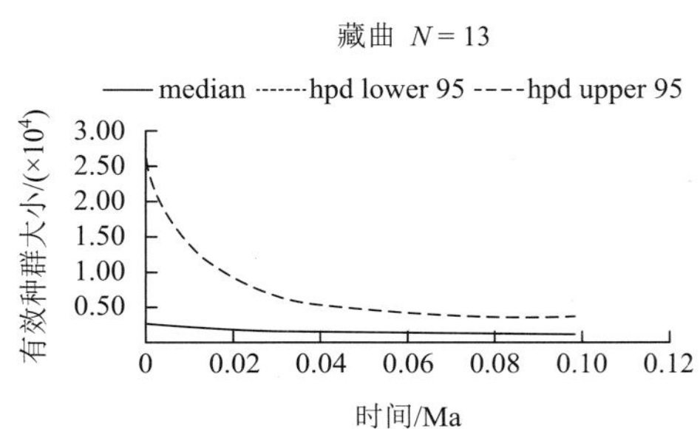

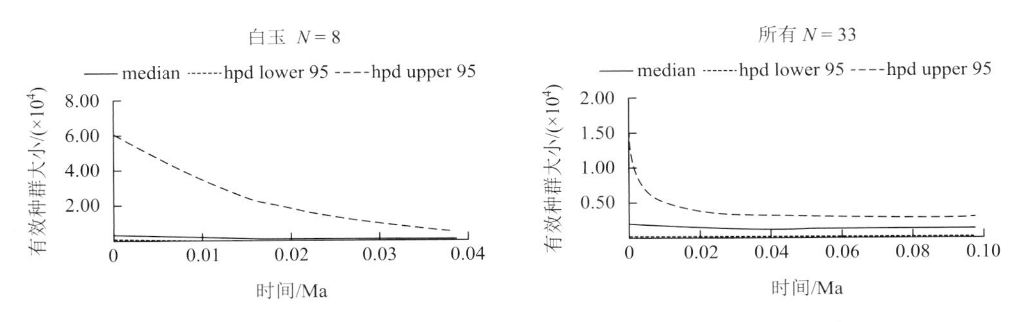

图 9-13　金沙江上游四川裂腹鱼种群动态随时间变化的 BSP 图

9.2.5　长丝裂腹鱼

1. 种群遗传多样性

共获得 9 个采样点 76 尾长丝裂腹鱼的 *Cyt b* 基因序列，序列长 1141bp，变异位点 65 个，其中包含 9 个单突变位点和 56 个简约信息位点。所有序列的转换和颠换均未达饱和，转换数明显大于颠换数，其平均 Ti/Tv 值为 6.53。所有个体平均碱基组成：A = 26.4%，T = 28.6%，C = 27.8%，G = 17.2%。A + T 的含量（55.0%）高于 G + C 的含量（45.0%）。碱基组成存在强烈的偏倚，G 的含量尤其在密码子第三位的含量最低（12.5%）。

所有样本共检测到 24 个单倍型，整体单倍型多样性和核苷酸多样性分别为 0.935 和 0.01661，不同采样点的单倍型多样性在 0.833～1.000，核苷酸多样性在 0.01342～0.02249（表 9-21）。其中，卡松渡、白曲、波罗的单倍型多样性最高，均为 1.000；波罗的核苷酸多样性最高，为 0.02249；赠曲的单倍型多样性最低，为 0.833；岗托的核苷酸多样性最低，为 0.01342。从单倍型分布情况来看，除了洛须、卡松渡、欧曲、波罗外，其他采样点均含有特有单倍型，特有单倍型共有 13 个，其中岗托、白玉各有 5 个特有单倍型。

表 9-21　金沙江上游长丝裂腹鱼的种群遗传多样性

地点	种群大小	单倍型数	单倍型分布	单倍型多样性	核苷酸多样性
波罗	4	4	Hap_1、Hap_2、Hap_3、Hap_4	1.000±0.177	0.02249±0.00545
藏曲	6	4	Hap_2、Hap_5、Hap_6、Hap_7	0.867±0.129	0.01490±0.00408
白玉	18	10	Hap_2、Hap_4、Hap_8、Hap_9、Hap_10、Hap_11、Hap_12、Hap_13、Hap_14、Hap_15	0.922±0.039	0.01870±0.00103
欧曲	1	1	Hap_16	—	—
赠曲	4	3	Hap_9、Hap_12、Hap_17	0.833±0.222	0.01388±0.00682
白曲	3	3	Hap_12、Hap_18、Hap_19	1.000±0.272	0.01811±0.00703
岗托	22	12	Hap_1、Hap_3、Hap_5、Hap_9、Hap_14、Hap_16、Hap_18、Hap_20、Hap_21、Hap_22、Hap_23、Hap_24	0.905±0.042	0.01342±0.00277
卡松渡	5	5	Hap_1、Hap_2、Hap_6、Hap_9、Hap_12	1.000±0.126	0.01902±0.00511
洛须	13	6	Hap_1、Hap_4、Hap_6、Hap_9、Hap_16、Hap_18	0.897±0.046	0.01733±0.00232
合计	76	24		0.935±0.011	0.01661±0.00093

采用黄河裸裂尻鱼（*Schizopygopsis pylzov*）为外类群，利用 NJ 法构建的长丝裂腹鱼 24 个单倍型之间的系统发育树。结果显示，所有的单倍型可以聚为一个单系，但在系统树上不按照地理分布聚类，各结点支持率较低，存在多歧分支（图 9-14）。单倍型进化网络关系图显示，单倍型的网络进化关系呈星状分布，不存在显著的地理分布格局（图 9-15）。

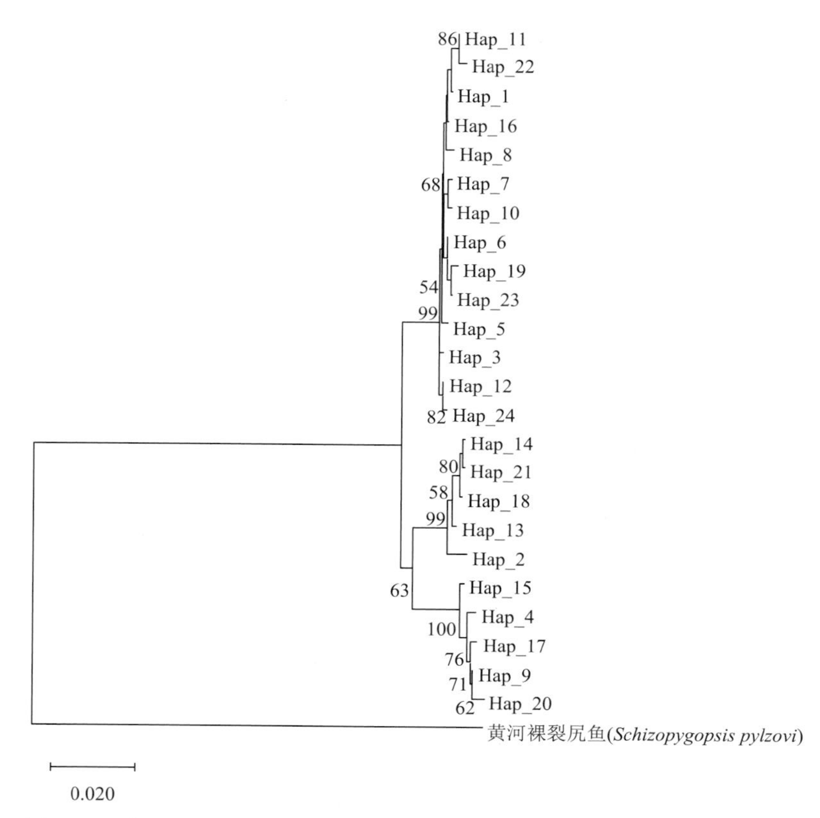

图 9-14　基于 *Cyt b* 基因单倍型构建的金沙江上游长丝裂腹鱼的系统发育树

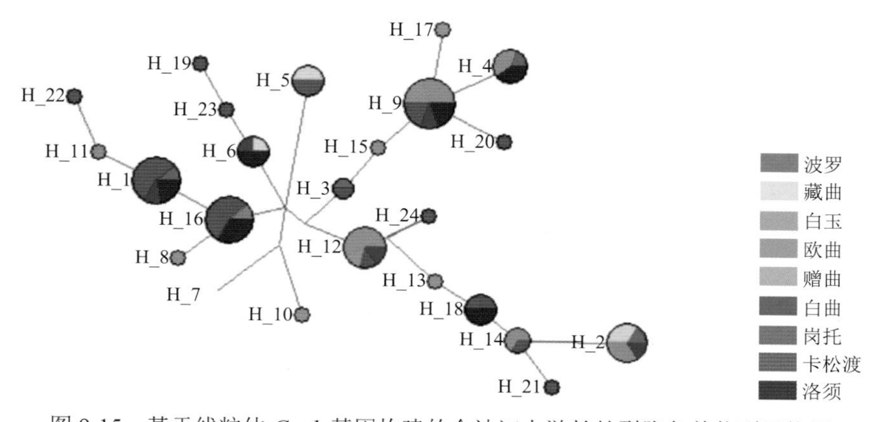

图 9-15　基于线粒体 *Cyt b* 基因构建的金沙江上游长丝裂腹鱼单倍型网络图

2. 种群遗传分化与种群历史动态

基于 Kimura 2-parameter 模型计算长丝裂腹鱼9个采样点（此处视为不同地理种群）间的遗传距离。结果表明，9个种群之间的遗传距离较小，为0.0103～0.0234，种群内的平均遗传距离较小，为0.0137～0.0231（表9-22）。

表9-22　基于线粒体 *Cyt b* 基因长丝裂腹鱼金沙江上游不同种群间及种群内的遗传距离

种群	波罗	藏曲	白玉	欧曲	赠曲	白曲	岗托	卡松渡	洛须	种群内
波罗										0.0231
藏曲	0.0171									0.0153
白玉	0.0183	0.0186								0.0192
欧曲	0.0146	0.0103	0.0172							—
赠曲	0.0191	0.0233	0.0180	0.0218						0.0142
白曲	0.0177	0.0141	0.0184	0.0104	0.0234					0.0185
岗托	0.0169	0.0145	0.0182	0.0084	0.0208	0.0143				0.0137
卡松渡	0.0169	0.0154	0.0179	0.0119	0.0194	0.0157	0.0151			0.0195
洛须	0.0174	0.0171	0.0181	0.0129	0.0183	0.0169	0.0157	0.0165		0.0178

基于 *Cyt b* 基因序列，对两种群进行比较分析，两种群之间的遗传分化指数（F_{ST}）范围为–0.02300～0.09897（表9-23），岗托种群与白玉种群之间的 F_{ST} 最大（0.09897），且差异性检验均达到显著性水平，表明两种群间具有轻微的遗传分化；其他各种群之间的 F_{ST} 较小（–0.02300～0.00116），且差异性检验均未达到显著性水平，表明各种群之间不具有遗传分化。对长丝裂腹鱼3个地理种群进行AMOVA分析，发现遗传变异主要来自种群内的遗传差异（种群内的变异百分比占96.19%），种群间的遗传变异相对较小（3.81%）（表9-24）。SAMOVA分析结果显示，当分组数 $K=2$ 时，组间 F_{CT} 最大值。此时，岗托种群一组，洛须种群、白玉种群一组，遗传变异主要来自于种群内的遗传差异（种群内的变异百分比占94.42%），组间的遗传变异相对较小（7.20%），表明金沙江上游长丝裂腹鱼不存在地理种群分化。

表9-23　金沙江上游不同地理种群长丝裂腹鱼遗传分化指数（F_{ST}）

种群	洛须	岗托	白玉
洛须		NS	NS
岗托	−0.00116		*
白玉	−0.02300	0.09897	

注：表中对角线下为不同种群间成对 F_{ST} 值；对角线上为对应 P 值，NS 表示无显著差异，*表示 $P<0.05$。

表9-24　金沙江上游不同地理种群长丝裂腹鱼的遗传变异

变异来源	自由度	平方和	变异组分	变异百分数/%
组间	1	24.215	0.70213	7.20
种群间	1	6.834	−0.15760	−1.62

续表

变异来源	自由度	平方和	变异组分	变异百分数/%
种群内	50	460.686	9.21372	94.42
总计	52	491.736	9.75825	

核苷酸错配分析发现，所有种群均呈现多峰分布，表明这些种群近期没有经历扩张。*SSD* 检验结果显示，所有种群均显著偏离了种群扩张模型；Hri 检验结果显示，除白玉种群外，其他种群均未显著偏离种群扩张模型。中性检验（Tajima's *D* 和 Fu's *Fs*）显示，所有种群均符合中性进化的假设，未检测到种群扩张（表 9-25）。利用 BSP 分析有效种群大小随溯祖时间的动态变化曲线，洛须种群大致于 0.18Ma 发生了种群收缩，白玉种群大致于 0.16Ma 发生了种群收缩，表明第四纪冰期事件可能对金沙江上游长丝裂腹鱼种群历史动态产生影响（图 9-16）。

表 9-25　金沙江上游不同地理种群长丝裂腹鱼的中性检验和错配分析

种群	Tajima's *D*（*P*）	Fu's *Fs*（*P*）	SSD（*P*）	Hri（*P*）
洛须	1.36457	6.76403	0.06539**	0.07232
岗托	0.05654	1.94434	0.89965**	0.05911
白玉	1.48382	3.89850	0.05236**	0.07322**
合计	1.25617	2.72710	0.05204	0.02752

注：**表示 *P*<0.01。

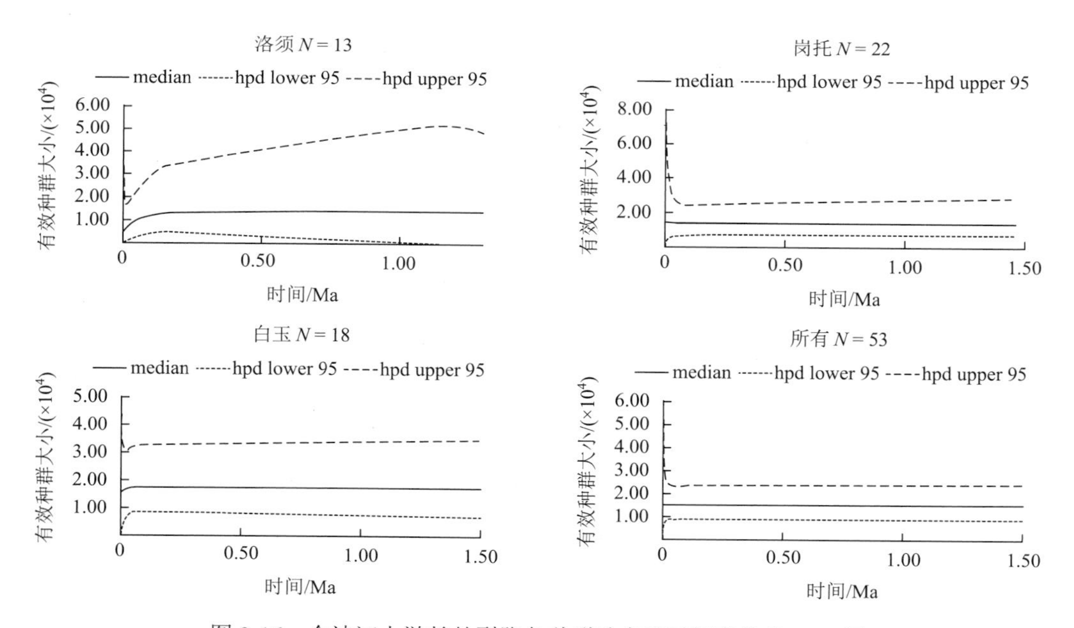

图 9-16　金沙江上游长丝裂腹鱼种群动态随时间变化的 BSP 图

9.3　小　　结

遗传多样性是生物多样性的基础，是物种长期生存和演化的前提，也是评估生物资源现状的重要参数（Neigel and Avise，1993）。单倍型多样性（h）和核苷酸多样性（π）是衡量一个物种群体 DNA 变异程度的重要指标。本章基于线粒体 DNA 的 *Cyt b* 基因序列，对金沙江上游 5 种代表性鱼类的种群遗传多样性进行评估。5 种裂腹鱼亚科鱼类（短须裂腹鱼、裸腹叶须鱼、软刺裸裂尻鱼、四川裂腹鱼、长丝裂腹鱼）的单倍型多样在 0.275～1.000，核苷酸多样性在 0.00038～0.02249。与雅鲁藏布江下游墨脱江段及察隅河的墨脱裂腹鱼（*Schizothorax molesworthi*；$h = 0.768$，$\pi = 0.00167$；俞丹等，2019），怒江的怒江裂腹鱼（*Schizothorax nukiangensis*；$h = 0.965$，$\pi = 0.0024$；Chen et al.，2015），长江上游齐口裂腹鱼（*Schizothorax prenanti*；$h = 0.704$～0.884，$\pi = 0.007$～0.012；张争世等，2017），甘肃省境内黄河裸裂尻鱼（*Schizopygopsis pylzovi*；$h = 0.917$，$\pi = 0.00310$）和嘉陵裸裂尻鱼（*Schizopygopsis kialingensis*；$h = 0.706$，$\pi = 0.00233$；娄晋铭等，2019）等其他裂腹鱼亚科鱼类相比，短须裂腹鱼（$h = 0.798$，$\pi = 0.01017$）、软刺裸裂尻鱼（$h = 0.820$，$\pi = 0.00863$）和长丝裂腹鱼（$h = 0.935$，$\pi = 0.01661$）的单倍型和核苷酸多样性均较高，裸腹叶须鱼（$h = 0.629$，$\pi = 0.00077$）和四川裂腹鱼（$h = 0.679$，$\pi = 0.00115$）的单倍型和核苷酸多样性均较低。Grant 和 Bowen（1998）依据鱼类的线粒体基因遗传多样性，推测了种群演化历史的 4 种模式：当 $h \geqslant 0.5$，$\pi \geqslant 0.5\%$时，物种种群大而稳定且有着长期进化历史，或由于不同分化的谱系出现二次交流；当 $h \geqslant 0.5$，$\pi < 0.5\%$时，种群发生瓶颈效应后又伴随着种群的快速增长及累计突变；当 $h < 0.5$，$\pi \geqslant 0.5\%$时，地理种群的再分化引起分歧或种群经历了轻微的瓶颈效应，几乎没有影响到核苷酸变异；当 $h < 0.5$，$\pi < 0.5\%$时，种群近期发生了瓶颈效应或奠基者事件。本章中裸腹叶须鱼和四川裂腹鱼表现为 $h \geqslant 0.5$ 及 $\pi < 0.5\%$ 的模式，这可能是种群受到瓶颈效应后又发生了快速扩张，在扩张过程中积累的遗传变异会增加种群的单倍型多样性，但是核苷酸多样性依然较低（Grant and Bowen，1998；Arundell et al.，2015）；也可能是裸腹叶须鱼和四川裂腹鱼的种群进化历史较短的原因。其他 3 个物种（短须裂腹鱼、软刺裸裂尻鱼、长丝裂腹鱼）的种群均表现出 $h > 0.5$ 且 $\pi > 0.5\%$模式，推测原因可能是动荡的环境使种群在隔离后又与其他异域分布的种群发生了交流，即二次接触（secondary contact）。二次接触造成遗传多样性增加的情况在海洋鱼类、植物中均有报道（Nettel et al.，2008；Bay and Caley，2011；Havrdová et al.，2015）。

遗传分化指数（F_{ST}）可在一定程度上指示种群间基因流和遗传漂变的程度，是反映群体演化历史的重要参数。Wright（1965）认为，F_{ST} 在 0～0.05 说明亚种群之间不存在分化；F_{ST} 在 0.05～0.15 则存在中度分化；F_{ST} 值在 0.15～0.25 则存在高度分化。5 种鱼的遗传分化指数范围分别是：短须裂腹鱼（−0.04858～0.15600）、裸腹叶须鱼（−0.014）、软刺裸裂尻鱼（−0.02370～0.98883），四川裂腹鱼（−0.01581～0.09794）长丝裂腹鱼（−0.02300～0.09897）。除裸腹叶须鱼外，其他物种不同地理群体之间存在不同程度的遗传分化。其中，软刺裸裂尻鱼具有显著的遗传结构，降曲种群与其他种群（丁曲、赠曲、欧曲、白玉、字曲、藏曲、热曲）之间具有显著分化。

Tajima'*D* 和 Fu's *Fs* 是两种常用于推测种群历史动态的中性检验，通常以 Tajima'*D* 和 Fu's *Fs* 检验呈显著负值作为种群扩张的标志。相对而言，Fu's *Fs* 检验对种群扩张更加敏感（Fu and Li，1993）。本章中除短须裂腹鱼和软刺裸裂尻鱼外，其他 3 种鱼的不同地理种群的中性检验均没有检测到种群扩张。5 种鱼不同地理种群的种群动态随时间变化的 BSP 图显示，几乎所有种群在近期经历了一定程度的扩张与收缩。其中，软刺裸裂尻鱼的不同地理种群大致在 0.02～0.11Ma 发生扩张，短须裂腹鱼和长丝裂腹鱼的不同地理种群也经历了种群收缩，时间分别在 0.04～0.18Ma 和 0.16～0.18Ma。可以发现，这 3 种鱼的扩张和收缩时间刚好与历史上的第四纪冰期的时间对应（崔之久等，2011）。此外，裸腹叶须鱼的不同地理种群在 0.008～0.014Ma 经历了种群扩张，这一时期刚好处于末次冰期结束，推测可能与末次冰期后的一次降温事件有关（新仙女木事件）。因此，冰期与间冰期的旋回可能对裂腹鱼亚科鱼类的种群历史动态产生一定影响。

主要参考文献

崔之久，陈艺鑫，张威，等，2011. 中国第四纪冰期历史、特征及成因探讨[J]. 第四纪研究，31（5）：749-764.

娄晋铭，张智，王太，等，2019. 甘肃省 3 种裂腹鱼遗传多样性与地理种群分化[J]. 华中农业大学学报，38（4）：77-84.

俞丹，张智，张健，等，2019. 基于 Cyt b 基因的雅鲁藏布江下游墨脱江段及察隅河墨脱裂腹鱼的遗传多样性及种群历史动态分析[J]. 水生生物学报，43（5）：923-930.

张争世，胡冰洁，叶祥益，等，2017. 基于 mtDNA *Cyt b* 序列分析齐口裂腹鱼群体遗传多样性[J]. 水生生物学报，41（3）：609-616.

Arundell K，Dunn A，Alexander J，et al.，2015. Enemy release and genetic founder effects in invasive killer shrimp populations of Great Britain [J]. Biological Invasions，17（5）：1439-1451.

Bay L K，Caley M J，2011. Greater genetic diversity in spatially restricted coral reef fishes suggests secondary contact among differentiated lineages[J]. Diversity，3（3），483-502.

Chen W T，Du K，He S P，2015. Genetic structure and historical demography of Schizothorax nukiangensis（cyprinidae）in continuous habitat[J]. Ecology and Evolution，5（4）：984-995.

Fu Y X，Li W H，1993. Statistical tests of neutrality of mutations[J]. Genetics，133（3）：693-709.

Grant W，Bowen B，1998. Shallow population histories in deep evolutionary lineages of marine fishes：insights from sardines and anchovies and lessons for conservation[J]. Journal of Heredity，89（5）：415-426.

Havrdová A，Douda J，Krak K，et al.，2015. Higher genetic diversity in recolonized areas than in refugia of Alnus glutinosa triggered by continent-wide lineage admixture[J]. Molecular Ecology，24（18）：4759-4777.

Neigel J E，Avise J C，1993. Application of a random walk model to geographic distributions of animal mitochondrial DNA variation[J]. Genetics，135（4）：1209-1220.

Nettel A，Dodd R S，Afzal-Rafii Z，et al.，2008. Genetic diversity enhanced by ancient introgression and secondary contact in East Pacific black mangroves[J]. Molecular Ecology，17（11）：2680-2690.

Wright S，1965. The interpretation of population structure by F-statistics with special regard to systems of mating[J]. Evolution，19（3）：395-420.

第 10 章　金沙江上游水生生物资源保护对策与建议

生物多样性关系人类福祉，是人类赖以生存和发展的重要基础。目前，全球范围内正面临生物多样性丧失和第六次物种大灭绝，国际社会普遍认识到生物多样性保护的重要性。淡水生态系统作为地球上最脆弱的生态系统之一，承受着当前人类活动带来的巨大压力。本章在总结归纳长江水域生态系统面临的威胁的基础上，分析金沙江上游水生生物多样性面临的主要威胁，并提出相应的应对措施与建议。

10.1　长江水生生物多样性面临的主要威胁

长江是中华民族的母亲河。长江流域拥有约全国 20%的湿地面积、35%的水资源总量和 40%的淡水鱼类种类，覆盖 204 个国家级水产种质资源保护区，是具有全球意义的生物多样性热点区，是我国重要的生态安全屏障（刘录三等，2020；王金南等，2020）。多年来，随着经济社会的快速发展，长江流域生态方面的历史欠账多，拦河筑坝、水质污染、过度捕捞、栖息地退化（航道整治、岸坡硬化、挖沙采石）、外来种入侵等人类活动带来的问题纷繁复杂、相互交织，水生生物保护形势严峻（图 10-1）。

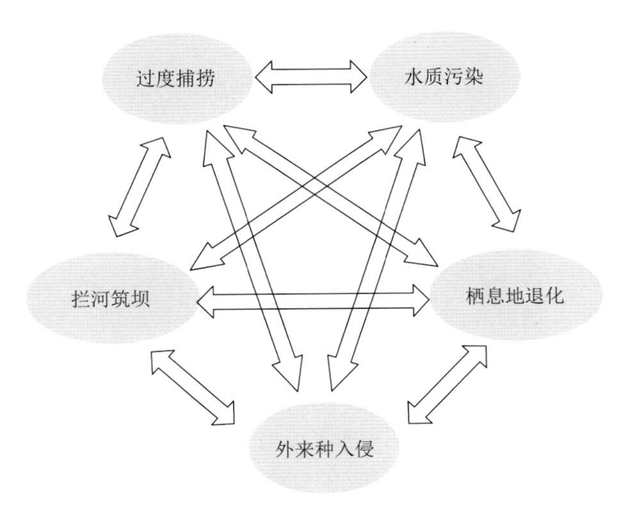

图 10-1　长江流域面临的主要威胁及其相互作用（Dudgeon et al.，2006）

10.1.1　拦河筑坝

近年来，长江流域水利水电工程建设规模巨大。据统计，截至 2013 年，长江流域现有各类库坝 4.36 万座，总容量约 290 亿 m^3，其中大中型水库 1358 座，库容超过 1.1 亿 m^3

（Yang et al.，2019）。长江上游流域是我国水电开发的主要区域和水电基地，金沙江、长江上游干流、雅砻江、大渡河、岷江、嘉陵江、乌江、青衣江、普渡河等河流共建设或规划有梯级电站 254 座。金沙江上游规划 10 级，金沙江中下游规划 14 级，雅砻江干流规划 22 级，岷江干流都江堰以上规划 10 级，岷江中下游规划 12 级，大渡河干流规划 29 级，乌江干流规划 12 级，嘉陵江广元以下干流规划 16 级。其中，嘉陵江和乌江干流全部梯级已基本实施，其他支流梯级建设呈向规划河段上游（金沙江上游、雅砻江和大渡河中上游）推进的趋势（林鹏程等，2019）。

水利水电工程建设及运行改变了长江流域水域生态环境。2018 年 6 月 19 日，中华人民共和国审计署发布《长江经济带生态环境保护审计结果》显示，截至 2017 年底，长江经济带有 10 省份建成小型水电 2.41 万座；8 省份 930 座小型水电未经环评即开工建设；过度开发致使 333 条河流出现不同程度断流，断流河段总长 1017km。水利工程建设及运行通过蓄水淹没流水生境、改变水文节律和径流过程等对水生态环境带来了不利影响。

（1）水文情势改变，适应流水的水生生物栖息生境消失。与自然河流生态系统相比，水利工程建成蓄水后水面增宽，流速减缓，泥沙沉积，水深增大，水体透明度增加，进而改变水生生物组成，原来在河滩砾石上生长的着生藻类和底栖无脊椎动物消失，浮游生物大量滋生，初级生产力由着生藻类变为浮游藻类。一些土著鱼类所依赖的流水生境丧失，资源量下降。在三峡水库蓄水以后，坝址上游约 660km 江段的流水环境变成缓流环境，特有鱼类和喜流水环境的鱼类因不适应库区的环境而成为偶见种，喜静水和缓流环境的鱼类成为库区的优势种类。在金沙江下游梯级工程实施后，乌东德、白鹤滩、溪洛渡、向家坝水电站的库区长度将占规划河段总长的 93.6%。当上游干流 24 个梯级全部开发完成后，激流生境长度将会锐减到干流总长度的 5%以下（Lin et al.，2019；林鹏程等，2019）。

（2）鱼类群落结构显著改变，喜流水的特有鱼类资源急剧下降。水利工程建成后，适应于原河流的喜流水鱼类栖息生境消失，鱼类群落结构显著改变。例如，三峡工程运行前，在库区江段栖息的圆口铜鱼、岩原鲤、厚颌鲂等 40 余种长江上游特有鱼类不能适应水库内环境条件，使其栖息地面积大约减少 1/4，种群规模相应缩小；而贝氏䱗、飘鱼、太湖新银鱼、短吻银鱼、短颌鲚等喜静水或缓流、摄食浮游生物鱼类丰度明显增加。外来物种数量也明显增多，斑点叉尾鮰、黑鮰、加州鲈等十多个外来种已经成为常见种。

（3）高坝导致水温层化，下泄水温升降滞后，鱼类繁殖期延迟。深水水库通常出现水温分层现象，这种现象在多年调节水库尤其明显。例如雅砻江二滩水电站 2～8 月坝下水温相比建坝前降低，3 月低 2.2℃，4 月低 2℃；9 月至次年 2 月则增高，11 月高 2.1℃，12 月高 2.9℃。三峡工程运行后，三峡大坝坝下宜昌站的月平均水温在 4～5 月水温降低明显，4 月最多可降低 3.0℃，根据监测，长江中游“四大家鱼”繁殖期已平均推迟 22 天；秋季坝下水温相对增高，导致中华鲟繁殖时间也由 10 月推迟至 11 月。

（4）河流的自然径流过程改变，影响鱼类繁殖活动及自然生长。受大型水利水电工程调蓄影响，加上清水下泄改变河床底质，长江的自然径流过程和水文情势发生显著改变，对水域生态环境尤其是水生生物的繁衍生息产生重大影响。长江上游梯级电站建成后，2003～2014 年，宜昌、汉口和大通断面平均水量比 1951～1990 年分别减少

570 亿 m^3、450 亿 m^3 和 760 亿 m^3，减少主要集中在伏秋季节，2008～2014 年 9～11 月，宜昌水量减少 42 亿 m^3；同期，宜昌、沙市、城陵矶、汉口、湖口和大通水位最大降幅达 4.0m、3.4m、2.2m、2.7m、3.0m 和 2.2m。长江中以鲤科东亚类群为代表的产漂流性卵鱼类其繁殖对长江的洪水过程有极好的适应性，而水库的调蓄使得洪水过程坦化，不利于鱼类繁殖。同时，江湖阻隔导致湖泊和河流生态系统的有机联系丧失，连通性变差，洪泛影响的范围、程度也随之减小。三峡工程运行后，长江中游荆江三口分洪流量下降，直接导致洞庭湖、鄱阳湖持水量减少 60 亿～80 亿 m^3，使得秋季洞庭湖、鄱阳湖退水提前，枯水期延迟，对鱼类生长育肥带来不利影响。阻隔湖泊江河导致洄游型鱼类消失，鱼类物种减少，湖泊生态系统结构和功能也随之变化。此外，部分日调节水库引起下游河道水文情势短时的急剧变化，导致河滩出露频繁，也会对在近岸栖息繁殖的鱼类带来不利影响。

10.1.2　水质污染

水环境污染主要来源于工业污水排放、采矿、农业污水和城市生活污水。湖泊和河流等内陆水体缺乏开阔的水域，限制了稀释污染物的能力，尤其容易受到影响。有毒物排放到河流中会造成鱼类生长畸形或大量死亡，这些有毒物质会随水流向河流下游方向运移，从而影响整个河流生态系统。水域污染还会破坏鱼类的浮游生物、水生植物、底栖生物等饵料生物的生长繁殖。

据统计，长江沿岸分布着四十余万家化工企业、五大钢铁基地、七大炼油厂，以及上海、南京、仪征等大型石油化工基地，面临严重的“重化工围江”局面，加上沿江人口密集、城镇密布，长江沿岸污水排放量逐年上升（刘录三等，2020）。20 世纪 70 年代末，污染排放量为 95 亿 t/a，20 世纪 80 年代末为 150 亿 t/a，到 20 世纪 90 年代中后期增加到 200 亿 t/a，2000 年为 239.5 亿 t，2008 年为 325.1 亿 t。2016 年已高达 353.2 亿 t，其中生活污水 158.7 亿 t，工业废水 194.5 亿 t，主要超标项目为总磷、氨氮、五日生化需氧量和高锰酸盐指数等。水域污染严重威胁珍稀特有物种和水域生态环境。根据《长江流域及西南诸河水资源公报（2017）》，长江流域劣于Ⅲ类水质的河长占 16.1%，61 个湖泊全年水质达到Ⅲ类及以上的仅占 14.8%。《长江流域及西南诸河水资源公报（2018）》指出，长江流域劣于Ⅱ类水质的河长占 11.8%，61 个湖泊全年水质达到Ⅲ类及以上的仅占 9.8%。

水体富营养化是当前长江流域河流、湖泊与水库面临的共性问题之一，其本质是氮、磷等植物营养物质含量过多所引起的水质污染（秦伯强，2007）。虽然磷浓度的升高不会直接影响到鱼类，但大量的磷排放会造成水体富营养化，通过降低氧浓度、改变竞争平衡而影响鱼类生存及生态系统的结构和功能，破坏水域生态系统。水华是水体在富营养条件下，出现藻类异常增殖，水质加速恶化和生态系统崩溃的现象。根据《长江流域及西南诸河水资源公报（2017）》，长江流域湖泊富营养个数达 85.2%。2007～2010 年长江中下游湖泊水质监测资料显示，在长江中下游 77 个大于 $10km^2$ 的湖泊中，77%的湖泊水质劣于Ⅲ类水，劣于Ⅴ类水质标准的湖泊占 32%。湖泊水质持续下降和蓝藻大量增殖导致湖泊生态系统从“草型清水态”向“藻型浊水态”演变。例如太湖鱼类资源由 20 世纪 50 年代的 120 多种减少到现在的 70 多种。

尽管目前水体富营养化及水华暴发的机理尚不十分清晰，但其发生与发展通常与以下 4 个方面有关：①充足的营养物质，主要包括氮、磷等营养盐和有机质等；②适宜的气候条件，主要包括温度与光照等；③适宜的水动力条件，如缓慢的水流等；④水生态系统（特别是食物网）对藻类快速增长失去控制（汤显强，2020）。太湖、巢湖分别自 20 世纪 50 年代和 20 世纪 80 年代开始暴发以蓝藻为主的水华，集中暴发持续时间超过 300d/a，面积最大超过 500km^2。2003 年，三峡水库蓄水后就开始暴发蓝藻水华，但持续时间短。蓝藻水华通常在水库、湖泊和池塘暴发，会对渔业和水产养殖造成严重的破坏。蓝藻水华的主要影响为：①藻类大量聚集在水体上层，阻隔氧气进入水体，降低水体溶解氧含量，同时藻类死亡之后，腐烂分解大量消耗水体中的氧气，导致鱼、虾、蟹等水产品种缺氧窒息；②产生有毒有害物质，蓝藻会分泌胺类化合物的外毒素，破坏鱼类等渔业对象的鳃组织，影响新陈代谢，导致急性中毒死亡。同时，蓝藻大量死亡会释放蓝藻毒素、羟胺及硫化氢等毒害物质，直接造成渔业和养殖对象的中毒死亡（图 10-2）（谷孝鸿等，2021）。

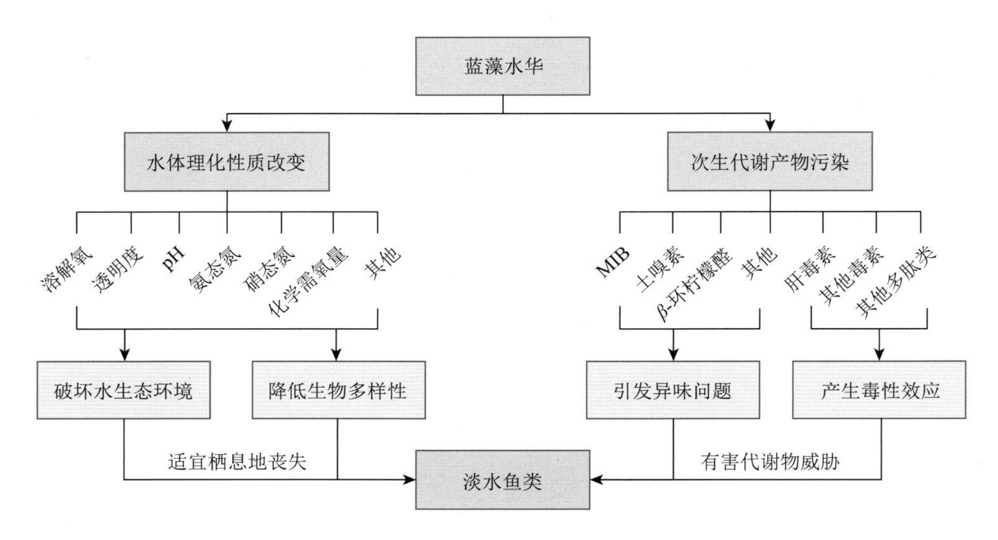

图 10-2　蓝藻水华与淡水鱼类之间的生态相互作用（谷孝鸿等，2021）

10.1.3　栖息地退化

长江流域湿地面积约 25 亿 km^2，占全国湿地总面积的 20%左右，自然湿地面积为 8.50 亿 km^2，其中有 17 处国际重要湿地，168 处国家级或省级湿地自然保护区，但湿地保护率低，远低于全国平均水平（刘录三等，2020）。长江中下游通江湖泊的总面积由 1949 年的 17198km^2 减少到现在的近 6600km^2。其中，洞庭湖面积由 20 世纪 50 年代初的 4300km^2 减少到现在的不足 2700km^2，鄱阳湖面积由 5053km^2 缩减至 3283km^2，江汉湖群则从 8330km^2 下降到 2270km^2。总体而言，长江湖泊湿地较中华人民共和国成立初期萎缩了 120 万 hm^2，长江中游 70%的湿地已经消失（图 10-3）。

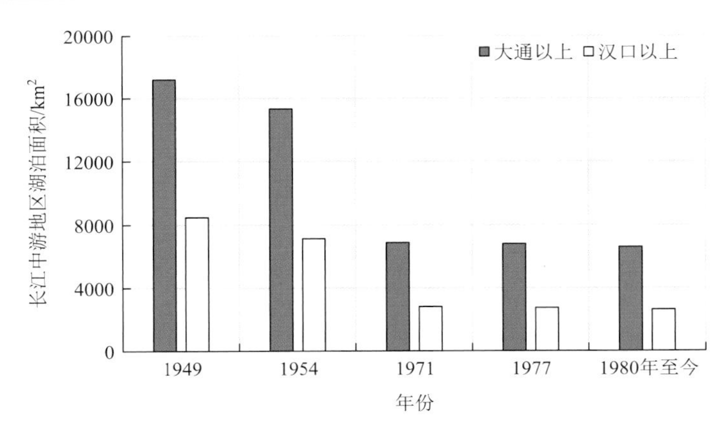

图 10-3　长江中下游地区 1949 年以来湖泊面积变化

2000 年以来，长江中下游湿地构成比例也发生了较大变化，自然湿地萎缩严重。1996～2016 年洞庭湖区总体景观格局呈现出景观破碎化程度加大、景观异质性减小且景观形状趋于复杂的趋势，主要表现为耕地、林地和建设用地分别增加 1.83%、0.70%和 4.80%，水域、草地分别减少 2.65%和 4.18%。2000～2013 年，鄱阳湖湿地水体和耕地面积逐年下降，林地、建设用地和沙滩地面积逐年增加，土地利用综合程度指数由 2000 年的 249.08 上升到 2013 年的 251.41，土地利用强度持续增加，使鄱阳湖湿地景观格局趋于负面化。景观趋于多样化、复杂化和破碎化，连通性降低，稳定性变弱。

长江岸线湿地不断萎缩，作为水域生态屏障和水生生物栖息地的自然岸线越来越少。王娜和张哲（2021）对 2000～2010 年长江干流岸带区域的土地利用结构特征及其时空变化进行分析发现，长江干流岸带区域的土地利用开发强度明显大于流域平均水平，且越靠近水域强度越大，岸带 5km 和 10km 范围内的建设用地所占面积比例分别是流域平均的 2.65 和 2.27 倍。长江干流岸带区域的土地利用类型变化主要表现为建设用地所占面积比例的增加以及耕地所占面积比例的减少，且变化幅度以下游最大。长江中游干流岸线利用率已经达到 23.1%，下游岸线利用率达到 28%，其中江苏岸线利用率已经达到 35.6%，上海市岸线利用更是达到 49.2%。生产性码头、桥梁、取水闸（口）和排污口等跨江或沿江基础设施的建设，使少数几个鱼类（豚类）保护区分割在大段开发利用江段之间，中下游水生生物保护区岸线占比不到 5%，明显不利于水生生物的栖息、繁殖与迁移。

10.1.4　外来种入侵

不合理地引进外源性物种是破坏生态系统多样性、导致地方特有种濒危的一个重要原因。据统计，我国已发现 660 多种外来入侵物种，其中 71 种对自然生态系统已造成或具有潜在威胁并被列入《中国外来入侵物种名单》，外来入侵生物通过竞争排斥本地生物，破坏当地物理、化学、水文环境等，威胁其他生物的生存，改变当地的生态系统结构，使当地生物多样性不断降低，严重影响当地生态环境系统的各项功能。在《世界自然保护联盟濒危物种红色名录》中，约 30% 的灭绝物种是外来物种入侵导致的。外来入侵物种在我国每年造成直接经济损失逾2000亿元，其中农业损失占61.5%。

长江流域自然水体中出现的外来鱼类超过20种，其中包括下口鲇（*Hypostomus plecostomus*）、食蚊鱼（*Gambusia affinis*）和雀鳝（*Lepidosteus platystomus*）等高危入侵对象。此外，长江鱼类在流域内异地出现的现象也不容忽视。目前，滇池和琼海等长江上游附属水体的土著鱼类已经被来自长江中下游的鱼类所取代。1957年以来，滇池的外来鱼类由原来的2种增加到现在的28种，这些外来鱼类不断挤压土著鱼类的生存空间，并大量吞食土著鱼类的鱼卵和幼鱼，加上水污染等多重因素影响，滇池84.0%的土著鱼类（如云南鲴和多鳞白鱼等）已基本绝迹，现在仅剩4种。水利水电工程建设等人类活动造成的河流生态环境变化进一步加剧了外来鱼类入侵和蔓延的风险。在三峡水库修建后，三峡库区及其上游外来入侵鱼类呈明显增长态势，目前已发现外来鱼类23种，其中来自长江中下游的大银鱼（*Protosalanx chinensis*）、太湖新银鱼（*Neosalanx taihuensis*）和短吻间银鱼（*Hemisalanx brachyrostralis*）发展尤为迅猛，已经成为库区鱼类资源的优势物种。此外，空心莲子草（*Alternanthera philoxeroides*）、凤眼莲（*Eichhornia crassipes*）、克氏原螯虾（*Procambarus clarkia*）、巴西龟（*Trachemys scripta*）等其他外来入侵水生动植物的生态影响日益严峻。空心莲子草和凤眼莲在青藏高原以外区域十分常见，近20年来种群扩张明显，已成为长江流域很多湖泊中的优势种群。外来入侵物种的影响范围不断扩大，已从长江中下游扩散至重庆等长江上游区域，对当地生态系统和生物多样性造成严重影响。

10.1.5　过度捕捞

长江流域渔业资源曾经极为丰富，1954年天然捕捞量达42.7万t，占当时全国淡水捕捞产量的60%；20世纪60年代捕捞量下降到26万t，20世纪80年代捕捞量基本稳定在20万t左右。近年来，在沿江各地每年大规模增殖放流补充苗种数量的情况下，长江28万捕捞渔民每年的捕捞量不足10万t，仅占全国淡水捕捞产量的0.32%，已基本丧失捕捞生产价值。

在长江“十年禁渔”实施之前，长江流域过度捕捞现象十分严重。沿江11万多艘捕捞渔船的捕捞能力远远超过渔业资源承载能力，加上非法渔具的使用，加剧了衰退趋势。以两大通江湖泊为例，曾经的密眼网簖（“迷魂阵”）对经济鱼类带来极大的破坏。资料表明，2002年洞庭湖“迷魂阵”超过8000部，其捕获的鱼类70%以上为当年或1冬龄幼鱼；电捕鱼船2000艘以上，鄱阳湖的“迷魂阵”在1978年只有27部，1983年增加到2400部，1986年猛增到9889部，所捕获的鱼类中50g以下的个体超过60%（谢平，2018）。根据《长江经济带生态环境保护审计结果》（2018年第3号公告），2014～2017年11省共发生非法电鱼案件3.46万起，年均增长8.8%，其中149起发生在珍稀鱼类保护区内，胭脂鱼等珍稀鱼类被电亡。

过度捕捞会减少渔业产量和物种多样性，主要影响表现为：①造成渔业资源小型化，捕捞个体由大、中型占主要优势向中小型鱼类转变；②造成捕捞对象的种群资源下降，还会对其他水生生物产生一系列的连锁反应，破坏水生生态系统的结构。

10.2　金沙江上游水生态环境问题

“水是命脉，土是根本，林是屏障”，金沙江作为长江干流的上游，一直被视为长江的生态屏障。金沙江流域蕴藏了丰富的资源，随着近几十年对金沙江流域开发的不断加强，水域生态环境不断恶化。

10.2.1　地质灾害

金沙江流域地处青藏高原东南缘，地跨我国地势一、二阶梯过渡带，地质环境条件脆弱，属地质灾害高易发区。区域内的地质灾害主要包括地震、滑坡、崩塌、泥石流和冻土冻融等（杨莉芸和徐晓宗，2018；刘星洪等，2020）。

2018 年，白格滑坡是发生在金沙江上游流域的一次严重的地质事件，也是继 1935 年 12 月 22 日云南省巧家县沙坝沟滑坡堵江以来，金沙江干流最为严重的堵江事件。2018 年 10 月 11 日和 11 月 3 日，西藏自治区江达县波罗乡白格村相继发生两次特大型山体滑坡，造成金沙江断流并形成堰塞湖。2018 年 10 月 11 日，白格滑坡第一次发生滑动，滑坡体宽 450～700m，纵向长约 2000m，滑坡体体积约 $25\times10^6m^3$，滑坡体堵塞了金沙江上游河段并形成堰塞湖。2018 年 11 月 3 日，白格滑坡体第二次发生滑动，新增滑坡体约 $2\times10^6m^3$，顺河堆积长约 270m，并掩埋上次堰塞体溃决形成的泄流通道。白格滑坡所滑落的巨量物源堵断金沙江，形成蓄水量巨大的堰塞湖（图 10-4）。堰塞湖形成后，上游不断来水，致使堰塞湖水位上涨，导致金沙江支流藏曲河河水倒灌，波罗乡、岩比乡部分房屋、道路、桥梁、耕地被淹没，其中波罗乡白格自然村、宁巴自然村全部被淹，堰塞

图 10-4　2018 年白格滑坡及泄洪后冲毁的桥梁

湖上游受威胁范围达 20km。经过人工干预治理，白格滑坡堰塞体于 2018 年 11 月 13 日被完全冲开，险情得以解除。据统计，灾害共造成西藏、四川、云南 10.2 万人受灾，8.6 万人紧急转移安置，3400 余间房屋倒塌，1.8 万间不同程度损坏，农作物受灾面积 $3.5\times10^3hm^2$，其中绝收 $1.4\times10^3hm^2$，沿江部分地区道路、桥梁、电力等基础设施损失较严重，仅云南省直接经济损失 74.3 亿元（邓建辉等，2019）。

10.2.2　水电工程

金沙江干流是我国水能资源最富集的河流。目前金沙江干流规划水电梯级“两库二十七级”，总装机容量 8167 万 kW，年发电量 3600 亿 kW·h，是我国十三大水电基地之一。金沙江中游和下游工作水电工程建设进展较快，梯级水电开发格局已基本形成，其中中游河段龙盘水电站正在开展前期工作，银江水电站在建，其余梨园、金沙等 7 个电站均已建成，总装机容量 1432 万 kW；下游河段乌东德、向家坝、溪洛渡已经建成，白鹤滩水电站已于 2022 年底实现全部机组投产发电。

金沙江上游河段是四川与青海、西藏及云南的分界，从上游至下游又依次可分为川青段、川藏段和川滇段。上游河段目前尚无电站建成，是全国“十四五”及中长期水电核准、建设及投产的重点区域。截至 2021 年底，川藏段叶巴滩、拉哇、巴塘、苏洼龙水电站等 4 个电站已核准开工。叶巴滩水电站已于 2019 年实现截流，苏洼龙水电站于 2022 年投产发电；岗托、波罗、昌波以及川滇段的奔子栏等电站正在开展前期工作（图 10-5）（崔正辉和韩冬，2022）。

图10-5 金沙江上游规划的主要梯级水电工程

图片来源：华电金沙江上游水电开发有限公司网站

10.2.3 其他因素

1. 城镇化

城镇体系的形成和发育对区域城镇化进程及社会经济发展起着至关重要的作用。金沙江上游地理环境特殊，生态环境相对脆弱，随着人口和经济向城镇集聚，这些地区的资源环境超载问题日趋严重，从而造成环境污染、生态破坏等问题，主要表现在：①景观格局破碎化加剧，景观多样性减弱，相关工程的施工导致水土流失及次生灾害、水质污染等问题日益突出；②无证开采、超范围开采以及偷采等非法采砂破坏河道生境，影响鱼类等水生生物资源；③人类活动加剧导致生物多样性时空格局发生改变，外来物种入侵的风险增加（姜德文，2014；时振钦等，2018）。

随着城镇建设的扩张，许多城镇进入山区开发，开挖斜坡致使坡体下部失去支撑面引发滑坡；有的在斜坡上大兴土木，建厂盖房，加大了山体承受的荷载，使其失去平衡，产生滑坡。城镇化过程中需要大量的土石方，由于没有土石方挖取的统一规划，加之管理不到位，城市周边到处取土、挖砂、采石，致使山体植被破坏严重，造成了严重的水土流失。

随着一批重大工程的相继开工建设，金沙江河流两岸也会设置较多的工程区域。工程施工除对水质产生污染外，还将会永久性占用和破坏河道原有结构，运营期路面污染物、交通运输噪声和突发性污染事故等对水生生物资源及水生态系统结构和功能将产生长期的负面影响。

砂石材料对于我国的房屋建筑和交通建设具有重要的作用。受经济利益驱动，一些区域无证采砂、超规定范围开采和滥采乱挖现象屡禁不止，开采后的采坑不作处理，开采后的弃渣随意堆放，甚至侵占河道堆放。这些不合理的人为活动导致河道形态结构、河势河态、河流水质等环境改变，影响水生生物的栖息、繁殖。

2. 外来种入侵

外来鱼类入侵青藏高原水体已引起普遍关注。金沙江上游外来鱼类的入侵途径主要包括养殖鱼类逃逸、随养殖鱼类无意带入和放生等。我们在金沙江上游已采集到鲤、鲫、泥鳅、麦穗鱼等多种外来鱼类，这些鱼类可以在河流沿岸带、河汊等浅水区局部水域形成优势种群，不但与土著鱼类产生空间和食物资源竞争，还有可能吞食土著鱼类的卵，对土著鱼类种群产生直接危害（Kolar and Lodge，2001；刘飞，2014）。随着金沙江上游梯级水电工程的实施，水库蓄水初期营养盐输入增加和初级生产力的提高对外来鱼类的入侵和种群数量的提升产生一定的促进作用，进一步增加了土著种类生存竞争的压力（巴家文和陈大庆，2012），甚至造成土著鱼类濒临灭绝（Clavero and García-Berthou，2005）。

3. 气候变化

20 世纪 50 年代初期以来，青藏高原受气候变化影响，其年均气温呈现明显的上升趋势。1955～1996 年，青藏高原地区年均气温每 10 年上升 0.16℃；到 20 世纪 80 年代中期，青藏高原升温率陡增，并于 20 世纪 90 年代达到最大值；1998～2013 年，青藏高原地区年均气温每 10 年上升 0.25℃（Yao et al.，2019），气候变化直接或间接地对青藏高原水资源产生深远影响（张建云等，2019）。

金沙江上游位于青藏高原腹地的羌塘高原。水温是水环境的重要参数之一，它不仅影响水体的物理化学性质和生化反应速率，而且关系到水生生物的生长繁殖和水生态系统的构成。气候变化和水电工程被认为是导致水温变化的主要诱因。通过对岗拖、巴塘、石鼓水文站近 60 年的水温数据分析显示，三个水文站年水温均呈现出显著的上升趋势。巴塘站的年均水温约 9℃，最高年均水温 11.1℃，最低年均水温 8.4℃，年际变化速率为 0.0154℃/a。石鼓站的年均水温约 12℃，最高年均水温 12.7℃，最低年均水温 11.4℃，年际变化速率为 0.0068℃/a（刘昭伟等，2014；邵骏等，2022）。相关性分析显示，金沙江上游的水温变化与流域气温的变化规律一致，表明气候变化对金沙江干流水温有显著影响（图 10-6）。

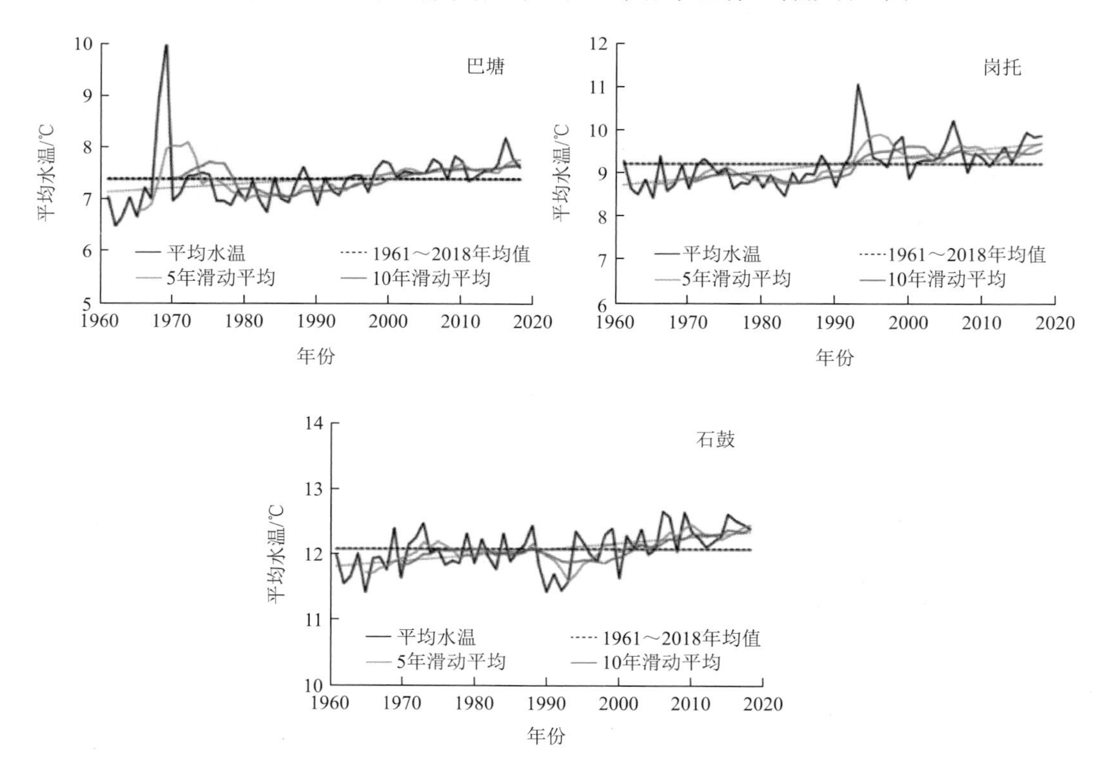

图 10-6　1960～2020 年来金沙江上游的水温变化

10.3　保护对策与建议

金沙江上游鱼类资源衰退与多种因素有关。在长江大保护的背景下，应以保护水域生态完整性和水生生物多样性为目标，采取多种措施加强金沙江上游的水域环境和水生生物资源保护。

1. 落实长江保护法，完善鱼类保护体系

2020 年底，我国首部流域法——《中华人民共和国长江保护法》（以下简称“长江法”）颁布。在此背景下，加强金沙江上游鱼类保护应从鱼类资源保护法规体系、保护区建设等方面进一步完善。

长期以来，受传统生活习俗、地方首位产业发展规划、资金投入等因素制约，渔业资源保护区管理机构不够健全且成立时间较晚，尤其缺乏专业的技术人员。针对上述情况，应进一步强化渔业综合执法管理体系建设，增加渔业资源管理人员，提高渔业资源管理人员的执法水平。针对渔业资源管理装备不足、手段落后给渔政管理执法带来的困难，应加强渔业资源管理装备建设，提高执法能力。

设置自然保护区是世界各地维持栖息地完整性和生物多样性的主要方式。长江法对流域内的保护地设立也做出了相应的规定：“国务院和长江流域省级人民政府在长江流域重要典型生态系统的完整分布区、生态环境敏感区以及珍贵野生动植物天然集中分布区和重要栖息地、重要自然遗迹分布区等区域，依法设立国家公园、自然保护区、自然公园等自然保护地”。从目前金沙江上游及邻近区域的保护区分布来看，涉鱼保护区仅沱沱河特有鱼类种质资源保护区、楚玛尔河特有鱼类国家级水产种质资源保护区和玉树州烟瘴挂峡特有鱼类国家级水产种质资源保护区 3 个，且都位于青海省境内，而金沙江上游直门达至奔子栏两岸的四川甘孜州、西藏昌都境内无相关的保护区。根据调查和分析结果，我们建议将金沙江上游洛须江段以及鱼类多样性较高的支流藏曲、赠曲纳入保护地建设，推进生物多样性跨境区域保护，推动青藏高原生物多样性保护。

2. 开展河流栖息地的生态修复

1）规范化管理采石挖沙等涉水作业

随着城市发展和城镇化建设的需要，对河道砂石材料的开采不可避免，但采集区和采集程序等过程性管理应科学化、规范化。首先开采前提交完善的河道区域修复、水生环境保护方案，并严格约束采砂作业方式，严格执行相关部门的悬浮物浓度、有机/无机氮量、总磷量等指标要求。开采后的废水排放要经过长时间过滤、沉淀，采砂完成后的土质回填、植被修复等也要符合地区自然生态的恢复需求。其次，砂石开采地点选择应优先开采河流漫滩，避开动物洄游通道、产卵场等生存空间，保护河道浅滩区域、河岸周围动植物的生长。最后，通过控制开采高程和采砂量两个指标进行采砂控制和监管，采砂后河底高程按设计横断面开挖回填。

2）加强受损栖息地的生态修复

调查表明，由于挖沙等人为活动影响，干流河段及藏曲、赠曲、欧曲等区域河道栖息地受损的情况普遍存在，建议通过修复重建等措施恢复这些重要的局部生境（表 10-1）。

在修复措施方面，如人工构建阶梯-深潭系统可增加河床阻力、控制河床侵蚀下切、稳定河床和岸坡，而且能维持相对稳定和多样性的水生栖息地环境，具有显著的生态学功能。人工阶梯-深潭系统布置后，河床底质会逐渐变化，底质多样性增加，包括石块、卵石、砾石和细沙、淤泥等。河道水深范围扩大，水流有深有浅，多样性显著提高，流速范围也得到扩展。在阶梯上游端可形成缓流、回流、滞水区，表面流速较低，在下游的深潭，可形成强烈紊动和螺旋流，水体掺入大量气泡，增加了水流的溶解氧浓度。深潭四周为水流难以冲动的大石块和漂石，螺旋流冲刷大石块和漂石底部，淘刷形成空穴，这些冲刷形成的空穴区域可形成相对平缓的静水区。流速多样性显著提升，使得喜好静水、动水、旋滚、激流等不同水流条件的水生生物均能找到其适应的生存空间，在其中栖息生长。

表 10-1　金沙江上游主要受损河段及生境现状

区域	受损河段位置	河流生境现状
干流	白垭乡	
	色曲汇口下	
藏曲	同普乡吉荣大峡谷下游	

续表

区域	受损河段位置	河流生境现状
藏曲	古色乡附近河段	
	聋特村下游河段	
赠曲	赠曲河口段	
	河坡乡	
	赠科乡	

续表

区域	受损河段位置	河流生境现状
欧曲	白玉县城下游	

3. 加强监测，强化基础研究

查明水域生态环境和鱼类资源现状，根据环境变化预测鱼类等水生生物资源和水域生态系统的发展趋势，有利于提高水域生态保护措施的科学性和针对性（魏辅文等，2021）。建议在金沙江上游设立河流生态野外观测站，开展以下监测工作。

（1）开展水域非生物环境监测与调查。重点调查水生态环境及变动规律，水质污染源和污染强度，为水生态环境，特别是水质污染防治提供依据。

（2）开展水域生物环境监测与调查。重点调查水生生物资源组成、生物量的时空变化及水域鱼类容纳量，为制定鱼类资源保护措施、人工放流种类和数量提供依据。

（3）开展鱼类资源动态监测。详细调查重要土著鱼类时空分布、重要栖息地和资源量及优势物种的种群结构，为渔业主管部门调整渔业政策提供科学依据。

（4）开展鱼类种群与群落生态学研究。在鱼类生物学研究的基础上，研究鱼类的种间关系、鱼类时空分布与环境变化关系。

（5）开展鱼类遗传多样性研究。调查研究特有土著鱼类的遗传多样性和遗传结构，为种质保存和种群管理提供科学依据。

（6）开展外来鱼类入侵现状调查。查明外来鱼类入侵现状，研究外来鱼类控制技术，建立外来鱼类风险评估与监测体系。

（7）开展水利工程对水域生态环境与鱼类资源影响的跟踪监测，深入分析工程影响下河流形态、水文特征、水体理化特征以及水生生物群落结构等环境要素的变化，有针对性地提出有效的工程减缓措施。

（8）通过整合多学科力量，结合新技术与新方法，加强物种濒危过程与机制，以及生物多样性起源、演化与维持机制研究，开展濒危物种保育与退化栖息地修复研究。

2021 年 1 月 1 日起，长江流域重点水域正式进入“十年禁渔”。金沙江上游两岸地方政府也将流域内的天然水域纳入了禁捕范围。资源保护的最终目的是利用，全年全水域禁渔不会是无限期的。何时解禁应根据鱼类资源恢复情况确定，即使全水域禁渔解禁后也存在资源保护问题。因此，有必要对禁渔效果进行监测与评估，调查鱼类生长特性、活动规律、繁殖场等，以便根据资源恢复情况确定解禁时间和水域，为解禁后资源管理政策[如禁渔区和禁渔期的确定、非禁渔区和禁渔期的捕捞配额（捕捞对象和规格）、允许使用的渔具和渔法等]的制定提供依据。

主要参考文献

巴家文，陈大庆，2012. 三峡库区的入侵鱼类及库区蓄水对外来鱼类入侵的影响初探[J]. 湖泊科学，24（2）：185-189.

邓建辉，高云建，余志球，等，2019. 堰塞金沙江上游的白格滑坡形成机制与过程分析[J]. 工程科学与技术，51（1）：9-16.

谷孝鸿，李红敏，毛志刚，等. 2021. 蓝藻水华与淡水鱼类的生态相互作用研究进展[J]. 科学通报，66（21）：2649-2662.

姜德文，2014. 城镇化进程中的水土流失与生态环境新问题[J]. 中国水土保持，（1）：1-3.

李哲，陈永柏，李翀，等，2018. 河流梯级开发生态环境效应与适应性管理进展[J]. 地球科学进展，33（7）：675-686.

林鹏程，王春伶，刘飞，等，2019. 水电开发背景下长江上游流域鱼类保护现状与规划[J]. 水生生物学报，43（S1）：130-143.

刘飞，2014. 长江流域的外来鱼类及其危害[J]. 大自然，（2）：38-40.

刘录三，黄国鲜，王璠，等，2020. 长江流域水生态环境安全主要问题、形势与对策[J]. 环境科学研究，33（5）：1081-1090.

刘星洪，姚鑫，於开炳，等，2020. 川藏高速巴塘—芒康段地质灾害遥感综合早期识别研究[J]. 工程科学与技术，52（6）：49-60.

刘昭伟，吕平毓，于阳，等，2014. 50年来金沙江干流水温变化特征分析[J]. 淡水渔业，44（6）：49-54.

秦伯强，2007. 长江中下游湖泊富营养化发生机制与控制对策[J]. 中国科学院院刊，22（6）：503-505.

邵骏，杜涛，郭卫，等，2022. 金沙江上游河段水温变化规律及其影响因素探讨[J]. 长江科学院院报，39（8）：17-22，28.

时振钦，邓伟，张少尧，2018. 近25年横断山区国土空间格局与时空变化研究[J]. 地理研究，37（3）：607-621.

汤显强，2020. 长江流域水体富营养化演化驱动机制及防控对策[J]. 人民长江，51（1）：80-87.

王金南，孙宏亮，续衍雪，等，2020. 关于“十四五”长江流域水生态环境保护的思考[J]. 环境科学研究，33（5）：1075-1080.

王娜，张哲，2021. 长江干流岸带区域的土地利用变化特征分析[J]. 资源信息与工程，36（5）：129-134.

魏辅文，平晓鸽，胡义波，等，2021. 中国生物多样性保护取得的主要成绩、面临的挑战与对策建议[J]. 中国科学院院刊，36（4）：375-383.

谢平，2018. 从历史起源和现代生态透视长江的生物多样性危机[M]. 北京：科学出版社.

杨莉芸，徐晓宗，2018. 四川藏区城市发展：现状、原因及制度保障[J]. 四川民族学院学报，27（2）：54-60.

张建云，刘九夫，金君良，等，2019. 青藏高原水资源演变与趋势分析[J]. 中国科学院院刊，34（11）：1264-1273.

Clavero M，García-Berthou E，2005. Invasive species are a leading cause of animal extinctions[J]. Trends in Ecology & Evolution，20：110-119.

Dudgeon D，Arthington A H，Gessner M O，et al.，2006. Freshwater biodiversity：importance，threats，status and conservation challenges[J]. Biological Reviews of the Cambridge Philosophical Society，81（2）：163-182.

Kolar C S，Lodge D M，2001. Progress in invasion biology predicting Invaders[J]. Trends in Ecology & Evolution，16（4）：199-204.

Lin P C，Gao X，Liu F，et al.，2019. Long-term monitoring revealed fish assemblage zonation in the Three Gorges Reservoir[J]. Journal of Oceanology and Limnology，37（4）：1258-1267.

Yang X K，Lu X X，Ran L S，et al.，2019. Geomorphometric assessment of the impacts of dam construction on river disconnectivity and flow regulation in the Yangtze Basin[J]. Sustainability，11（12）：3427.

Yao T D，Xue Y K，Chen D L，et al.，2019. Recent Third Pole's rapid warming accompanies cryospheric melt and water cycle intensification and interactions between monsoon and environment：multidisciplinary approach with observations，modeling，and analysis[J]. Bulletin of the American Meteorological Society，100（3）：423-444.

附录　金沙江上游水生生物采集与分析方法

1. 浮游生物

1）试剂与器具

（1）主要试剂。

鲁哥液（称取 6g 碘化钾溶于 20mL 蒸馏水中，待完全溶解后，加入 4g 碘，摇匀，至碘完全溶解，加蒸馏水定容至 100mL，储存于磨口棕色试剂瓶中）、甲醛溶液、乙醇溶液等。

（2）器具。

①样品采集。

采水器（水深小于 10m 的水体可用玻璃瓶采水器，深水必须用颠倒式采水器或有机玻璃采水器，规格为 1000mL 和 5000mL）、浮游生物网（圆锥形，浮游植物用 25 号浮游生物网，孔径 0.064mm；浮游动物用 13 号浮游生物网，孔径 0.112mm）、水样瓶（定量样品瓶采用带刻度的 30mL 或 50mL 玻璃试剂瓶，定性样品瓶采用 30～50mL 玻璃或聚乙烯瓶）。

②计数观察。

沉淀器（1000mL 圆筒形玻璃沉淀器或 1000mL 分液漏斗）、乳胶管或 U 形玻璃管（内径 2mm）、洗耳球、刻度吸管（浮游植物为 0.1mL、1.0mL；浮游动物为 1.0mL、5.0mL）、计数框（浮游植物为 0.1mL，10 行×10 行，共 100 格；浮游动物为 0.1mL、1.0mL、5.0mL）、盖玻片、显微镜（附测微尺）、解剖镜（可摄像）。

③称重。

电子天平（精度 0.0001mg）。

2）采样

（1）浮游藻类。

定量样品在定性采样之前用采水器采集，每个采样点取水样 1L，贫营养型水体应酌情增加采样量，泥沙多时需先在容器内沉淀后再取样。分层采样时，取各层水样等量混匀后取其 1L。定性采集采用 25 号浮游生物网在表层缓慢拖曳采集。

（2）浮游动物。

原生动物、轮虫和无节幼体定量样品可用浮游植物定量样品。如单独采集取水样量以 1L 为宜；定性样品采集方法同浮游植物。

枝角类和桡足类定量样品应在定性采样之前用采水器采集，每个采样点采水样 10～50L，再用 25 号浮游生物网过滤浓缩，过滤物放入标本瓶中，并用滤出水洗过滤网 3 次，所得过滤物也放入上述瓶中；定性样品用 13 号浮游生物网在表层缓慢拖曳采集，注意过滤网和定性样品采集网要分开使用。

3）样品分析

（1）样品固定。

浮游植物样品立即用鲁哥液固定，用量为水样体积的 1%～1.5%。如样品需较长时间保存，则需加入 37%～40%甲醛溶液，用量为水样体积的 4%。

原生动物和轮虫定性样品，除留一瓶供活体观察不固定外，其余样品须固定，固定方法同浮游植物。枝角类和桡足类定量及定性样品应立即用 37%～40%甲醛溶液固定，用量为水样体积的 5%。要长期保存的样品需用石蜡封口，并在样品瓶上写明采样日期、采样样点、采水量等。

（2）水样的沉淀和浓缩。

固定后的浮游植物水样摇匀倒入固定在架子上的 1L 沉淀器中，2h 后轻轻旋转沉淀器，使沉淀器壁上尽量少附着浮游植物，再静置 24h，待充分沉淀后，用虹吸管慢慢吸去上清液。虹吸时管口要始终低于水面，流速、流量不能太大，沉淀和虹吸过程中不可摇动，如搅动了底部应重新沉淀。吸至澄清液的 1/3 时，应逐渐减缓流速，至留下含沉淀物的水样 20～25mL 或 30～40mL，放入 30mL 或 50mL 的定量样品瓶中。用吸出的少量上清液冲洗沉淀器 2～3 次，一并放入样品瓶中，定容至 30mL（或 50mL）。如样品的水量超过 30mL（或 50mL），可静置 24h 后，或到计数前再吸去超过定容刻度的余水量。浓缩后的水量多少要视浮游植物浓度大小而定，浓缩标准以每个视野里有十几个藻类为宜。

原生动物和轮虫的计数可与浮游植物计数合用一个样品；枝角类和桡足类通常用过滤法浓缩水样。

（3）种类鉴定。

在显微镜下采用 16×40 倍或油镜（16×100 倍）对所采到的浮游藻类进行物种鉴定。浮游藻类样品一般可鉴定到种，少数特点显著的藻类可以鉴定到变种，对于少数特征不明显的藻类则鉴定到属。浮游藻类物种鉴定主要参考《中国淡水藻类》（胡鸿钧和魏印心，2006）、《西藏藻类》（中国科学院青藏高原综合科学考察队，1992）。

浮游动物物种鉴定一般采用镜检法，可在 4×10 倍或 10×10 倍显微镜下进行物种鉴定，浮游动物样品一般鉴定到种，对于少数残体或特征不明显的种类则鉴定到属或门。浮游动物物种鉴定主要参考《西藏水生无脊椎动物》（中国科学院青藏高原综合科学考察队，1983）。

4）定量分析

（1）计数与密度计算。

①浮游植物计数。

先将样品静置 48h 以上，用虹吸原理仔细吸出上部不含藻类的上清液，将样品浓缩到 20mL。然后将样品摇匀准确吸出 0.1mL 水样置于 0.1mL 玻璃计数框内（面积 20mm×20mm），盖上盖玻片，在 10×40 倍显微镜下观察 100 个视野并计数。每个样品计数 2 次，取其平均值，每次计数结果与平均值之差应在 15%以内，否则增加计数次数，直至符合要求。

每升水样中浮游藻类数量的计算公式如下：

$$N=\frac{C_{\mathrm{s}}}{F_{\mathrm{s}}\times F_{\mathrm{n}}}\times\frac{V}{v}\times P_{\mathrm{n}}$$

式中，N 为每升水中浮游植物的数量，ind./L；C_{s} 为计数框的面积，mm^2，F_{s} 为视野面积，

mm^2；F_n 为每片计数过的视野数；V 为每升水样经浓缩后的体积，mL；v 为计数框的容积，mL；P_n 为计数所得个数，ind.。

②浮游动物计数。

a. 原生动物。吸出 0.1mL 样品，置于 0.1mL 计数框内，盖上盖玻片，在 10×20 倍显微镜下全片计数。每瓶样品计数两片，取其平均值。

b. 轮虫。吸出 1mL 样品，置于 1mL 计数框内，在 10×10 倍显微镜下全片计数。每瓶样品计数两遍，取其平均值。

c. 枝角类、桡足类。用 5mL 计数框将样品分若干次全部计数。如样品中个体数量太多，可将样品稀释至 50mL 或 100mL，每瓶样品计数两遍，取其平均值。

d. 无节幼体。如样品中个体数量不多，则与枝角类、桡足类一样全部计数；如数量很多，可把过滤样品稀释，充分摇匀后取其中部分计数，计数 3～5 遍取其平均值，也可在轮虫样品中同轮虫一起计数。

e. 计数前注意，充分摇匀样品，吸出迅速、准确。盖上盖玻片后，计数框内无气泡，无水样溢出。

每升水样中浮游动物数量的计算公式如下：

$$N = \frac{V_s}{V} \times \frac{n}{V_a}$$

式中，N 为每升水中浮游动物的数量，ind./L；V 为采样的体积，L；V_s 为样品浓缩后的体积，mL；V_a 为计数样品体积，mL；n 为计数所获得的个体数，个。

（2）生物量测定。

浮游植物的相对密度接近 1，可直接采用体积换算成重量（湿重）。体积的测定应根据浮游植物的体型，按最近似的几何形状测量必要的长度、高度、直径等，每一种类至少随机测定 50 个，求出平均值，代入相应求积公式计算出体积。此平均值乘上 1L 水样中该种藻类的数量，即得到 1L 水样中这种藻类的生物量，所有藻类生物量的和即为 1L 水样中浮游植物的生物量，单位为 mg/L 或 g/m^3。

原生动物、轮虫可用体积法求得生物体积，相对密度取 1，再根据体积换算为重量和生物量；甲壳动物可用体长-体重回归方程，由体长求得体重（湿重），无节幼体可按 0.003mg（湿重）/个计算。

轮虫、枝角类、桡足类及其幼体可用电子天平直接称重。即先将样本分门别类，选择 30～50 个样本，用滤纸将其表面水分吸干至没有水痕，置天平上称其湿重。个体较小的增加称重个数。

2. 着生藻类

1）试剂与器具

（1）试剂。

甲醛溶液、乙醇溶液、鲁哥液等。

（2）调查器具。

GPS 定位仪、望远镜、数码相机、地图、载玻片、量筒、样品瓶、刀片或硬刷、大镊子、小镊子、30～50mL 玻璃瓶或聚乙烯瓶、显微镜、解剖镜、载玻片、装样用塑胶桶等。

2）采样

（1）天然基质法。

水底石块、木桩、树枝等基质上的着生藻类可用刀片或硬刷刮（刷）到盛有蒸馏水的样品瓶中，再将基质冲洗干净，冲洗液装入样品瓶中。现场来不及刮样时，可将基质带回室内刮取。采样时需测量采样面积，做好记录。

（2）人工基质法。

着生藻类采样应用的人工基质有：聚氨酯泡沫塑料（polyurethane foam unit，PFU，孔径为 100～150μm）、载玻片和聚酯薄膜等。PFU 块为 50mm×75mm×65mm 的泡沫塑料。硅藻采样器可用有机玻璃制作，包括一个用以固定载玻片的浮子、木块等，固定装置 26mm×76mm 的固定架，漂浮装置可用泡沫塑料或渔网用的浮子、木块等，固定装置可用绳索绑在其他物体上或用重物固定，或用棍棒插入水底，在江河流水中使用，前端须有挡水板，以分开或疏导水流并阻挡杂物。聚酯薄膜采水器用 0.25mm 厚的透明、无毒的聚酯薄膜作基质，规格为 4cm×40cm，一端打孔，固定在钓鱼用的浮子上，浮子下端缚上重物作重锤。此采水器轻便，且不易丢失。

3）样品分析

（1）定量样品的保存和制作。

用毛刷或硬胶皮将基质上所着生的藻类及其他生物（人工基质取玻片三片或 4cm×15cm 聚酯薄膜），全部刮到盛有蒸馏水的玻璃瓶中，并用蒸馏水将基质冲洗多次，用鲁哥液固定，贴上标签，带回实验室。置沉淀器内经 24h 沉淀，弃去上清液，定容至 30mL 备用，观察后，如需长期保存再加入 1.2mL 4%的福尔马林液保存。取样时，如时间不允许，可在野外将天然基质、玻片或聚酯薄膜放入带水的玻瓶中，带回实验室内刮取，并固定和保存。

（2）定性样品的保存和制作。

仍按上述方法，将全部着生生物刮到盛有蒸馏水的玻璃瓶中，用鲁哥液固定，带回实验室作种类鉴定。鉴定后，再加入 4%浓度的福尔马林液长期保存。

（3）种类鉴定。

吸取备用的适量定性样品，在显微镜下进行种类鉴定。一般鉴定到属或种，优势种尽可能鉴定到种。必要时硅藻可制片进行鉴定，以取得较好的效果。在制片时，将定性样品放到表面皿内均匀旋转，去掉沉淀的泥沙颗粒，用小玻璃管吸取少量硅藻样品放入玻璃试管中，加入与样品等量的浓硫酸，然后慢慢滴入与样品等量的浓硝酸，此时即产生褐色气体。在沙浴或酒精灯上加热直到全样品变白、液体变成无色透明为止，待冷却后将其离心（3000r/min，5min）或沉淀。吸出上层清液，加入几滴重醋酸饵饱和溶液，使标本氧化漂白呈透明，再离心或沉淀。吸出上层清液，用蒸馏水重复洗 4～5 次，直至中性，加入几滴 95%乙醇，每次洗时必须使标本沉淀或离心，吸出上层清液可避免藻类丢失。制片时，吸出适量处理好的标本均匀放在盖玻片上，在烘台上烘干或在酒精灯上烤干，然后加上 1 滴二甲苯，随即加 1 滴封片胶，将有胶的这一面盖在载玻片中央，待风干后，即可镜检。

4）定量计数

把已定容至 30mL 的定量样品充分摇匀后，吸取 0.1mL，置入 0.1mL 的计数框里，在显微镜下，横行移动计数框，逐行计平行线内出现的各种（属）藻类数。视藻类密度大小一般计算 10 行、20 行或 40 行以至全片，然后按以下公式进行计算：

$$N = \frac{C \times L \times R \times n}{c \times H \times S}$$

式中，N 为单位面积藻类数量，ind./cm^2；C 样品定容体积，mL；c 为实际计数的样品体积，mL；L 为计数框的边长，cm；H 为视野中平行线的间距，cm；R 为计数的行数；n 为实际计得藻类数量，ind.；S 为刮取基质的总面积，cm^2。

3. 底栖动物

1）试剂与器具

（1）主要试剂。

甲醛、乙醇、Puris 胶（由 8g 阿拉伯胶、10mL 蒸馏水、80mL 水合氯醛、7mL 甘油、3mL 冰醋酸配制而成。配制时，在烧杯中加入阿拉伯胶和蒸馏水，置 80℃恒温水浴，用玻璃棒搅动。胶溶后，依次加入其他试剂，用玻璃棒搅拌均匀，然后以薄棉过滤即成）、树胶、甘油、二甲苯溶液等。

（2）采样工具。

带网夹泥器（开口面积 1/6m^2）、三角拖网（开口面积 1/6m^2）、改良彼得逊采泥器（开口面积 1/6m^2 或 1/20m^2）、手抄网、普通温度计、深水温度计、酸度计、40 目（孔径 0.635mm）和 60 目（孔径 0.423mm）的分样筛、塑料桶或盆、塑料袋、样品瓶（30～50mL 及 250mL 广口瓶）、培养皿、白色解剖盘、吸管、小镊子、解剖针等。

（3）观察器具。

解剖镜、显微镜、载玻片、盖玻片等。

（4）称量工具。

托盘天平、扭力天平、盘秤、电子天平（精度 0.0001mg）等。

2）采样

（1）定量采集。

底栖无脊椎动物通过自制的大型河流定量采集框进行定量采集。首先，将（0.1m^2）的定量采集框放入河底底部，在定量框的水流下方放置网筛（网径大小为 60 目），以防挖取底质时定量采集框内的动物随水流漂走，每个样点进行 2～3 次重复采样。采样完成后将定量采集框内的全部底质置于收集桶中，同时将网筛内的动物一并清洗入桶内。最后将桶中的砾石刷洗干净后丢弃，桶内的泥沙和底栖无脊椎动物经分样筛（网径大小为 60 目）筛选干净后带回实验室。在实验室内，将采集到的样品置于解剖盘中，肉眼将底栖无脊椎动物挑取放入 50mL 塑料瓶内，用 4%的甲醛溶液固定。

螺、蚌等较大型底栖动物一般用带网夹泥器采集，采得泥样后应将网口闭紧，放在水中涤荡，清除网中泥沙，然后提出水面，拣出其中全部螺、蚌等底栖动物。

水生昆虫、水栖寡毛类和小型软体动物用改良彼得逊采泥器采集，将采得的泥样全部倒入塑料桶或盆内，经 40 目、60 目分样筛筛洗后，拣出筛上可见的全部动物。如采样时来不及分拣，则将筛洗后所余杂物连同动物全部装入塑料袋中，缚紧袋口带回室内分拣。如从采样到分拣超过 2h，则应在袋中加入适量固定液。塑料袋中的泥样逐次倒入白色解剖盘内，加适量清水，用吸管、小镊子、解剖针等分拣。如带回的样品不能及时分检，可置于低温（4℃）保存。

在采样点，用上述两种采水器各采集 2～3 次样品。水库中无螺、蚌等较大型底栖动物时，可用不带网夹的采泥器进行定量采样。

（2）定性采集。

除用定量采样方法采集定性样品外，还可用三角拖网、手抄网等在沿岸带和亚沿岸带的不同生境中采集定性样品。采样时尽量考虑不同的底质条件，在石砾底质条件下，翻动石块，在泥沙底质中挖取泥沙样进行样品采集。当遇到标本较多时，可采用湿漏斗法进行分离，部分标本可进行现场活体观测，其余则带回实验室处理。

3）样品分析

（1）洗涤。

当采集器在定点中采集后（每个采集点所用采集器采集的次数，视工作要求而确定），底栖动物与底泥、腐屑等混为一体，必须洗涤后才能工作。洗涤通常采用三个不同孔径的金属筛（上层孔径为 5～10mm，中层为 1.5～2.5mm，下层为 0.5mm），并用过滤水进行冲洗。冲洗中泥沙常常堵塞筛孔，不可用于压磨，只宜用毛笔、手指等轻轻搅动，在盆或桶内筛荡。筛洗、澄清后，将标本及其腐屑等剩余物装入塑料袋，同时放入标签（注明编号、采集点、时间等），用橡皮筋扎紧袋口（在上亦系上同样标签），带回室内进行分拣。如果在野外工作紧张，也可带回实验室洗涤。

当用拖网进行大型底栖动物的采集时，采集后可在水中剧烈洗荡，洗净后再提至工作台上，拣出全部标本，装入塑料袋，带回实验室内再进行分拣。当使用拖网做定量采集时，一定要记录拖拉的距离，以便计算面积。

带回洗涤好或未曾洗涤的材料，因时间关系不能立即进行分拣与其他工作的，应将材料放入冰箱（0℃），或开口置于通风、阴凉处，以防止标本在环境改变后的突然死亡与昆虫迅速羽化，造成数量上的误差。

（2）分选。

大型底栖动物经洗净污泥后，在工作台上即可进行分选，在室内可按大类群进行称重与数量的记录；与泥沙、腐屑等混在一起的小型动物，如水蚯蚓、昆虫幼虫等则需在室内进行仔细地挑选（不可遗漏植物茎内的小型动物），挑选过程中，将洗净的材料置入白色盘中，加入清水，利用尖嘴镊、吸管、毛笔、放大镜等工具进行工作，分选出的各类动物分别放入已装好固定液的指管瓶中，直到定点采集中的标本全部分拣完。在指管瓶外贴上标签，瓶内放入硫酸纸标签，其内容与塑料袋上的标签一致，最后将瓶盖扭好保存。

在分选工作中，尽可能在标本生活状态中进行，它们的运动能协助分选工作的顺利完成。当用吸筒式采集器或其他工具采集到细沙与小型底栖动物（如腺介虫等）时，如要进行分选，可能会耽误相当长的时间，此时可采用饱和食盐溶液进行分离，即将材料倒入饱和食盐溶液中，并稍搅动，因比重关系，小型动物很易浮于饱和食盐溶液表面，这时可用平浅小型筛绢捞网捞取，并移入淡水中洗去盐分，然后再盛入指管瓶中保存。如果在材料中除含泥沙外，还含有腐屑与残根枝茎，则在饱和液中分离后，还需进行细致的挑选。分选工作结束后，剩余腐屑亦可称重，并大体记录腐屑物的性状，以作对比与分析。

（3）标本固定。

根据不同的要求，固定、保存生物体的药物种类也很多，常用的保存液如下：

①酒精（乙醇）。酒精的渗透力强，能凝固细胞质蛋白质，不能沉淀核蛋白质，能溶解大部分类脂，有强烈的褪色作用，为重要的组织保存剂。在单独作为固定剂使用时，其浓度宜为70%～80%。由于经固定后的组织易变硬，收缩也很大（比原组织约小20%），在固定数量多或个体大的标本时，常因带入的水分较多或因挥发而失掉了原有浓度而达不到理想的要求，因此浓度要大些。从上述可见，对某些种类，宜先用5%～8%的福尔马林将其杀死，固定（其褪色作用较酒精弱，并应在1～2天内记录标本的色泽）24h后，再移入70%酒精中保存。

②福尔马林（甲醛）。福尔马林系甲醛水溶液，甲醛为无色气体，溶于水中即成了甲醛溶液，适于作固定剂的浓度为 6%～10%。福尔马林易被空气氧化成为甲酸，故常带酸性。因此，在使用时，应考虑到它会破坏软体动物的石灰质壳和甲壳动物的壳及壳瓣。如果在福尔马林中加入$CaCO_3$或$MgSO_4$中和，在一定程度上可减小这一负面影响。用福尔马林固定的标本，组织硬化程度显著（脱水较酒精更为剧烈），但收缩很少，脱色作用比较缓和，不仅对蛋白质有作用，也能保存脂类物质，即使浓度稍微偏低，也可保证标本不腐。

（4）物种鉴定。

底栖无脊椎动物通过肉眼或解剖镜进行物种鉴定，一般鉴定至属或种，对于断体或特征不明显的底栖无脊椎动物则鉴定到属。底栖无脊椎动物物种鉴定主要参考《西藏水生无脊椎动物》（中国科学院青藏高原综合科学考察队，1983）。

4）定量分析

底栖无脊椎动物是在鉴定的基础上进行数量的统计，除个体较大的软体动物外，其他皆在解剖镜下按属或种进行数量统计。由于各个物种的种类和数量将影响分析的结果，在计数时不能漏掉稀有种类。计数完成后，根据定量采集框面积推算出单位面积中底栖无脊椎动物的数量。

底栖无脊椎动物的生物量通常以湿重法测量，采用扭力天平或普通天平称出每个个体的重量和平均重量，对断体的动物则按头数进行生物量估算。

定量工作结束后，应根据所使用的采集工具所采集的实际面积，换算成密度（每平方米面积上的个数，个/m^2）和生物量（每平方米的质量，g/m^2）。所有采集点都进行了这样的统计与计算后，即可进行列表累计，以算出采集时那一个月中水域内各类底栖动物的平均密度和生物量，再乘以666.7，即可换算为个（条）/亩和g/亩。

至于大型底栖动物，则可现场用网目为250μm的筛子筛洗样品，挑选出大型底栖无脊椎动物，放入100mL标本瓶中，浸入5%的甲醛溶液，带回实验室，在解剖镜下鉴定、计数，最后用吸水纸吸干底栖动物表面的液体，用天平称其湿重。

主要参考文献

胡鸿钧，魏印心，2006. 中国淡水藻类-系统、分类及生态[M]. 北京：科学出版社.

中国科学院青藏高原综合科学考察队，1983. 西藏水生无脊椎动物[M]. 北京：科学出版社.

中国科学院青藏高原综合科学考察队，1992. 西藏藻类[M]. 北京：科学出版社.